电子产品工艺与品质管理

（第 2 版）

主　编　蔡建军
副主编　吴孔培　肖国玲
　　　　罗惠敏　吴照明

北京理工大学出版社
BEIJING INSTITUTE OF TECHNOLOGY PRESS

内 容 简 介

本教材从生产实际出发，以电子整机的生产为主线，内容涉及电子产品生产的全过程。全书共分 7 个项目，项目 1 主要介绍工艺的基本概念、电子产品制造与工艺的关系、产品生产与全面质量管理；项目 2 除介绍了电阻、电容、电感和晶体管等常用元器件外，还增加了电子产品来料检验的方法和步骤等；项目 3 介绍了印制电路板的设计与制作方法；项目 4 介绍了材料准备和手工焊接技术；项目 5 介绍了印制电路板表面贴装和自动焊接技术；项目 6 介绍了电子产品整机装配和调试以及检验工艺；项目 7 介绍了电子工艺文件的识读与编制方法。

本教材适用于高职高专电子信息类专业电子产品工艺类课程教学使用。

版权专有　侵权必究

图书在版编目（CIP）数据

电子产品工艺与品质管理/蔡建军主编 . —2 版 . —北京：北京理工大学出版社，2019. 11

ISBN 978 - 7 - 5682 - 7894 - 2

Ⅰ. ①电… Ⅱ. ①蔡… Ⅲ. ①电子产品 - 生产工艺 - 高等学校 - 教材②电子产品 - 质量管理 - 高等学校 - 教材 Ⅳ. ①TN05

中国版本图书馆 CIP 数据核字（2019）第 253423 号

出版发行／北京理工大学出版社有限责任公司

社　　址／北京市海淀区中关村南大街 5 号

邮　　编／100081

电　　话／（010）68914775（总编室）

　　　　　（010）82562903（教材售后服务热线）

　　　　　（010）68948351（其他图书服务热线）

网　　址／http：//www. bitpress. com. cn

经　　销／全国各地新华书店

印　　刷／三河市华骏印务包装有限公司

开　　本／787 毫米×1092 毫米　1/16

印　　张／18. 25　　　　　　　　　　　　　　　责任编辑／陈莉华

字　　数／433 千字　　　　　　　　　　　　　文案编辑／陈莉华

版　　次／2019 年 11 月第 2 版　2019 年 11 月第 1 次印刷　　责任校对／周瑞红

定　　价／68. 00 元　　　　　　　　　　　　　责任印制／施胜娟

图书出现印装质量问题，请拨打售后服务热线，本社负责调换

前言 Preface

　　工艺作为一门与生产实际紧密结合的独立学科，它牵涉的知识面广，设计和制造产品都离不开工艺。随着现代科学技术的发展，电子产品制造企业对职业人才的要求也发生了深刻的变化，具有全面的、适应性强的、掌握工艺技术和技能的职业人才正受到企业的欢迎。很多电子产品制造企业为了提高竞争力，一方面不断提高设计工艺水平，另一方面积极加强生产工艺及管理，甚至有的企业在生产现场配备生产工艺工程师。这些工程师在生产现场提高了对新技术、新工艺的应用能力，加强了工艺实施的现场管理。同时随着各种新器件、新电路、新技术如雨后春笋般涌现，大规模集成电路的广泛应用，电子产品的生产工艺已由传统的手工装配转向全自动化装配，表面贴装（SMT）工艺在电子产品生产中得到了大量应用。这促使企业对现场工程师的要求越来越高，熟悉产品的制造流程和制造工艺、解决制造中出现的问题、出具生产报告以及安排生产等成为一个优秀工艺师的必备条件，因此培养工艺型人才显得越来越迫切。

　　目前我国高等职业技术院校大多开设应用电子技术专业和电子信息工程技术专业，有些院校开设有电子工艺与管理专业，这些院校都把电子工艺课程作为这些专业的主干课程。高等职业教育电子工艺课程教育的培训目标是：通过对电子产品制造工艺的理论教学和实践，使学生成为掌握相应工艺技能、具备工艺管理知识、能指导电子产品现场生产、能解决实际技术问题的专业工艺骨干。

　　为了适应工艺技术的新进展，体现高职教育的培养目标和现代电子技术对高职教育的要求，我们编写了这本教材。本教材的特点是项目引领，突出应用，理论联系实际，将电子工艺中的新知识、新技术、新工艺和新方法用图文并茂、通俗易懂的文字进行叙述，非常实用。

　　本教材从生产实际出发，以电子整机的生产为主线，内容涉及电子产品生产的全过程。全书共分7个项目，项目1主要介绍工艺的基本概念、电子产品制造与工艺的关系、产品生产与全面质量管理；项目2除介绍了电阻、电容、电感和晶体管等常用元器件外，还增加了电子产品来料检验的方法和步骤等；项目3介绍了印制电路板的设计与制作方法；项目4介绍了材料准备和手工焊接技术；项目5介绍了印制电路板表面贴装和自动焊接技术；项目6介绍了电子产品整机装配和调试以及检验工艺；项目7介绍了电子工艺文件的识读与编制方法。

　　本教材由无锡职业技术学院蔡建军主编并统稿。蔡建军编写项目1、3、7，长春汽车工业高等专科学校侯丽春编写项目2，无锡职业技术学院吴孔培编写项目4、5，无锡职业技术学院肖国玲编写项目6，无锡电子仪表工业公司吴照明参与编写了项目5，无锡职业技术学院罗惠敏参与编写了项目5，江苏省电子信息产品质量监督检验研究院张亚苇参与编写了项目6，无锡职业技术学院臧红波进行了图片编辑。

本教材由王卫平主审，他为本书提出了许多宝贵意见，在此表示诚挚的感谢。

由于编者水平有限，书中难免有错误和不妥之处，恳请读者批评指正。

编　者

目录 *Contents*

项目 1

电子产品制造与标准化管理

项 目 概 述

项目描述

本项目通过讲解电子产品工艺工作在生产过程中的作用、电子产品可靠性的主要指标、提高电子产品可靠性的措施，并通过组织学生参观、观看视频等途径，使学生了解企业标准化管理的内容，熟悉企业设计/制造电子产品的基本要求和方法，以及本课程的学习重点和要求。

项目知识目标

（1）掌握电子产品工艺工作在生产过程中的作用。

（2）熟悉电子产品可靠性的主要指标。

（3）掌握提高电子产品可靠性的措施。

（4）熟悉设计制造电子产品的基本要求。

（5）了解本课程的学习要求和方法。

（6）了解 ISO 9000 系列标准规范质量管理、ISO 14001 环境管理体系以及 3C 认证。

（7）了解 5S 的基本内容，掌握 5S 管理基本规范。

项目技能目标

（1）会撰写项目总结报告。

（2）会通过网络获取知识。

（3）会编写5S管理规范。

项目要求

通过讲解电子产品工艺工作在生产过程中的作用、电子产品可靠性的主要指标、提高电子产品可靠性的措施，让学生熟悉企业设计制造电子产品的基本要求和方法；通过组织学生参观、观看视频等途径，使学生了解企业标准化管理的内容，以及本课程的学习重点和要求；通过以实训室、教室或宿舍为载体，编写一套有关实训室、教室或宿舍管理的5S文件，让学生掌握5S的整理、整顿、清扫、清洁和素养等方面的知识。

项 目 资 讯

1.1　工 艺 概 述

1.1.1　工艺的定义

任何产品的生产过程都涵盖从原材料进厂到成品出厂的每一个环节。对于电子产品而言，这些环节主要包括原材料和元器件检验、单元电路或配件制造、单元电路和配件组装成电子产品整机系统。在生产过程中的每一个环节，企业都要按照特定的规程和方法去制造。这种特定的规程和方法就是我们通常所说的工艺。

到底什么是工艺呢？工艺字面上的含义是工作的艺术，对于生产产品而言，工艺是指利用生产设备和工具，用特定的规程将原材料和元器件制造成符合技术要求的产品的艺术。它原本是企业在生产产品过程中积累起来的并经过总结的操作经验和技术能力，但到生产时又反过来影响生产、规范生产。

工艺工作是企业组织生产和指导生产的一种重要手段，是企业生产技术的中心环节。从本质上讲，工艺工作是企业的综合性活动，是企业各个部门工作的纽带，它把生产各个环节联系起来，使各部门成为一个完整的制造体系。工艺工作水平的高低决定了企业在一定设计条件下，能制造出多少种产品、能制造出什么水平的产品。工艺工作体现在企业产品怎样制造、采用什么方法、利用什么生产资料去制造的整个过程中。

工艺工作可分为工艺技术和工艺管理两大方面。工艺技术是人们在生产实践中或在应用科学研究中的技能、经验以及研究成果的总结和积累。工艺工作的更新换代，都是以提高工艺技术水平为标志的，所以，工艺技术是工艺工作的中心。工艺管理是为保证工艺技术在生产实际中的贯彻而对工艺技术的计划、组织、协调与实施。一般任何先进的技术都要通过管理才能得以实现和发展。研究工艺管理的学科称为工艺管理学，工艺管理学是不断发展的管理科学，现已成为管理学中的一个重要分支。

1.1.2　我国电子工艺现状

我国电子工业从中华人民共和国成立之初只有几家无线电修理厂，发展到 21 世纪的今天已形成了门类齐全的电子工业体系，在数量和技术水平上都发生了巨大的变化。20 世纪 80 年代改革开放以来，随着世界各工业发达国家和我国港台地区的电子厂商纷纷把工厂迁往珠江三角洲和长江三角洲，我国的电子工业更是得到突飞猛进的发展，电子工业已经成为我国国民经济的重要产业。

目前，我国电子行业的工艺现状是"两个并存"：先进的工艺与陈旧的工艺并存，先进的技术与落后的管理并存。

就我国电子产品制造业而言，热点主要集中在东南沿海地区。在这里，企业不断从发达国家引进最先进的技术和设备，利用经济实力招揽大量生产产品的技术队伍，培养高素质的工艺技术人才，已基本形成系统的、现代化的电子产品制造工艺体系，这里制造的电子产品行销全世界，已成为世界电子工业的加工厂。但在内地，一些电子产品制造企业的发展和生存却举步维艰，由于设备陈旧、技术进步缓慢和缺乏人才，因而工艺技术和工艺管理水平落后。

电子工艺现状，使得我国电子产品质量水平参差不齐。一些拥有先进技术的企业，特别是外资企业，设备先进，工艺技术力量强，实行现代化工艺管理，电子产品的质量就比较稳定，市场竞争力就比较强。而对于那些设备陈旧、技术进步缓慢的企业而言，由于电子工艺技术和工艺管理水平不足，产品质量亟待提高。

总之，我国电子工艺在整体上还处在比较落后的水平，且发展水平差距较大，有些企业已经配备了最先进的设备，拥有世界上最好的生产条件和生产技术，也有些企业还在简陋条件下使用陈旧的装备维持生产。因此，提高工艺水平、培养高素质的工艺技术队伍是我国电子工艺教育的长期任务。

1.2　电子产品制造工艺

电子产品生产包括设计、试制、制造等几个过程，每个过程的工艺各不相同，本书主要讲述电子产品在制造过程中的工艺。

1.2.1　制造过程中工艺技术的种类

制造一个整机电子产品，会涉及方方面面的很多技术，且随着企业生产规模、设备、技术力量和生产产品的种类不同，工艺技术类型也不同。但也不是电子产品制造工艺无法归纳，与电子产品制造有关的工艺技术主要包括以下几种。

1. 机械加工和成形工艺

电子产品的结构件是通过机械加工而成的，机械类工艺包括车、钳、刨、铣、镗、磨、铸、锻、冲等。机械加工和成形的主要功能是改变材料的几何形状，使之满足产品的装配连接。机械加工后，一般还要进行表面处理，提高表面装饰性，使产品具有新颖感，同时也起到防腐抗蚀的作用。表面处理包括刷丝、抛光、印刷、油漆、电镀、氧化、铭牌制作等工艺。如果结构件为塑料件，一般采用塑料成形工艺，主要分为压塑工艺、注塑工艺及部分吹塑工艺，等等。

2. 装配工艺

电子产品生产制造中装配的目的是实现电气连接，装配工艺包括元器件引脚成形、插装、焊接、连接、清洗、调试等工艺；其中焊接工艺又可分为手工烙铁焊接工艺、浸焊工艺、波峰焊工艺、再流焊工艺等；连接工艺又可分为导线连接工艺、胶合工艺、紧固件连接工艺等。

3. 化学工艺

为了提高产品的防腐抗蚀能力，使外形装饰美观，一般要进行化学处理，化学工艺包括电镀、浸渍、灌注、三防、油漆、胶木化、助焊剂、防氧化等工艺。

4. 其他工艺

其他工艺包括保证质量的检验工艺、老化筛选工艺、热处理工艺等。

1.2.2　产品制造过程中的工艺管理工作

企业为了提高产品的市场占有率，在促进科技进步、提高工艺技术的同时，会在产品生产过程中采用现代科学理论和手段，加强工艺管理，即对各项工艺工作进行计划、组织、协调和控制，使生产按照一定的原则、程序和方法有效地进行，以提高产品质量。企业工艺管理的主要内容如下。

1. 编制工艺发展计划

一个企业工艺水平的高低反映该企业的生产水平的高低，工艺发展计划在一定程度上是企业提高自身生产水平的计划。一般而言，工艺发展计划编制应适应产品发展需要，在企业总工程师的主持下，由工艺部门为主组织实施。编制时应遵循先进性与适用性相结合、技术性与经济性相结合的方针。编制内容包括工艺技术措施规划（新工艺、新材料、新装备和新技术攻关规划等）、工艺组织措施规划（工艺路线调整、工艺技术改造规划等）。

2. 生产方案准备

企业设计的新产品在进行批量生产前，首先要准备产品生产方案，其内容主要包括：

（1）新产品开发的工艺调研和考察，产品生产工艺方案设计。

（2）产品设计的工艺性审查。

（3）设计和编制成套工艺文件，工艺文件的标准化审查。

（4）工艺装备的设计与管理。

（5）编制工艺定额。

（6）进行工艺质量评审、验证、总结和工艺整顿。

3. 生产现场管理

产品批量生产时，在生产现场，为了提高产品质量，需要加强现场生产控制，主要工作包括：

（1）确保安全文明生产。

（2）制定工序质量控制措施，进行质量管理。

（3）提高劳动生产率，节约材料，减少工时和能源消耗。

（4）制定各种工艺管理制度并组织实施。

（5）检查和监督执行的工艺情况。

4. 开展工艺标准化工作

为了使产品符合国际标准，增强产品的竞争力，必须开展工艺标准化工作，工艺标准化工作的主要内容有：

（1）制定推广工艺基础标准（术语、符号、代号、分类、编码及工艺文件的标准）。

（2）制定推广工艺技术标准（材料、技术要素、参数、方法、质量的控制与检验和工艺装备的技术标准）。

（3）制定推广工艺管理标准（生产准备、生产现场、生产安全、工艺文件、工艺装备和工艺定额）。

5. 开展工艺技术研究和情报工作

企业为了了解国内外同类企业的生产技术和工艺水平，必须开展工艺技术的情报工作，以找出差距，提高自身生产水平，同时还必须开展工艺技术的研究，使企业立于不败之地。主要内容包括：

（1）掌握国内外新技术、新工艺、新材料、新装备的研究与使用情况，借鉴国内外的先进科学技术，积极采取和推广已有的、成熟的研究成果。

（2）进行工艺技术的研究和开发工作，从各种渠道搜集有关的新工艺标准、图纸手册及先进的工艺规程、研究报告、成果论文和资料信息，并进行加工、管理。

（3）有计划地对工艺人员、技术工人进行培训和教育，为他们更新知识、提高技术水平和技能开展服务。

（4）开展群众性的合理化建议与技术改进活动，进行新工艺和新技术的推广工作，对在实际工作中做出创造性贡献的人员给予奖励。

1.2.3　生产条件对制造工艺提出的要求

任何电子产品在它的研制阶段之后都要投入生产，不生产，就产生不了价值，研制就失去了意义。产品要顺利地生产，必须符合生产条件的要求，否则不可能生产出优质的产品，甚至根本无法投产。企业的设备情况、技术和工艺水平、生产能力和周期以及生产管理水平等因素都属于生产条件。生产条件对制造工艺的要求一般表现为以下几个方面：

（1）产品的零部件、元器件的品种和规格应尽可能地少，尽量使用由专业生产企业生产的通用零部件或产品，应尽可能少用或不用贵重材料，立足于使用国产材料和来源多、价格低的材料。这样便于生产管理，有利于提高产品质量并降低成本。

（2）产品的机械零部件，必须具有较好的结构工艺，装配也应尽可能简易化，尽量不搞选配和修配，力求减少装配工人的体力消耗，能够适合采用先进的工艺方法和流程，即要使零件的结构、尺寸和形状便于实现工序自动化。

（3）原材料消耗要低，加工工时要短，例如尽可能提高冲制件、压塑件的数量和比例，等等。

（4）产品的零部件、元器件及其各种技术参数、形状、尺寸等应最大限度地标准化和规格化。

（5）应尽可能充分利用企业的生产经验，用企业以前曾经使用过的零部件，使产品生产技术具有继承性。

（6）产品及零部件的加工精度要与技术条件要求相适应，不允许盲目追求高精度。在满足产品性能指标的前提下，其精度等级应尽可能低。同时也便于自动流水生产。

（7）正确设计制订方案，按最经济的生产方法设计零部件，选用最经济合理的原材料和元器件，以求降低产品的生产成本。

1.2.4 产品使用对制造工艺提出的要求

1. 产品外形、体积与重量方面的要求

调查显示，一个电子产品能赢得市场，得到广泛使用，在同等质量条件下，很大程度取决于产品是否有吸引顾客的外形，而外形一方面与设计有关，另一方面与制造质量有关，因此，制造时需要保证有良好的外形质量保证工艺。同时顾客还对电子产品的体积和重量有着苛刻要求，比如手提电脑，顾客大多要求体积小、重量轻。因此对制造工艺而言，通过何种方式来保证体积小、重量轻的产品的制造，具有非常重要的意义。

2. 产品操作方面的要求

电子产品的操纵性能如何，直接影响到产品被顾客接受的程度。在生产过程中需要用一定的工艺技术，使产品为操作者创造良好的工作条件；保证产品安全可靠，操作简单；读数指示清晰，便于观察。

3. 维护维修方面的要求

电子产品使用后有可能需要维护维修，制造电子产品，因此应在结构工艺上保证维护修理方便。应重点考虑以下几点：首先，在发生故障时，便于打开维修或能迅速更换备用件，如采用插入式和折叠式结构、快速装拆结构以及可换部件式结构等；其次，可调元件、测试点应布置在设备的同一面，经常更换的元器件应布置在易于装拆的部位，对于电路单元应尽可能采用印制板，并用插座与系统连接，元器件的组装密度不宜过大，以保证元器件间有足够的空间，便于装拆和维修；等等。

1.3 电子产品可靠性与工艺的关系

1.3.1 可靠性概述

1. 概念

可靠性是指产品在规定的时间内和规定的条件下，完成规定功能的能力。可靠性是产品质量的一个重要指标。通常所说的产品质量好、可靠性高，包含两层意思：一是达到预期的技术指标；二是在使用过程中性能稳定，不出故障，很可靠。产品的可靠性可分为固有可靠性、使用可靠性、环境适应性。

固有可靠性是指产品在设计、制造时内在的可靠性，影响固有可靠性的因素主要有产品的复杂程度、电路和元器件的选择与应用、元器件的工作参数及其可靠程度、机械结构和制造工艺等。

使用可靠性是指使用和维护人员对产品可靠性的影响，它包括使用和维护程序的合理性、操作方法的正确性以及其他人为的因素。

环境适应性是指产品所处的环境条件对可靠性的影响，它包括环境温度、湿度、气压、振动、冲击、霉菌、烟雾以及贮存和运输条件的影响。要提高产品的环境适应性，可对产品

采取各种有效的防护措施。

2. 可靠性的主要指标

1）可靠度

可靠度是产品在规定条件下和规定时间内，完成规定功能的概率。可靠度用 $R(t)$ 表示。

$$R(t) = \frac{N-n}{N} \times 100\%$$

式中，N 为产品总数，n 为故障产品数。可见 $R(t)$ 越接近1可靠度越高。

2）故障率

故障率是产品在规定条件下和规定时间内，失去规定功能的概率。故障率用 $F(t)$ 表示。

$$F(t) = \frac{n}{N} \times 100\%,\ F(t) + R(t) = 1$$

可见 $F(t)$ 越接近1故障率越大。

3）平均寿命

对不可修复产品，平均寿命是指产品发生故障前的工作或存储时间的平均值，用 $MTTF$ 表示。如果 T_i 为第 i 个产品发生故障前的工作或存储时间，则有：

$$MTTF = \frac{1}{N} \sum_{1}^{N} T_i$$

对可修复产品，平均寿命是指两次相邻故障间隔时间的平均值，用 $MTBF$ 表示。如果 n 为故障次数，T 为产品工作时间，则有：

$$MTBF = \frac{T}{n}$$

4）失效率

失效率是指产品工作到 t 时刻后的一个单位时间内的失效数与在 t 时刻尚能正常工作的产品数之比，用 $\lambda(t)$ 表示。

$$\lambda(t) = \frac{n(t+\Delta t) - n(t)}{[N - n(t)]\Delta t}$$

式中，$n(t)$ 是指产品 t 时刻的故障数，$n(t+\Delta t)$ 是指 $t+\Delta t$ 时刻的故障数，Δt 是时间间隔长度。

1.3.2　提高电子产品可靠性的途径

1. 提高固有可靠性

据调查，电子产品的故障大都是由于元器件的各种损坏或故障引起的，这有可能是元器件本身的缺陷，也可能是元器件选用不当造成的，因此提高固有可靠性应重点考虑元器件的可靠性。

提高元器件的可靠性，首先要正确选用元器件，尽可能压缩元器件的品种和规格数，提高它们的复用率。元器件的失效规律如图1-1所示，这条关系曲线就是通常所说的船形或浴盆曲线。从图中可以看出：早期，随着元器件工作时间的增加而失效率迅速降低，这是由于元器件设计、制造上的缺陷而发生的失效，称为早期失效，通过对原材料和生产工艺加强检验和质量控制，对元器件进行筛选老化，可使其早期失效大大降低；随着时间的推移，产品在早期失效之后，失效率低且基本稳定，失效率与时间无关，称为偶然失效，偶然失效期时间较长，是元器件的使用寿命期；到产品使用的后期，失效率随时间迅速增加，到了这个时期，大部分元器件都开始失效，产品迅速报废，称为耗损失效期。因此所用元器件必须经过严格检验和老化筛选，以排除早期失效的元器件，然后将合格可靠的元器件严格按工艺要求装配。

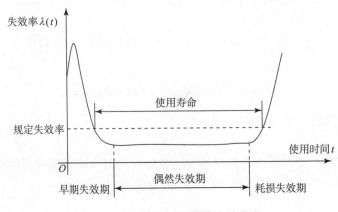

图 1-1 典型普通元器件失效曲线

此外，提高固有可靠性的途径还包括：

（1）根据电路性能的要求和工作环境条件选用合适的元器件，使用条件不得超过元器件电参数的额定值和相应的环境条件并留有足够的余量。合理使用元器件，元器件的工作电压、电流不能超额使用，应按规范降额使用。尽量防止元器件受到电冲击，装配时严格执行工艺规程，免受损伤。

（2）仔细分析比较同类元器件在品种、规格、型号和制造厂商之间的差异，择优选用，并注意统计、积累在使用和验收过程中元器件所表现出来的性能与可靠性方面的数据，作为以后选用的重要依据。

（3）合理设计电路，尽可能选用先进而成熟的电路，减少元器件的品种和数量，多用优选的和标准的元器件，少用可调元件。采用自动检测与保护电路。为便于排除故障与维修，在设计时可考虑布设适当的监测点。

（4）合理地进行结构设计，尽可能采用生产中较为成熟的结构形式，有良好的散热、屏蔽及三防措施，防振结构要牢靠，传动机构灵活、方便、可靠，整机布局合理，便于装配、调试和检修。

（5）加强生产中的质量管理。

2. 从使用方面提高可靠性

一般，产品出厂时都附有合格证、说明书，并附有产品使用情况的记录卡、维修卡等，有些产品还对贮存、运输等条件有相应的条文规定。因此，对使用者来说，应按规定进行贮存、保管、使用和维修，使已定的可靠性指标得以实现。

（1）合理贮存和保管。产品的贮存和运输必须按照规定的条件执行，否则产品会在贮存和运输的过程中受到损伤。保管也是如此，必须按照规定的范围保管，如温度、湿度等都要保持在一定范围之内。

（2）合理使用。在使用产品之前必须认真阅读说明书，按规定操作。

（3）定期检验和维修。定期检验可免除产品在不正常或不符合技术指标时给使用造成差错，也可避免产品长期带病工作以致造成严重损伤。

3. 从环境适应性方面提高可靠性

电子产品所处的工作环境多种多样，气候条件、机械作用力和电磁干扰是影响电子产品的主要因素。必须采取适当的防护措施，将各种不良影响降到最低限度，以保证电子产品稳定可靠地工作。

（1）气候条件方面。气候条件主要包括温度、湿度、气压、盐雾、大气污染、灰尘砂粒及日照等因素。它们对产品的影响主要表现在使电气性能下降、温升过高、运动部位不灵活、结构损坏，甚至不能正常工作。为了减少和防止这些不良影响，对电子产品提出以下要求：

①采取散热措施，限制设备工作时的温升，保证在最高工作温度条件下，设备内的元器件所承受的温度不超过其最高极限温度，并要求电子设备耐受高低温循环时的冷热冲击。

②采取各种防护措施，防止潮湿、盐雾、大气污染等气候因素对电子设备内元器件及零部件的侵蚀和危害，延长其工作期。

（2）机械作用力方面。机械作用力是指电子产品在运输和使用时，所受到的振动、冲击、离心加速度等机械作用。它对产品的影响主要是：元器件损坏失效或电参数改变；结构件断裂或变形过大；金属件疲劳等。为了防止机械作用对产品产生的不良影响，对产品提出以下要求：

①采取减振缓冲措施，确保产品内的电子元器件和机械零部件在受到外界强烈振动和冲击的条件下不致变形和损坏。

②提高电子产品的耐冲击、耐振动能力，保证电子产品的可靠性。

（3）电磁干扰对电子产品的要求。电子产品工作的周围空间充满了由于各种原因所产生的电磁波，造成各种干扰。电磁干扰的存在，使产品输出噪声增大，工作不稳定，甚至完全不能工作。

为了保证产品在电磁干扰的环境中能正常工作，要求采取各种屏蔽措施，提高产品的电磁兼容能力。

1.4　产品的生产和全面质量管理

产品的生产过程是一个质量管理的过程，产品生产过程包括设计阶段、试制阶段和制造阶段，如果在产品生产的某一个阶段出现质量问题，那么该产品最终的成品一定也存在质量问题。由于一个电子产品由许多元器件、零部件经过多道工序制造而成，全面的质量管理工作显得格外重要。质量是衡量产品适用性的一种度量，它包括产品的性能、寿命、可靠性、安全性、经济性等方面的内容。产品质量的优劣决定了产品的销路和企业的命运。

为了向用户提供满意的产品和服务，提高电子企业和产品的竞争能力，世界各国都在积极推行全面质量管理。全面质量管理涉及产品的品质质量、制造产品的工序质量和工作质量以及影响产品的各种直接或间接的质量工作。全面质量管理贯穿于产品从设计到售后服务的整个过程，要动员企业的全体员工参加。

1.4.1 产品设计阶段的质量管理

设计过程是产品质量产生和形成的起点。要设计出具有高性价比的产品，必须从源头上把好质量关。设计阶段的任务是通过调研，确定设计任务书，选择最佳设计方案，根据批准的设计任务书，进行产品全面设计，编制产品设计文件和必要的工艺文件。本阶段与质量管理有关的内容主要有以下几个方面。

（1）对新产品设计进行调研和用户访问，调查市场需求及用户对产品质量的要求，搜集国内外有关的技术文献、情报资料，掌握它们的质量情况与生产技术水平。

（2）拟定研究方案，提出专题研究课题，明确主要技术要求，对各专题研究课题进行理论分析、计算，探讨解决问题的途径，编制设计任务书草案。

（3）根据设计任务书草案进行试验，找出关键技术问题，成立技术攻关小组，解决技术难点，初步确定设计方案。突破复杂的关键技术，提出产品设计方案，确定设计任务书，审查批准研究任务书和研究方案。

（4）下达设计任务书，确定研制产品的目的、要求及主要技术性能指标，进行理论计算和设计。根据理论计算和必要的试验合理分配参数，确定采用的工作原理、基本组成部分、主要的新材料以及结构和工艺上主要问题的解决方案。

（5）根据用户的要求，从产品的性能指标、可靠性、价格、使用、维修以及批量生产等方面进行设计方案论证，形成产品设计方案的论证报告，确定产品最佳设计方案和质量标准。

（6）按照适用、可靠、用户满意、经济合理的质量标准进行技术设计和样机制造。对技术指标进行调整和分配，并考虑生产时的裕量，确定产品设计工作图纸及技术条件；对结构设计进行工艺性审查，制订工艺方案，设计制造必要的工艺装置和专用设备；制造零、部、整件与样机。

（7）进行相关文件编制。编制产品设计工作图纸、工艺性审查报告、必要的工艺文件、标准化审查报告及产品的技术经济分析报告；拟定标准化综合要求；编制技术设计文件；试验关键工艺和新工艺，确定产品需用的原材料、协作配套件及外购件汇总表。

1.4.2 试制阶段的质量管理

试制过程包括产品设计定型、小批量生产两个过程。该阶段的主要工作是对研制出的样机进行使用现场的试验和鉴定，对产品的主要性能和工艺质量做出全面的评价，进行产品定型；补充完善工艺文件，进行小批量生产，全面考验设计文件和技术文件的正确性，进一步稳定和改进工艺。本阶段与质量管理内容有关的主要有以下几个方面。

（1）现场试验检查产品是否符合设计任务书规定的主要性能指标和要求，通过试验编写技术说明书，并修改产品设计文件。

（2）对产品进行装配、调试、检验及各项试验工作，做好原始记录，统计分析各种技术定额，进行产品成本核算，召开设计定型会，对样机试生产提出结论性意见。

（3）调整工艺装置，补充设计制造批量生产所需的工艺装置、专用设备及其设计图纸。进行工艺质量的评审，补充完善工艺文件，形成对各项工艺文件的审查结论。

（4）在小批量试制中，认真进行工艺验证。通过试生产，分析生产过程的质量，验证电装、工装、设备、工艺操作规程、产品结构、原材料、生产环境等方面的工作，考查能否达到预定的设计质量标准，如达不到标准要求，则需进一步调整与完善。

（5）制定产品技术标准、技术文件，取得产品监督检查机构的鉴定合格证书，完善产品质量检测手段。

（6）编制和完善全套工艺文件，制订批量生产的工艺方案，进行工艺标准化和工艺质量审查，形成工艺文件成套性审查结论。

（7）按照生产定型条件，企业产品鉴定，召开生产定型会，审查其各项技术指标（标准）是否符合国际或国家的规定，不断提高产品的标准化、系列化和通用程度，得出结论性意见。

（8）培训人员，指导批量生产，确定批量生产时的流水线，拟定正式生产时的工时及材料消耗定额，计算产品劳动量及成本。

1.4.3 电子产品制造过程的质量管理

制造过程是指产品大批量生产过程，这一过程的质量管理内容有以下几方面。

（1）按工艺文件在各工序、各工种、制造中的各个环节设置质量监控点，严把质量关。

（2）严格执行各项质量控制工艺要求，做到不合格的原材料不上机，不合格的零部件不转到下道工序，不合格的整机产品不出厂。

（3）定期计量检定、维修保养各类测量工具、仪器仪表，保证规定的精度标准。生产线上尽量使用自动化设备，尽可能避免手工操作。有的生产线上还要有防静电设备，确保零部件不被损坏。

（4）加强员工的质量意识培养，提高员工对质量要求的自觉性。必须根据需要对各岗位上的员工进行培训与考核，考核合格后才能上岗。

（5）加强对其他生产辅助部门的管理。

1.5 ISO 9000 系列质量标准简介

1.5.1 ISO 9000 国际质量标准简介

ISO 9000 系列质量标准是被全球认可的质量管理体系标准之一，它是由国际标准化组织（ISO）于 1987 年制定后经不断修改完善而成的系列质量管理和质量保证标准。现已有 90 多个国家和地区将此标准等同转化为国家标准。ISO 9000 系列标准自 1987 年发布以来，经历了几次修改，现今已形成了 ISO 9001：2000 系列标准。我国等同采用 ISO 9000 系列标准的国家标准是 GB/T 19000 族标准。

ISO 9000 系列标准的推行，与在我国实行现代企业制度改革具有十分强烈的相关性。两者都是从制度上、体制上、管理上入手改革，不同点在于前者处理企业的微观环境，后者侧重于企业的宏观环境。由此可见，ISO 9000 系列标准非常适合我国国情，目前很多企业都致力于 ISO 9000 质量管理。

1. ISO 9000 系列标准规范质量管理的途径

ISO 9000 系列标准并不是产品的技术标准，而是企业保证产品及服务质量的标准。一般地讲企业活动由三方面组成：开发、经营和管理。在管理上又主要表现为行政管理、财务管理、质量管理。ISO 9000 系列标准是主要针对质量的管理措施，同时涵盖了部分行政管理和财务管理的范畴。它从企业的管理结构、人员和技术能力、各项规章制度和技术文件、内部监督机制等各方面来规范质量管理，通俗地讲就是把企业的管理标准化。具体规范途径如下：

（1）机构方面。标准明确规定了为保证产品质量而必须建立的管理机构及其职责权限。

（2）生产企业程序方面。组织企业产品生产必须制定规章制度、技术标准、质量手册、质量体系操作检查程序，并使之文件化、档案化。

（3）生产过程方面。质量控制是对生产的全部过程加以控制，是面的控制，不是点的控制。从根据市场调研确定产品、设计产品、采购原料，到生产、检验、包装、储运，其全过程按程序要求控制质量，并要求过程具有标识性、监督性、可追溯性。

（4）改进。通过不断地总结、评价质量体系，不断地改进质量管理水平，使质量管理呈螺旋式上升。

2. 现行 ISO 9000 系列标准的特点

（1）通用性强。现行 ISO 9000 系列标准作为通用的质量管理体系标准可适用于各类企业，不受企业类型、规模、经济技术活动领域或专业范围、提供产品种类的影响和限制。

（2）质量管理体系文件可操作性强。标准一方面采用简单的文件格式以适应不同规模的企业的要求，另一方面其文件数量和内容更切合企业的活动过程所期望的结果。

（3）标准条款和要求可取可舍。企业可根据需求和应用范围对标准条款和要求做出取舍，删减不适用的标准条款。这里所说的需求是指对选定产品和产品实现过程采用标准的情况；应用范围是指对全部或部分产品和产品实现过程采用标准的情况。无论企业是否对标准条款和要求进行取舍，企业质量管理体系均应符合标准。

（4）与 ISO 14000 系列标准兼容。现行标准与 ISO 14000 系列标准在标准的结构、质量管理体系模式、标准的内容、标准使用的语言和术语等方面都有很好的兼容性。

3. 现行 ISO 9000 系列标准包括的核心标准

（1）ISO 9000《质量管理体系基础和术语》。

（2）ISO 9001《质量管理体系要求》。

（3）ISO 9004《质量管理体系业绩改进指南》。

（4）ISO 19011《质量和（或）环境管理体系审核指南》。

1.5.2 ISO 9000 标准质量管理的基本原则

产品质量是企业生存的关键。影响产品质量的因素很多，单纯依靠检验只不过是从生产的产品中挑出合格的产品，不可能以最佳成本持续稳定地生产合格品。

一个企业建立和实施的质量体系，应能满足企业规定的质量目标，确保影响产品质量的技术、管理和人的因素处于受控状态。ISO 9000 标准就是这样的质量体系，其质量管理的基本原则为：把顾客作为关注焦点，强调领导作用和全员参与，依据产品实际对质量进行过程控制和系统的管理，通过持续改进，达到企业与用户共赢的目的。具体体现在以下方面。

1. 控制所有过程的质量

一个企业的质量管理是通过对企业内各种过程进行管理实现的，这是 ISO 9000 标准关于质量管理的理论基础。当一个企业为了实施质量体系而进行质量体系策划时，首要的是结合本企业的具体情况确定应有哪些过程，然后分析每一个过程需要开展的质量活动，确定应采取的有效控制措施和方法。

2. 控制质量的出发点是预防不合格

ISO 9000 标准要求在产品使用寿命期限内的所有阶段都体现预防为主的思想。例如通过控制市场调研，准确地确定市场需求，开发新产品，防止因盲目开发造成产品不适合市场需要而滞销，浪费人力、物力；通过控制设计过程的质量，确保设计产品符合使用者的需求，防止因设计质量问题，造成产品质量先天性的不合格和缺陷；通过控制采购的质量，选择合格的供货单位并控制其供货质量，确保生产产品所需的原材料、外购件、协作件等符合规定的质量要求，防止使用不合格外购产品而影响成品质量。

在生产过程中更是如此，通过确定并执行适宜的生产方法，使用适宜的设备，保证设备正常工作，控制影响质量的参数和人员技能，确保制造出符合设计质量要求的产品，防止不合格品的生产；通过按质量要求进行进货检验、过程检验和成品检验，确保产品质量符合要求，防止不合格的外购件投入生产，防止将不合格的工序产品转入下道工序，防止将不合格的成品交付给顾客；通过控制检验、测量方式和实验设备的质量，确保使用合格的检测手段进行检验和试验，确保检验和试验结果的有效性，防止因检测手段不合格造成对产品质量不正确的判定；通过采取有效措施进行保护，防止在产品搬运、贮存、包装、防护和交付过程中损坏和变质。

在管理和售后服务过程中，通过控制文件和资料，确保所有的场所使用的文件和资料都是现行有效的，防止使用过时或作废的文件，造成产品或质量体系要素的不合格；通过全员培训，对所有对质量有影响的工作人员都进行培训，确保他们能胜任本岗位的工作，防止因知识或技能的不足，造成产品的不合格；当产品发生不合格或顾客投诉时，应查明原因，针对原因采取纠正措施以防止问题的再发生；还应通过各种质量信息的分析，主动地发现潜在的问题，防止问题的出现，从而改进产品的质量。

3. 质量管理的中心任务是建立并实施文件化的质量体系

产品质量是在产品生产的整个过程中形成的，所以实施质量管理必须建立质量体系，且质量体系要具有很强的操作性和检查性。ISO 9000 要求一个企业所建立的质量体系应形成文件并按文件要求执行。

质量体系文件分为三个层次：质量手册、质量体系程序和其他质量文件。质量手册是按企业规定的质量方针和用 ISO 9000 标准描述质量体系的文件。质量手册可以包括质量体系程序，也可以指出质量体系程序在何处进行规定。质量体系程序是为了控制每个过程的质量，对如何进行各项质量活动规定的有效措施和方法。其他质量文件包括作业指导书、报告、表格等，是工作者使用的详细的作业文件。对质量体系文件内容的基本要求是：该做的要写到，写到的要做到，做的结果要有记录，即"写所需，做所写，记所做"。

4. 质量的持续改进

质量改进是质量体系的一个重要因素，当实施质量体系时，企业的管理者应确保其质量体系能够推动和促进质量的持续改进。

质量改进包括产品质量改进和工作质量改进，争取使顾客满意和实现质量的持续改进是企业各级管理者追求的永恒目标。没有质量改进的质量体系只能维持质量，质量改进旨在提高质量。质量改进通过改进过程来实现，它是以追求更高的过程效益和效率为目标的。

5. 一个有效的质量体系应满足顾客和企业自身双方的需要和利益

对顾客而言，需要企业能满足其对产品质量的需要和期望，并能持续保持该质量；对企业而言，在经营上以适宜的成本，达到并保持顾客所期望的质量，既满足顾客的需要和期望，又保证企业的利益。

6. 定期评价质量体系

定期评价质量体系的目的是确保各项质量活动实施；确保质量活动结果达到预期的计划；确保质量体系持续的适宜性和有效性。

7. 搞好质量管理关键在领导

企业的最高管理者在质量管理中起着至关重要的作用。最高管理者需要确定企业质量方针、确定各岗位的职责和权限、配备资源、委派质量体系管理者代表进行管理评审，等等，以确保质量体系持续的适宜性和有效性。

1.5.3 企业推行 ISO 9000 的典型步骤

ISO 9000 标准可以规范企业从原材料采购到成品交付的所有过程，它涉及企业管理中的很多方面，推行起来牵涉到企业内从最高管理层到最基层的全体员工，有一定难度，但是，只要企业把它作为一项长期的发展战略，稳扎稳打，按照企业的具体情况进行周密的策划，推行 ISO 9000 标准比想象的要简单得多。

推行 ISO 9000 标准有这样几个必不可少的过程：知识准备→立法→宣传→执行→监督→改进。企业可以根据自身的具体情况，对上述过程进行规划，按照一定的推行步骤，就可以逐步迈入 ISO 9000 标准的世界。以下是企业推行 ISO 9000 的典型步骤，这些步骤中完整地包含了上述过程。

（1）对企业原有质量体系进行识别、诊断，找出问题所在。

（2）任命质量管理者，组建 ISO 9000 推行组织。

（3）制订实施 ISO 9000 目标及相关激励措施。

（4）接受必要的管理意识、质量意识训练和 ISO 9000 标准知识培训。

（5）质量体系文件编写（立法），并进行文件大面积宣传、培训、发布、试运行。

（6）内审员接受训练。

（7）进行若干次内部质量体系审核，并在内审基础上对管理者评审。

（8）完善和改进质量管理体系。

（9）申请认证。

企业在推行 ISO 9000 之前，应结合本企业实际情况，对上述各推行步骤进行周密的策划，并给出时间上和活动内容上的具体安排，以确保得到有效的实施效果。企业经过若干次内审并逐步纠正后，若认为所建立的质量管理体系已符合所选标准的要求（具体体现为内审所发现的不符合项较少），便可申请外部认证。

1.5.4　ISO 9000 质量标准的认证

1. 进行 ISO 9000 标准认证的意义

ISO 9000 为企业提供了一种切实可行的方法，以体系化模式来管理企业的质量活动，并将"以顾客为中心"的理念贯穿到标准的每一元素中去，使产品或服务可持续地符合顾客的期望，从而拥有持续满意的顾客。

ISO 9000 作为国际标准化组织制定的质量管理体系标准，已越来越被全世界各类企业所接受，取得 ISO 9000 认证证书已经成为进入市场和赢得客户信任的基本条件。目前，在全国设有 32 个评审中心，拥有 2000 余名经验丰富的国家注册审核员，认证范围覆盖社会经济活动的各个领域。进行 ISO 9000 标准认证的意义为：

（1）推行国际标准化管理，完成管理上与国际接轨。

（2）提高市场竞争力，以高品质的产品或服务来迎接国际市场的挑战。

（3）提升企业形象，持续地满足顾客要求，提高顾客忠诚度。

（4）提高企业的管理水平和工作效率，降低内部消耗，激励员工士气。

（5）规范各部门职责，变定性的人治为定量的法治，提高效率。

（6）采取目标式管理，明确各部门的质量目标，规范工作流程。

（7）通过全员参与的过程，帮助企业的中高层人员理顺管理思路。

（8）改善观念，树立"以顾客为中心"的意识，提高个人工作质量。

（9）通过贯彻"基于事实的决策"思想，提高企业的新产品开发成功率，降低经营风险。

2. 企业申请产品质量认证必须具备的基本条件

（1）中国企业持有工商行政管理部门颁发的"企业法人营业执照"；外国企业持有有关部门机构的登记注册证明。

（2）产品质量稳定，能正常批量生产。质量稳定指的是产品在一年以上连续抽查合格。小批量生产的产品，不能代表产品质量的稳定情况，正式成批生产产品的企业，才能有资格申请认证。

（3）产品符合国家标准、行业标准及其补充技术要求，或符合国务院标准化行政主管部门确认的标准。这里所说的标准是指具有国际水平的国家标准或行业标准。产品是否符合标准需由国家质量技术监督局确认和批准的检验机构进行抽样予以证明。

（4）生产企业建立的质量体系符合 GB/T 19000 - ISO 9000 族中质量保证标准的要求，建立适用的质量标准体系（一般选定 ISO 9002 来建立质量体系），并使其有效运行。

具备以上四个条件，企业即可向相应认证机构申请认证。一般说，已批量生产的企业都基本具备了前三个条件，最后一个条件通过努力也能具备。

3. 申请 ISO 9000 认证企业需要准备的资料

①有效版本的管理体系文件。

②营业执照复印件或机构成立批文。

③相关资质证明（法律法规有要求时），如3C证书、许可证等。

④生产工艺流程图或服务提供流程图。

⑤企业机构图。

⑥适用的法律法规清单。

4. ISO 9000 认证步骤

ISO 9000 认证分为以下三个阶段：

第一阶段的主要任务是进行内审员培训，培训 ISO 9000 相关知识以及进行内审的方法。

第二阶段是咨询，流程为：与相关咨询机构签约，接受咨询师进驻→在咨询师指导下制订计划，编定质量手册、程序文件，建立质量体系，并进行文件审定→在咨询师指导下进行运行辅导、自查及纠正→进行评审辅导→咨询机构出具咨询总结。

第三阶段是正式认证，流程为：向相关认证机构提交认证申请，签订认证合同→审核文件准备和提交→认证机构现场审核，提出整改项目→企业对整改项目提出纠正措施并整改→认证机构如认定达到要求，即批准，并启动注册手续，颁发证书。

1.6 ISO 14000 系列标准

1.6.1 ISO 14000 系列环境标准简介

随着现代工业的发展，电子信息制造业对履行及满足日益严峻的环境法规面临着巨大的压力。国际标准化企业（ISO）抓住这一契机，应运而生了 ISO 14000 环境管理体系系列标准。针对这些环境问题，企业可以引入环境管理体系（EMS）。它不但可以帮助企业持续改善日常运作，更能加强企业识别、减少、防止及控制环境影响因素的能力，以达到降低风险的目的。

《ISO 14001：1996 环境管理体系　规范及使用指南》是国际标准化组织（ISO）于 1996年正式颁布的可用于认证目的的国际标准，是 ISO 14000 系列标准的核心。它要求企业通过建立环境管理体系来达到支持环境保护、预防污染和持续改进的目标，并可通过取得第三方认证机构认证的形式，向外界证明其环境管理体系的符合性和环境管理水平。由于 ISO 14001环境管理体系可以带来节能降耗、增强企业竞争力、赢得客户、取信于政府和公众等诸多好处，所以自发布之日起即得到了广大企业的积极响应，被视为进入国际市场的"绿色通行证"。同时，由于 ISO 14001 的推广和普及在宏观上可以起到协调经济发展与环境保护的关系、提高全民环保意识、促进节约和推动技术进步等作用，因此也受到了各国政府和民众越来越多的关注。为了更加清晰和明确 ISO 14001 标准的要求，ISO 对该标准进行了修订，并于 2004 年 11 月 15 日颁布了新版标准《ISO 14001：2004 环境管理体系　要求及使用指南》。

ISO 14001 标准是在当今人类社会面临严重的环境问题（如温室效应、臭氧层破坏、生物多样性的破坏、生态环境恶化、海洋污染等）的背景下产生的，是工业发达国家环境管理经验的结晶，其基本思想是引导企业建立环境管理的自我约束机制，从最高领导到每个职工都以主动、自觉的精神处理好自身发展与环境保护的关系，不断改善环境绩效，进行有效的污染预防，最终实现企业的良性发展。该标准适用于任何类型与规模的企业，并适用于各种地理、文化和社会环境。

1. 实施 ISO 14000 标准的意义

目前，国内外众多的企业纷纷导入该标准体系，实施该标准的必要性和迫切性主要来自以下两个方面：

（1）外在压力的需要。第一个压力直接来自顾客，对于其他企业的供应商，成为一流企业供应链中的企业尤显重要，ISO 14000 作为一个自愿性标准，激烈的市场竞争已使之带有了强制性色彩；第二个压力来自政府，随着国家对环境保护工作的重视，将出台日趋严格的法律法规；第三个压力来自诸如银行和保险等相关方，出自降低环境风险的需求。

（2）内部管理的需要。资源的有效利用、原材料的合理使用、废品的回收控制所带来的成本降低的经济效益是企业管理的发展趋势。

2. ISO 14001 标准的特点

ISO 14001 标准是适用于任何企业环境管理的全球通用标准，对企业活动、产品和服务涉及环境问题的改善融入了企业环境保护的理念，以塑造优秀企业的形象；ISO 14001 提供了系统分析的管理方法，通过"策划、实施、评审和改进"的管理模式，实现持续发展的目标；关注对重大环境影响的评估和控制，确保法律法规的符合性，预防环境事故的发生，从而降低环境风险；与 ISO 9001 和 OHSAS 18001 标准相兼容，可建立一体化管理模式；通过文件化体系的建立，明确管理目标，全员参与，加强专业培训和信息交流，实现环境绩效管理。

3. ISO 14001 标准的内容

ISO 14001 标准是一个国际公认的环保管理体系标准，该标准包含了以下几个方面的管理控制内容：企业的环境方针；环保工作计划；实施与运行；信息交流；环境管理体系的文件控制；检查和纠正措施；环保工作的记录；环境管理体系的审核；环境管理体系的管理评审。

1.6.2　实施 ISO 14000 带给企业的效益

ISO 14001 能帮助企业树立良好的企业形象，获取国际贸易的"绿色通行证"，增强企业竞争力，带来的效益具体表现在以下几个方面。

（1）能有效地减少及控制废料，从而提高原材料的使用率。

（2）通过改良工艺，提高生产线的流畅性，实现节能降耗。

（3）采用有效的废料管理以有效地降低成本，如运用良好的付运方式及重复性使用包装物料等。

（4）预防污染，保护环境，便能降低因违章而受罚的风险，避免因环境问题所造成的经济损失。

（5）能改进产品性能，制造"绿色产品"，提高公众形象及公信力，以达到增加市场占有率及提高竞争能力的目的。

（6）通过执行环境管理体系文件，提高企业内部管理水平，并能有效加强长远的盈利能力。

1.6.3 ISO 14000 环境管理体系认证

1. ISO 14000 环境管理体系审核的目的和作用

环境管理体系审核的目的在于对照环境管理体系审核准则中的要求来判断以下几项事项：

①衡量受审核方环境管理体系运行及符合情况。

②确定其环境管理体系是否得到了妥善的实施和保持。

③发现体系中可进一步改善的因素。

④评价企业内部管理评审是否能够保证环境管理体系的持续有效和适用。

通过环境管理体系审核使提出审核要求的企业加强内部的环境管理，其环境行为符合自身提出的环境方针，做到节能、降耗、减污，实现环境行为的持续改进。

2. 企业申请 ISO 14000 认证的基本条件

（1）申请方须有独立的法人资格，集团公司下属企业应有集团公司的授权证明。

（2）申请方应建立文件化的环境管理体系，体系试运行满 3 个月。

（3）申请方遵守中国的环境法律、法规、标准和总量控制的要求；本年度内无污染事故；无环保部门监督抽查不合格的情况。

（4）申请方经营状况良好。

3. 申请 ISO 14001 标准的认证需要提交的资料

①填报《环境管理体系认证申请表》。

②法律地位的证明文件（如营业执照）复印件。

③企业简介（包括质量体系及其活动的一般信息）。

④产品及其生产或工作流程图。

⑤本行业现行的国家、行业的主要强制性标准、法规（如环保、节能、安全、卫生方面的标准、法规）或其目录。

⑥其他证明文件。

4. 认证要求

（1）企业应建立符合 ISO 14000 标准要求的文件化环境管理体系，在申请认证之前应完成内部审核和管理评审，并保证环境管理体系有效、充分运行 3 个月以上。

（2）企业应向认证机构提供环境管理体系运行的充分信息，若企业存在多现场，应说明各现场的认证范围、地址及人员分布等情况，认证机构将以抽样的方式对多现场进行审核。

（3）企业自建立环境管理体系始，应保持对法律法规符合性的自我评价，并提交企业的三废监测报告及一年以来的守法证明。在不符合相关法律法规要求时应及时采取必要的纠正措施。

（4）ISO 14000 审核是一项收集客观证据的符合性验证活动，为使审核顺利进行，企业应为认证机构开展认证审核、跟踪审核、监督审核、复审换证以及解决投诉等活动做出必要的安排，包括文件审核、现场审核、调阅相关记录和访问人员等各个方面。

（5）当企业的环境管理体系出现变化，或出现影响环境管理体系符合性的重大变动时，应及时通知认证机构；通常认证机构将视情况进行监督审核、换证审核或复审以保持证书的有效性。

1.7　5S 管理

　　5S 起源于日本，是指在生产现场中对人员、机器、材料、方法等生产要素进行有效的管理，是日本企业一种独特的管理办法。随着世界经济的发展，5S 对于塑造企业的形象、降低成本、准时交货、安全生产、高度的标准化、创造令人心旷神怡的工作场所、现场改善等方面发挥了巨大作用，逐渐被各国的管理界所认识，5S 已经成为工厂管理的一股新潮流。

　　5S 是包括整理（SEIRI）、整顿（SEITON）、清扫（SEISO）、清洁（SEIKETSU）、素养（SHITSUKE）五个方面，因日语的罗马拼音均为"S"开头，所以简称为 5S。开展以整理、整顿、清扫、清洁和素养为内容的活动，称为"5S"活动。

　　5S 管理广泛应用于制造业，主要是针对制造业的生产现场，对材料、设备、人员等生产要素的相应活动进行管理，它可以改善现场环境的质量和员工的思维方法，使企业能有效地迈向全面质量管理。

1.7.1　5S 管理的内涵

　　1. 整理

　　整理是区分要与不要的物品，现场只保留必需的物品。整理能区分什么是现场需要的，什么是现场不需要的，能对于车间里各个工位或设备的前后、通道左右、厂房上下、工具箱内外，以及车间的各个死角进行整理，达到现场无不用之物。整理的目的是：

　　①改善工作环境，增加作业面积。

　　②使现场无杂物，行道通畅，提高工作效率。

　　③减少磕碰的机会，保障安全，提高质量。

　　④消除因混放、混料等导致的差错事故。

　　⑤有利于减少库存量，节约资金。

　　⑥改变作风，提高工作热情。

　　2. 整顿

　　整顿是将必需品按规定定位、规定方法摆放整齐有序，明确标示。在前一步整理的基础上，整顿是对生产现场需要留下的物品进行科学合理的布置和摆放，以便用最快的速度取得所需之物，在最有效的规章、制度和最简洁的流程下完成作业。整顿的目的是不浪费时间寻找物品，提高工作效率和产品质量，保障生产安全。整顿可以把需要的人、事、物加以定量、定位。整顿的主要内容包括：

　　①物品摆放要有固定的地点和区域，以便于寻找，消除因混放而造成的差错。

　　②物品摆放地点要科学合理，例如，根据物品使用的频率，经常使用的东西应放得近些（如放在作业区内），偶尔使用或不常使用的东西则应放得远些（如集中放在车间某处）。

　　③物品摆放目视化，使定量装载的物品做到过目知数，摆放不同物品的区域采用不同的色彩和标记加以区别。

　　3. 清扫

　　清扫的定义是清除现场内的脏污、清除作业区域的物料垃圾。清扫的目的是清除"脏污"，保持现场干净、明亮。清扫可以将工作场所的污垢除去，一旦发生异常时，更容易发现异常的根源。清扫是实施自主保养的第一步，它能提高设备的完好率。清扫的主要内容包括：

①自己使用的物品，如设备、工具等，要自己清扫，而不要依赖他人，不增加专门的清扫工。

②对设备的清扫，着眼于对设备的维护保养，清扫设备要同设备的点检结合起来，清扫即点检；清扫设备时要同时做设备的润滑工作，清扫也是保养。

③清扫也是为了改善，当清扫地面发现有飞屑和油水泄漏时，要查明原因，并采取措施加以改进。

4. 清洁

清洁的定义是将整理、整顿、清扫的做法制度化、规范化，维持其成果。目的是认真维护并坚持整理、整顿、清扫的效果，使其保持最佳状态。清洁可以坚持整理、整顿、清扫活动并将其引向深入，从而消除发生安全事故的隐患，创造一个良好的工作环境，使职工能愉快地工作。清洁的主要内容包括：

①车间环境不仅要整齐，而且要做到清洁卫生，保证工人身体健康，提高工人劳动热情。

②不仅物品要清洁，而且工人本身也要做到清洁，如工作服要清洁，仪表要整洁，及时理发、刮须、修指甲、洗澡等。

③工人不仅要做到形体上的清洁，而且要做到精神上的"清洁"，待人要讲礼貌、要尊重别人。

④要使环境不受污染，进一步消除混浊的空气、粉尘、噪声和污染源，消灭职业病。

5. 素养

素养是"5S"活动的核心，通过素养可以努力提高人员的自身修养，使人员养成严格遵守规章制度的习惯和作风。素养是指人人按章操作、依规行事，有良好的习惯。素养能提升"人的品质"，能使每个人都成为有教养的人，能培养对任何工作都讲究认真的人。

1.7.2 实行5S的作用

5S管理的作用可归纳为5个S，即：Safety（安全）、Sales（销售）、Standardization（标准化）、Satisfaction（客户满意）、Saving（节约）。

1. 确保安全（Safety）

通过推行5S，企业往往可以避免因漏油而引起的火灾或滑倒，因不遵守安全规则导致的各类事故、故障的发生，因灰尘或油污所引起的公害等，能使生产安全得到落实。

2. 扩大销售（Sales）

5S能使员工拥有一个清洁、整齐、安全、舒适的环境，能使企业拥有一支具有良好素养的员工队伍，更能博得客户的信赖。

3. 标准化（Standardization）

通过推行5S，员工可以养成遵守标准的习惯，员工的各项活动、作业都符合标准要求，都符合计划的安排，为保证稳定的质量打下基础。

4. 客户满意（Satisfaction）

由于灰尘、毛发、油污等杂质经常造成加工精度的降低，甚至直接影响产品的质量，而推行5S后，通过清扫、清洁，产品良好的生产环境可得到保证，使质量得以稳定。

5. 节约（Saving）

通过推行5S，一方面减少了生产的辅助时间，提升了工作效率；另一方面因为降低了设备的故障率，提高了设备使用效率，从而可降低一定的生产成本。

1.7.3 推行5S的目的

实施5S可以改善企业的品质、提高生产力、降低成本、确保准时交货，同时还能确保安全生产并能不断增强员工们高昂的士气。推行5S最终要达到八大目的。

1. 改善和提高企业形象

整齐、整洁的工作环境，容易吸引顾客，让顾客心情舒畅；同时，由于口碑的相传，企业会成为其他公司的学习榜样，从而能大大提高企业的威望。

2. 促进效率的提高

良好的工作环境和工作氛围，再加上很有修养的合作伙伴，员工们可以集中精神，认认真真地干好本职工作，必然能大大地提高效率。试想，如果员工们始终处于一个杂乱无序的工作环境中，情绪必然会受到影响。情绪不高，干劲不大，又哪来的经济效益？所以推行5S，是促进效率提高的有效途径之一。

3. 改善零件在库周转率

需要时能立即取出有用的物品，供需间物流通畅，就可以极大地减少寻找所需物品时所滞留的时间，有效地改善零件在库房中的周转率。

4. 减少和消除故障，保障品质

只有通过经常性的清扫、点检和检查，不断地净化工作环境，才能有效地避免污损东西或损坏机械，维持设备的高效率，提高生产品质。

5. 保障企业安全生产

通过整理、整顿、清扫，做到储存明确，东西摆在固定位置上，物归原位，工作场所内保持宽敞、明亮，通道随时畅通，地上没有不该放置的东西，工厂有条不紊，意外事件的发生自然就会相应地减少，当然安全就会有了保障。

6. 降低生产成本

一个企业通过实行或推行5S，能极大地减少人员、设备、场所、时间等方面的浪费，从而降低生产成本。

7. 改善员工的精神面貌，使组织活力化

可以明显地改善员工的精神面貌，使组织焕发出一种强大的活力，员工都有尊严和成就感，对自己的工作尽心尽力，并带动改善意识形态。

8. 缩短作业周期，确保交货

通过整理、整顿、清扫、清洁来实现标准的管理，异常的现象就会明显化，一目了然，人员、设备、时间就不会造成浪费，企业生产就相应地变得顺畅，作业效率就会得到提高，作业周期就会相应地缩短，并能确保交货日期。

1.7.4 推行5S管理的步骤

5S现场管理要常组织、常整顿、常清洁、常规范、常自律。5S管理最终的目标是实现环境洁净标准化、制度化；工作现场无多余的东西，现场的物品标识明确，取用方便；

员工能清楚地区分物品的用途，能分区放置物品；员工有良好习惯，能及时清除垃圾和污秽，防止污染，有优秀的人格修养。实施5S管理要有正确的价值意识，5S管理的价值体现在"使用价值"上，而不是"原购买价值"。实施5S管理要有正确的方法，责任要明确，要有稽查、竞争、奖罚等考核机制，要理解推行5S是一项长期化的工作，要能形成制度。

推行5S的步骤是：首先成立推行组织，再拟定推行方针及目标，拟定工作计划及实施方法，然后对员工进行教育及宣传造势，进而实施推广，并公布活动评比办法。实施以后，依据活动评比办法查核、评比及奖惩，并进行检讨与修正，从而形成管理制度。

项 目 实 施

项目实施要求

项目以实训室、教室或宿舍为载体，学生根据所学的5S管理知识，编写一套有关实训室、教室或宿舍管理的文件，文件内容包括整理、整顿、清扫、清洁和素养等。

项目实施工具、设备、仪器

计算机、办公软件。

实施方法和步骤

对照5S管理的内容，学生自己制订一套有关实训室、教室或宿舍管理的表格，表格格式见表1-1。

表1-1　实训室、教室或宿舍5S管理

项目	现在状况	对照5S的整改
整理		
整顿		
清扫		
清洁		
素养		

项 目 评 价

每位学生都需编写实训室、教室或宿舍5S管理表，占40分，本项目平时作业和纪律等40分，本项目还安排参观和观看录像内容、参观小结，占20分，合计100分。项目考核时重点考查学生编写实训室、教室或宿舍5S管理表的规范性和正确性，作业完成的正确性和及时性。

 练习与提高

1. 什么是工艺？包括哪两部分内容？
2. 电子产品制造工艺技术包含哪些内容？
3. 产品制造过程中的工艺管理工作有哪些？
4. 生产条件对制造工艺提出了哪些要求？
5. 产品使用对制造工艺提出了哪些要求？
6. 操作、维修对电子产品提出了哪些要求？
7. 什么是可靠性？可靠性主要指标有哪些？
8. 提高电子产品的可靠性一般采用哪些措施？
9. 简述产品在设计、试制和制造过程中的质量管理工作。
10. 简述 ISO 9000 系列标准规范质量管理的途径。
11. 简述 ISO 9000 标准的主要核心标准有哪几个。
12. ISO 9000 标准质量管理的基本原则是什么？
13. 简述推行 ISO 9000 的典型步骤和过程。
14. 进行 ISO 9000 认证的意义有哪些？
15. 企业申请 ISO 9000 认证必须具备哪些条件？准备哪些资料？
16. 简述 ISO 9000 认证的步骤。
17. 简述实施 ISO 14000 的意义和效益。
18. ISO 14000 认证的目的和作用是什么？
19. 企业申请 ISO 14000 必须具备哪些条件？准备哪些资料？
20. 简述 5S 的含义。
21. 简述 5S 管理的内涵。
22. 简述 5S 管理的实施步骤。
23. 简述 5S 管理的意义。

项目 2

来料检验

项目概述

项目描述

本项目以 OTL 功率放大器、收音机等电子产品的生产用元器件为依托，根据设计文件和工艺文件中材料配套明细表、来料检验和准备要求，组织学生对完成项目所需的元器件进行识别、选取、检验和准备，掌握各种元器件的基本参数、识别方法，学会根据工艺文件进行元器件检验、成形，判别元器件好坏。

项目知识目标

（1）掌握常用电阻器、电位器的命名方法、种类、规格参数与检测方法。

（2）掌握常用电容器的命名方法、种类、规格参数与检测方法。

（3）掌握常用电感器和变压器的命名方法、种类、规格参数与检测方法。

（4）掌握半导体器件的命名方法、种类、规格参数与检测方法。

（5）掌握集成电路的使用要点。

（6）掌握电声器件、光电器件的命名方法、种类、规格参数与检测方法。

项目技能目标

（1）能读懂设计文件和工艺文件。

（2）能根据设计文件要求，对项目所需的元器件进行选型。

（3）能准确识读常用元器件的主要参数，并说明其作用和用途。

（4）能根据工艺文件要求，对项目所需元器件进行检验。

项目要求

学生通过本项目的学习，掌握常用电阻器、电位器、电感器、变压器、半导体器件、电声器件、光电器件的命名方法、种类、规格参数与检测方法，熟悉集成电路的使用要点。根据设计文件和工艺文件中材料配套明细表、来料检验和准备要求，并根据提供的各种元器件数量，确定每种元器件的抽样总数、合格判定数 Ac 和不合格判定数 Re。根据所学知识，对提供的电阻元件、电容元件、电感元件、变压器、二极管、三极管、印制电路板和导线进行来料检验，并判定是否合格。

项 目 资 讯

2.1　来料检验的内容

2.1.1　来料检验的内容

来料进料检验、质检步骤包括来料暂收、来料检查和物料入库。来料暂收是指仓库保管员收到供应商的送货单后，根据送货单核对来料数量、种类及标签内容等，检查无误后，予以暂收，送交品质检验（IQC）人员进行检验，并签署收货单给来料厂商。来料检查是指IQC 人员收到进料验收单后，依验收单和采购单核对来料与标签内容是否相符，来料规格、种类是否相符，如果不符，拒绝检验，并通知仓管、采购及生产管理人员；如果符合，则进行下一步检验。来料检查一般是抽检，即抽查一定比例的来料（以仓库来料质检标准为依据），查看品质情况，再决定是入库全检，还是退料。

来料检验缺陷一般可分为 A、B、C 三类。A 类：单位产品的极重要质量特性不符合规定，或者单位产品的质量特性极严重不符合规定。B 类：单位产品的重要质量特性不符合规定，或者单位产品的质量特性严重不符合规定。C 类：单位产品的一般质量特性不符合规定，或者单位产品的质量特性轻微不符合规定。

来料检验的检查内容包括：

（1）外观。在自然光或日光灯下，距离样品 30 cm 目视。

（2）尺寸规格。用卡尺/钢尺测量，厚度用卡尺/外径千分尺测量。

（3）黏性。分别按 GB/T 4852—2002、GB/T 4851—1998、GB/T 2792—1998 中方法执行，将结果记录于《可靠度测试报告》中。

（4）检查包装是否完好，标识是否正确、完整、清晰；查看环保材料是否贴有相应的环保标签；第一批进料时要附 SGS 报告、物质安全表及客户要求的其他有害物质检测报告，检查是否齐全。

（5）检验合格后要贴上合格标签，填写《物料检验表》并通知仓库人员入库，仓库人员要按材料类型（环保与实用型）及种类分开放置，并标示清楚，成品料由 IQC 人员包装，放于待出货区。

（6）物料入库。检查完毕，要提交《原材料进库验货》表并交上级处理，对合格暂收物料要进行入库登记。异常物料待《原材料进库验货》批示后，按批示处理。

进行来料检验需要注意保持物料的整洁，贵重物品及特殊要求物料要逐一检查，新的物料需经技术开发部确认，在检验过程中发现物料异常时，立刻向采购及品质主管反映，寻求解决方法，尽快处理。对于免检品，原材料的辅料等每 3 批需抽查 1 批；如免检品有 1 次不良发生，可转变为必检品，如接着连续 3 批来料检验为合格，又自动转为免检品。产品合格入库后贴免检标签，检验时按原材料抽检方法抽检；免检品在收货时，只对厂商、品名、料号、数量、规格、颜色、角度、重量、品牌等内容与进料实物核对，相一致便签收。

2.1.2　来料检验的步骤

来料检验的目的是保证所购元器件的质量符合要求，以保证加工产品的质量。企业都有来料检验文件，这些检验文件包括《进货检验控制程序》《可焊性、耐焊接热实验规范》《电子产品（包括元器件）外观检查和尺寸检验规范》以及相关可靠性试验和相关技术、设计参数资料，这些检验文件的制定一般参考了 GB/T 2828.1—2012 和 GB 2829—2002 抽样检验标准。来料检验的步骤是：

（1）供应商供货，出具厂商出货单。

（2）仓库收料人员收供应商所供的货，出具仓库收料单。

（3）品管来料检验人员至待验区拿取物料并核对物料送货单。

（4）品管来料检验人员利用测量工具进行检验，填写检验记录。

（5）品管来料检验人员根据物料质量检验结果决定是否入库。如果判断合格，可以全部入库，如果判定为不合格时，在产品包装外贴上退货/拒收标签，把产品转移到不合格/退货区域，并报品质主管确认签字后送采购，或主管签名后发到供应商；如为急料，经品质主管与采购主管协商后，呈上级主管领导审批，按评审意见办理。

2.1.3　来料检验 AQL 值的确定

来料检验一般为抽样检查。一般情况下，企业对每一种原材料的来料检验都有确定的 AQL 标准。AQL 是 Acceptance Quality Limit 的缩写，即当一个连续系列批被提交验收时，可允许的最差过程平均质量水平。AQL 普遍应用于出口电子元器件、服装、纺织品检验上，不同的 AQL 标准应用于不同物质的检验上。在 AQL 抽样时，抽取的数量相同，而 AQL 后面跟的数值越小，允许的瑕疵数量就越少，说明品质要求越高，检验就相对较严。

AQL 的标准有 AQL0.010、AQL0.015、AQL0.025、AQL0.040、AQL0.065、AQL0.10、AQL0.15、 AQL0.25、 AQL0.40、 AQL0.65、 AQL1.0、 AQL1.5、 AQL2.5、 AQL4.0、AQL6.5、 AQL10、 AQL15、 AQL25、 AQL40、 AQL65、 AQL100、 AQL150、 AQL250、AQL400、AQL650、AQL1000。AQL0.010 ~ AQL0.10 用于电子产品、医疗器械等检验，AQL1.0 ~

AQL6.5用于服装、纺织品等检验。

对某一种某批次元器件，AQL验货抽检数可以根据来料检验文件规定的AQL值，通过查阅GB/T 2828.1—2012标准，确定该元器件该批次抽样数、合格判定数Ac和不合格判定数Re。做来料检验时，品质检验人员根据AQL值确定的抽样数、合格判定数Ac和不合格判定数Re确定来料检验元器件的质量。若抽样检验不合格，则判定整批次不合格。需要注意的是：当订单数量≤抽查件数时，应将该订单数量看作抽查件数，抽样方案的判定数组[Ac，Re]保持不变。例如有一批服装的订单数是3 000件，按照AQL2.5标准抽查125件，次品数≤7就通过（PASS），次品数≥8就不合格（FAIL）。如果订单数为7件，按AQL2.5标准抽查5件，无次品就通过（PASS），有一件次品就都不合格（FAIL）；如果按照AQL4.0标准则只抽查3件，无次品就通过（PASS）。

2.2 电阻（位）器的识读和检验

电阻器简称电阻，是电子电路中应用最多的元件之一。电阻器常用符号"R"表示，电阻值的国际基本单位为欧姆，简称欧（Ω），常用的单位还有千欧（kΩ）和兆欧（MΩ）。三者的换算关系为：

$$1\ M\Omega = 10^3\ k\Omega = 10^6\ \Omega$$

电位器是一种可变电阻，也是一种常用元件。电位器有三个引出端：其中两个引出端为固定端，固定端之间的电阻值是固定的；另一个是滑动端（也称中心抽头），滑动端可以在固定端之间的电阻体上做机械运动，使其与固定端之间的电阻发生变化。电位器常用在分压、分流等电路中，晶体管收音机、CD唱机、电视机等电子产品中音量、音调、亮度、对比度、色饱和度的调节都是用电位器实现的。电阻器、电位器的图形符号如图2-1所示。

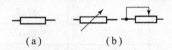

（a） （b）

图2-1 电阻器、电位器的图形符号

（a）电阻器（一般符号）；（b）电位器（可调电阻器）

2.2.1 电阻（位）器的命名和种类

1. 电阻器和电位器的命名

电阻器、电位器的型号一般由下列五部分组成，详见表2-1。

表2-1 电阻器、电位器的命名方法

第一部分	第二部分	第三部分	第四部分	第五部分
主称	材料	分类	序号	区别
字母表示	字母表示	数字表示	数字表示	大写字母表示

第一部分是主称，用字母表示，R表示电阻器，W表示电位器，M表示敏感电阻。第

二部分是材料，用字母表示，不同字母的含义见表2-2、表2-3。第三部分是分类，一般用数字表示，个别类型用字母表示，见表2-3。第四部分是序号，用数字表示。第五部分是区别代号，用字母表示。区别代号是当电阻器（电位器）的主称、材料特征相同，而尺寸、性能指标有差别时，在序号后用A、B、C、D等字母予以区别。

表2-2 电阻器的材料、分类代号

材料		分类					
字母代号	含义	数字代号	意义		字母代号	意义	
			电阻器	电位器		电阻器	电位器
T	碳膜	1	普通	普通	G	高功率	高功率
J	金属膜	2	普通	普通	T	可调	—
Y	氧化膜	3	超高频	—	W	—	微调
H	合成碳膜	4	高阻	—	D	—	多圈
S	有机实心	5	高温	—	X	小型	小型
N	无机实心	6	—	—	J	精密	精密
C	沉积膜	7	精密	精密	L	测量用	—
I	玻璃釉	8	高压	特殊函数	Y	釉面	—
X	线绕	9	特殊	特殊	C	防潮	—

表2-3 敏感电阻的材料、分类代号及其意义

材料		分类			
字母代号	意义	数字代号	意义		
			温度	光敏	压敏
F	负温度系数热敏	1	普通	—	碳化硅
Z	正温度系数热敏	2	稳压	—	氧化锌
G	光敏	3	微波	—	氧化锌
Y	压敏	4	旁热	可见光	—
S	湿敏	5	测温	可见光	—
C	磁敏	6	微波	可见光	—
L	力敏	7	测量	—	—
Q	气敏	8	—	—	—

2. 电阻器和电位器的种类

电阻器的种类很多，通常有固定电阻器、可变电阻器和敏感电阻器。按电阻器结构形状和材料不同，可分为线绕电阻器和非线绕电阻器。线绕电阻器有通用线绕电阻器、精密线绕电阻器、功率型线绕电阻器等；非线绕电阻器有碳膜电阻器、金属膜电阻器、金属氧化膜电阻器、合成碳膜电阻器、金属玻璃铀电阻器、有机合成实心电阻器、无机合成实心电阻器等。图2-2是几种常用电阻器的外形。不同材料制成的电阻有不同的特性，比如碳膜电阻器高频特性好，价格低，但精度差；金属膜电阻器耐高温，阻值变化小，高频特性好，精度高；线绕电

阻器耐高温，噪声小，精度高，功率大，但高频特性差。因此选用电阻时，应考虑使用场合。

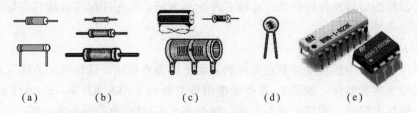

（a） （b） （c） （d） （e）

图2-2 几种常用电阻器的外形

（a）碳膜电阻；（b）金属膜电阻；（c）线绕电阻；（d）热敏电阻；（e）电阻网络

电位器可按材料、用途、阻值变化规律、结构特点、驱动机构的运动方式等因素进行分类。图2-3给出了几种电位器的外形图，电位器的分类见表2-4。

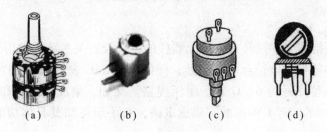

（a） （b） （c） （d）

图2-3 电位器的外形

（a）合成碳膜电位器；（b）有机实心电位器；（c）带开关电位器；（d）微调电位器

表2-4 电位器的分类

分类形式			举例
材料	合金型	线绕	线绕电位器（WX）
		金属箔	金属箔电位器（WB）
	薄膜型		金属膜电位器（WJ）、金属氧化膜电位器（WY）、复合膜电位器（WH）、碳膜电位器（WT）
	合成型	有机	有机实心电位器（WS）
		无机	无机实心电位器、金属玻璃釉电位器（WI）
	导电塑料		直滑式（LP）、旋转式（CP）
用途			普通、精密、微调、功率、专用（高频、高压、耐热）
阻值变化规律	线性		线性电位器（X）
	非线性		对数式（D）、指数式（Z）、正余弦式
结构特点			单圈、多圈、单联、多联、有止挡、无止挡、带推拉开关、带旋转开关、锁紧式
调节方式			旋转式、直滑式

29

2.2.2 电阻（位）器的标注

电子元器件的型号及各种参数，有很多种标注方法，常用的标注方法有直标法、文字符号法和色标法三种。

1. 直标法

把元器件的主要参数直接印制在元件的表面上即为直标法。这种标注方法直观，但只能用于体积比较大的元器件。如图 2 – 4 所示电阻器的表面上印有 RJ1W – 5.1 kΩ ±5%，表示其种类为金属膜电阻器，额定功率为 1 W，阻值为 5.1 kΩ，允许偏差为 ±5%。

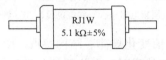

图 2 – 4　元器件参数直标法

2. 文字符号法

文字符号法是指用文字符号来表示元器件的种类及有关参数，常用于标注半导体器件和集成电路，文字符号应该符合国家标准。例如，3DG6C 表示国产 NPN 型硅材料的高频小功率三极管，品种序号为 6，C 表示耐压规格。又如，集成电路上印有 CC4040，表示这是一个 4000 系列的国产 CMOS 数字集成电路，查手册可知其具体功能为十二级二进制计数器。

随着电子元器件不断小型化的发展趋势，特别是表面安装元器件（SMC 和 SMD）的制造工艺和表面安装技术（SMT）的进步，要求在元件表面上标注的文字符号也有相应的改进。除了那些高精度元件以外，一般仅用三位数字标注元件的数值，而允许偏差（精度等级）不再标示出来。文字符号法标注时有相应的规定，具体为：

①用元件的形状及其表面的颜色区别元件的种类，如在表面装配元件中，除了形状的区别以外，黑色表示电阻，棕色表示电容，淡蓝色表示电感。

②电阻的基本标注单位是欧姆（Ω），电容的基本标注单位是皮法（pF），电感的基本标注单位是微亨（μH）；用三位数字标注元件的数值。

③对于十个基本标注单位以上的元件，前两位数字表示数值的有效数字，第三位数字表示数值的倍率。例如：对于电阻器上的标注，100 表示其阻值为 $10 \times 10^0 = 10$（Ω），223 表示其阻值为 $22 \times 10^3 = 22$（kΩ）；对于电容器上的标注，103 表示其容量为 $10 \times 10^3 = 10\,000$（pF）$= 0.01$（μF），475 表示其容量为 $47 \times 10^5 = 4\,700\,000$（pF）$= 4.7$ μF；对于电感器上的标注，820 表示其电感量为 $82 \times 10^0 = 82$（μH）。

④对于十个基本标注单位以下的元件，用字母"R"表示小数点，其余两位数字表示数值的有效数字。例如：对于电阻器上的标注，R10 表示其阻值为 0.1 Ω，3R9 表示其阻值为 3.9 Ω；对于电容器上的标注，1R5 表示其容量为 1.5 pF；对于电感器上的标注，6R8 表示其电感量为 6.8 μH。

3. 色标法

在圆柱形元件（主要是电阻）体上印制色环、在球形元件（电容、电感）和异形器件（如三极管）体上印制色点，用以表示它们的主要参数及特点，称为色码（Color code）标注法，简称色标法。色环最早用于标注电阻，色标法有以下规定：

①用背景颜色区别种类——用浅色（淡绿色、淡蓝色、浅棕色）表示碳膜电阻，用红色表示金属膜或金属氧化膜电阻，深绿色表示线绕电阻。

②用色码（色环、色带或色点）表示数值及允许偏差，国际统一的色码识别规定如表2-5所示。

表2-5 色码识别定义

颜色	有效数字	倍率（乘数）	允许偏差/%
黑	0	10^0	-
棕	1	10^1	±1
红	2	10^2	±2
橙	3	10^3	-
黄	4	10^4	-
绿	5	10^5	±0.5
蓝	6	10^6	±0.25
紫	7	10^7	±0.1
灰	8	10^8	-
白	9	10^9	-20 ~ +50
金	-	10^{-1}	±5
银	-	10^{-2}	±10
无色	-	-	±20

常见元器件参数的色标法如图2-5所示。

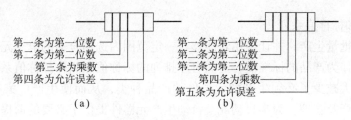

第一条为第一位数
第二条为第二位数
第三条为乘数
第四条为允许误差
（a）

第一条为第一位数
第二条为第二位数
第三条为第三位数
第四条为乘数
第五条为允许误差
（b）

图2-5 元器件参数色标法
（a）普通电阻；（b）精密电阻

普通电阻阻值和允许偏差大多用四个色环表示。第一、二环表示有效数字，第三环表示倍率（乘数），第四环与前三环距离较大（约为前几环间距的1.5倍），表示允许偏差。例如，红、红、红、银四环表示的阻值为 $22 \times 10^2 = 2\ 200$（Ω），允许偏差为 ±10%；又如，绿、蓝、金、金四环表示的阻值为 $56 \times 10^{-1} = 5.6$（Ω），允许偏差为 ±5%。

精密电阻采用五个色环标志，前三环表示有效数字，第四环表示倍率（乘数），与前四环距离较大的第五环表示允许偏差。例如，棕、黑、绿、棕、棕五环表示阻值为 $105 \times 10^1 = 1\ 050$（Ω）$= 1.05$（kΩ），允许偏差为 ±1%；又如，棕、紫、绿、银、绿五环表示

阻值为 $175 \times 10^{-2} = 1.75$ （Ω），允许偏差为 $\pm 0.5\%$ 。

③色码也可以用来表示数字编号，例如，彩色扁平带状电缆就是依次使用顺序排列的棕、红、橙、……、黑色，表示每条线的编号 1，2，3，…，10。

④色码还可用来表示元器件的某项参数，信息产业部标准规定，用色点标在半导体三极管的顶部，表示共发射极直流放大倍数 β 或 h_{FE} 的分挡，其意义见表 2 – 6。

表 2 – 6　用色点表示半导体三极管的放大倍数

色点	棕	红	橙	黄	绿	蓝	紫	灰	白	黑
β 分挡	0 ~ 15	15 ~ 25	25 ~ 40	40 ~ 55	55 ~ 80	80 ~ 120	120 ~ 180	180 ~ 270	270 ~ 400	400 以上

⑤色点和色环还常用来表示电子元器件的极性。例如，电解电容器外壳上标有白色箭头和负号的一极是负极；玻璃封装二极管上标有黑色环的一端、塑料封装二极管上标有白色环的一端为负极；某些三极管的引脚非标准排列，在其外壳的柱面上用红色点表示发射极；等等。

2.2.3　电阻（位）器的主要参数

电子元器件的主要参数包括特性参数、规格参数和质量参数。这些参数从不同角度反映了一个电子元器件的电气性能及其完成功能的条件，它们是相互关联的。

1. 电子元器件的特性参数

特性参数用于描述电子元器件在电路中的电气功能，一般用伏安特性表达，例如电阻的特性参数就是指电阻的伏安特性。不同种类的电子元器件具有不同的特性参数。

2. 电子元器件的规格参数

描述电子元器件特性参数数量的参数称为规格参数。规格参数包括标称值、额定值和允许偏差值等。电子元器件在整机中要占有一定的体积空间，所以它的封装外形和尺寸也是一种规格参数。

1）标称值和标称值系列

为了便于大批量生产，并让使用者能够在一定范围内选用合适的电子元器件，国家规定出了一系列数值作为产品的标准值，这些有序排列的标称值组叫作标称值系列。规定了数值标称系列，就大大减少了必须生产的元器件的产品种类，从而使生产厂家有可能实现批量化、标准化的生产及管理，为半自动或全自动生产元器件提供了必要的前提。同时，由于标准化的元器件具有良好的互换性，为电子整机产品创造了结构设计和装配自动化的条件。常用的标称系列见表 2 – 7。

2）允许偏差和精度等级

实际生产出来的元器件，其数值不可能和标称值完全一样，总会有一定的偏差，一般用实际数值和标称数值的相对偏差（百分数表示）来衡量元器件数值的精密程度。通常把相对偏差允许的最大范围叫作数值的允许偏差，不同的允许偏差叫作数值的精度等级（简称精度）。

表2-7 元器件特性数值标称系列

系列	E24	E12	E6	系列	E24	E12	E6
标志	J（Ⅰ）	K（Ⅱ）	M（Ⅲ）	标志	J（Ⅰ）	K（Ⅱ）	M（Ⅲ）
允许偏差	±5%	±10%	±20%	允许偏差	±5%	±10%	±20%
特性标称数值	1.0 1.1 1.2 1.3 1.5 1.6 1.8 2.0 2.2 2.4 2.7 3.0	1.0 1.2 1.5 1.8 2.2 2.7	1.0 1.5 2.2	特性标称数值	3.3 3.6 3.9 4.3 4.7 5.1 5.6 6.2 6.8 7.5 8.2 9.1	3.3 3.9 4.7 5.6 6.8 8.2	3.3 4.7 6.8

注：精密元件的数值还有E48（允许偏差为±2%）、E96（允许偏差为±1%）、E192（允许偏差为±0.5%）等几个系列。

精度等级也规定有标准系列，用不同的字母表示。例如，常用电阻器的允许偏差有±5%、±10%、±20%三种，分别用字母J、K、M标志它们的精度等级（以前曾用Ⅰ、Ⅱ、Ⅲ表示）。精密电阻器的允许偏差有±2%、±1%、±0.5%，分别用G、F、D标志精度。常用元器件数值的允许偏差符号见表2-8。

表2-8 常用元器件数值的允许偏差符号

允许偏差/%	±0.1	±0.25	±0.5	±1	±2	±5	±10	±20	+20 -10	+30 -20	+50 -20	+80 -20	+100 0
符号	B	C	D	F	G	J	K	M	—	—	S	E	H
曾用符号	—	—	—	01 或 00	—	Ⅰ	Ⅱ	Ⅲ	Ⅳ	Ⅴ	Ⅵ	—	—

3）额定值与极限值

为了保证电子元器件的正常工作，防止在工作时因电压过高使绝缘材料被击穿或因电流过大被烧毁，规定了电子元器件的额定值，一般包括：额定工作电压、额定工作电流、额定功率消耗及额定工作温度等，即电子元器件能够长期正常工作（完成其特定的电气功能）时的最大电压、最大电流、最大功率消耗及最高环境温度。和特性数值一样，电子元器件的额定值也有标称系列，其系列数值因元器件不同而不同。

电子元器件的工作极限值，一般是指最大值，即元器件能够保证正常工作的最大限度。例如最大工作电压、最大工作电流和最高环境温度等。

4）其他规格参数

除了前面介绍的标称值、允许偏差值和额定值、极限值等以外，各种电子元器件还有其特定的规格参数。例如，半导体器件的特征频率、截止频率，线性集成电路的开环放大倍数，等等。在选用电子元器件时，应该根据电路的需要考虑这些参数。

3. 电阻的主要参数

电阻的主要技术指标有额定功率、标称阻值、允许偏差（精度等级）、温度系数、非线性度、噪声系数等。一般情况下，电阻只标明阻值、精度、材料和额定功率几项；对于额定功率小于 0.5 W 的小电阻，通常只标注阻值和精度，其材料及额定功率通常由外形尺寸和颜色判断。电阻的主要参数通常用色环或文字符号标出。

1）额定功率

电阻的额定功率是指电阻在电路中长时间连续工作不损坏，或不显著改变其性能所允许消耗的最大功率，是电阻在电路中工作时允许消耗功率的限额。选择电阻的额定功率时，应该判断它在电路中的实际功率，一般使额定功率是实际功率的 1.5 ~ 2 倍以上。

2）标称阻值

标称阻值是电阻的主要参数之一，不同类型的电阻，阻值范围不同；不同精度等级的电阻器，其数值系列也不相同。在设计电路时，应该尽可能选用阻值符合标称系列的电阻。电阻器的标称阻值，用色环或文字符号标注在电阻的表面上。

3）阻值精度

阻值精度是指实际阻值与标称阻值的相对误差。允许相对误差的范围叫作允许偏差（简称允差，也称为精度等级）。普通电阻的允许偏差可分为 ±5% 、 ±10% 、 ±20% 等，精密电阻的允许偏差可分为 ±2% 、 ±1% 、 ±0.5% 。

4）温度系数

温度系数是指电阻的电阻率随温度变化的情况。一般情况下，应该采用温度系数较小的电阻；而在某些特殊情况下，则需要使用温度系数大的热敏电阻，这种电阻的阻值随着环境和工作电路的温度而敏感地变化。它有两种类型，一种是正温度系数型，另一种是负温度系数型。热敏电阻一般在电路中用作温度补偿或测量调节元件。

5）其他

电阻非线性是指通过电阻的电流与加在其两端的电压不成正比关系。电阻噪声是指产生于电阻中的一种不规则的电压起伏，噪声包括热噪声和电流噪声两种。电阻极限电压是指会使电阻发生击穿的电压。

4. 电位器的主要参数

描述电位器技术指标的参数很多，但一般来说，主要可分为标称阻值、额定功率、滑动噪声、极限电压、阻值变化规律、分辨力等。

1）标称阻值

电位器标称阻值是标在产品上的名义阻值，其系列与电阻的阻值标称系列相同。根据不同的精度等级，实际阻值与标称阻值的允许偏差范围为 ±20% 、 ±10% 、 ±5% 、 ±2% 、 ±1% ，精密电位器的精度可达到 ±0.1% 。

2）额定功率

电位器的额定功率是指两个固定端之间允许耗散的最大功率。一般电位器的额定功率系列为 0.063、0.125、0.25、0.5、0.75、1、2、3（W）；线绕电位器的额定功率比较大，有 0.5、0.75、1、1.6、3、5、10、16、25、40、63、100（W）。应该特别注意，电位器的固定端附近容易因为电流过大而烧毁，滑动端与固定端之间所能承受的功率要小于电位器的额定功率。

3）滑动噪声

当电刷在电阻体上滑动时，电位器中心端与固定端之间的电压出现无规则的起伏，这种现象称为电位器的滑动噪声。它是由材料电阻率分布的不均匀性以及电刷滑动时接触电阻的无规律变化引起的。

4）分辨力

电阻器对输出量可实现的最精细的调节能力，称为电位器的分辨力。线绕电位器的分辨力较差。

5）阻值变化规律

调整电位器的滑动端，其电阻值按照一定规律变化。常见电位器的阻值变化规律有线性变化（X型）、指数变化（Z型）和对数变化（D型）。根据不同需要，还可制成按照其他函数（如正弦、余弦）规律变化的电位器。

2.2.4 电阻（位）器的检验和筛选

1. 电阻的正确选用与质量判别

1）电阻的正确选用

在选用电阻时，不仅要求其各项参数符合电路的使用条件，还要考虑外形尺寸和价格等多方面的因素。一般来说，电阻应该选用标称阻值系列，允许偏差多用 ±5% 的，额定功率为在电路中实际功耗的 1.5～2 倍以上。另外，还要仔细分析电路的具体要求，在那些稳定性、耐热性、可靠性要求比较高的电路中，应该选用金属膜或金属氧化膜电阻；如果要求功率大、耐热性能好、工作频率又不高，则可选用线绕电阻；对于无特殊要求的一般电路，可使用碳膜电阻，以便降低成本。

2）电阻的质量判别方法

对于电阻的质量判别，首先要观看外表是否有外观质量缺陷，然后再用万用表测量其特性参数，判断其质量是否有问题。

对于普通电阻，可用万用表直接测量电阻的两个引脚，若读数为零或无穷大，表明电阻已损坏；反之，则可以通过调整测量量程准确读出电阻的阻值。对于热敏电阻器，应先预测一下室温下的电阻值，然后用发热元件（如灯泡、电烙铁等）进行加热，使其温度升高，观察其阻值变化情况。若不变化，则损坏；若阻值增大，则该热敏电阻是正温度系数的热敏电阻；若其阻值降低，则是负温度系数的热敏电阻。

2. 电位器的正确选用与质量判别

1）电位器的合理选用

电位器的种类很多，用途各异，可根据电路特点及要求，查阅产品手册，了解性能，合理选用。

2）电位器的质量差别方法

对于电位器的质量判别，首先应找出标称阻值端，可用万用表分别测量三个引脚间的电阻值，测得阻值与标称阻值相等的两个引脚为标称阻值端，另一个为中间引脚。若测得阻值与标称阻值相差很大，则表示电位器已损坏。然后，可用万用表检查电位器的开关接触是否良好，用万用表一个表笔接中间端，调节开关通断，观察万用表阻值的变化，若万用表表针读数连续变化，则电位器动触点良好，否则该电位器动触点的接触不良，或电阻片的碳膜涂层不均匀，有严重污染。

2.3 电容器的识别与检测

电容器在各类电子线路中是一种必不可少的重要元件。它的基本结构是用一层绝缘材料（介质）间隔的两片导体。电容器是储能元件，当两端加上电压以后，使两极间的电介质极化，两极板充一定量的电荷，电容储存电荷的能力用电容量表示。电容量的基本单位是法拉（F），常用单位是微法（μF）和皮法（pF）。电容器的图形符号如图 2-6 所示。

$$1 \text{ F} = 10^6 \text{ μF} = 10^{12} \text{ pF}$$

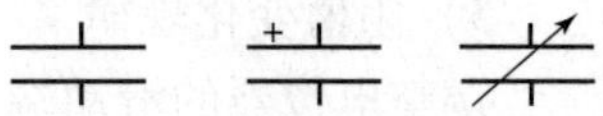

图 2-6　电容器的图形符号

2.3.1 电容器的命名和种类

1. 电容器的型号命名

根据国家标准规定，国产电容器的型号由四部分组成，不同字母表示的具体含义见表 2-9。

第一部分：主称，用字母表示（一般用 C 表示）；

第二部分：材料，用字母表示；

第三部分：特征，用字母或数字表示；

第四部分：序号，用数字表示。

表 2-9　电容器材料、特征表示方法

第一部分（主称）		第二部分（材料）		第三部分（特征，依种类不同而含义不同）				
符号	含义	符号	含义	符号	瓷介	云母	有机	电解
C	电容器	C	高频瓷	1	圆形	非密封	非密封	箔式
		T	低频瓷	2	管形	非密封	非密封	箔式
		Y	云母	3	叠片	密封	密封	烧结粉液体
		V	云母纸	4	独石	密封	密封	烧结粉固体
		I	玻璃釉	5	穿心		穿心	
		O	玻璃膜	6	支柱形			
		B	聚苯乙烯	7				无极性
		F	聚四氟乙烯	8	高压	高压	高压	
		L	聚酯（涤纶）	9			特殊	特殊
		S	聚碳酸酯	G	高功率			
		Q	漆膜	T	叠片式			
		Z	纸介	W	微调			
		J	金属化纸介					
		H	复合介质					
		G	合金电解质					
		E	其他电解质					
		D	铝电解					
		A	钽电解					
		N	铌电解					
		T	钛电解					

例如：CC1 - 0.022 μF - 63 V 代表圆片高频瓷介电容器，电容量为 0.022 μF，额定工作电压为 63 V。

2. 电容器的种类

电容器的种类很多，分类的方法也各有不同。根据介质材料不同，电容器可分为：有机介质电容器、无机介质电容器、液体介质电容器（电解电容器）。从结构上分为固定电容器、可变电容器和微调电容器。具体分类详见表 2 - 10。

表 2 - 10　常用电容器的种类

固定式	有机介质	纸介	普通纸介
			金属化纸介
		有机薄膜	涤纶
			聚碳酸酯
			聚苯乙烯
			聚四氟乙烯
			聚丙烯
			漆膜
	无机介质	云母	
		陶瓷	瓷片
			瓷管
			独石
		玻璃	玻璃膜
			玻璃釉
			独石
	电解	铝电解	
		钽电解	
		铌电解	
可变式	可变：空气、云母、薄膜		
	半可变：瓷介、云母		

下面介绍几种常用电容器。

1）瓷介电容器（型号：CC 或 CT）

瓷介电容器是一种容易制造、成本低廉、安装方便、应用极为广泛的电容器。从耐压角度可分为低压小功率的和高压大功率（通常额定工作电压高于 1 kV）的两种。从结构来看，常见的低压小功率电容器有瓷片、瓷管、瓷介、独石等类型，如图 2 - 7 所示。由于不同陶瓷材料的介电性能不同，低压小功率瓷介电容器有高频瓷介（CC）、低频瓷介（CT）电容器之分。高频瓷介电容器的体积小、耐热性好、绝缘电阻大、损耗小、稳定性高，常用于要求低损耗和容量稳定的高频、脉冲、温度补偿电路，但其容量范围较窄，一般为 1 pF ~0.1 μF；低频瓷介电容器的绝缘电阻小、损耗大、稳定性差,但重量轻、价格低廉、容量大,特别是独石电容器的容量可达 2 μF 以上,一般用于对损耗和容量稳定性要求不高的低频电路,在普通电子产品中广泛用作旁路、耦合元件。

2)云母电容器(型号:CY)

云母电容以云母为介质,用锡箔和云母片(或用喷涂银层的云母片)层叠后在胶木粉中压铸而成。云母电容器如图 2 - 8 所示。云母电容器具有耐压范围宽、可靠性高、性能稳定、容量精度高等优点,被广泛用在一些具有特殊要求(如高温、高频、脉冲、高稳定性)的电路中。目前应用较广的云母电容器的容量一般为 4.7 ~ 51 000 pF,精度可达到 ±(0.01% ~ 0.03%),直流耐压通常在 100 V ~ 5 kV 之间,最高可达到 40 kV,其温度系数小,一般可达到 10^{-6}/℃ 以内,稳定性好,长期存放后,容量变化小于 0.01% ~ 0.02%。但是,云母电容器的生产工艺复杂、成本高、体积大、容量有限。

图 2 - 7　瓷介电容器　　　　　　　图 2 - 8　云母电容器

3)玻璃电容器

玻璃电容器以玻璃为介质,目前常见的有玻璃独石和玻璃釉独石两种。其外形如图 2 - 9 所示。与云母电容器和瓷介电容器相比,玻璃电容器的生产工艺简单,因而成本低廉。这种电容器具有良好的防潮性和抗振性,能在 200 ℃ 高温下长期稳定工作,是一种高稳定性、耐高温的电容器。其稳定性介于云母电容器与瓷介电容器之间,一般体积却只有云母电容器的几十分之一,所以在高密度的 SMT 电路中广泛使用。

图 2 - 9　玻璃电容器

4)电解电容器

电解电容器以金属氧化膜作为介质,以金属和电解质作为电容的两极,金属为阳极,电解质为阴极。使用电解电容器时必须注意极性,由于介质单向极化的性质,它不能用于交流电路,极性不能接反,否则会影响介质的极化,使电容器漏液、容量下降,甚至发热、击穿、爆炸。

电解电容器的损耗大，温度特性、频率特性、绝缘性能差，漏电流大（可达毫安级），长期存放可能因电解液干涸而老化。因此，除体积小以外，其任何性能均远不如其他类型的电容器。常见的电解电容器有铝电解电容器和钽电解电容器。电解电容器外形如图 2 – 10 所示。此外，还有一些特殊性能的电解电容器，如激光储能型、闪光灯专用型、高频低感型电解电容器等，用于不同要求的电路。

5）可变电容器（型号：CB）

可变电容器是由很多半圆形动片和定片组成的平行板式结构，动片和定片之间用介质（空气、云母或聚苯乙烯薄膜）隔开，动片组可绕轴相对于定片组旋转 0° ~ 180°，从而改变电容量的大小。可变电容器按结构可分为单联、双联和多联几种。图 2 – 11 是常见小型可变电容器的外形。双联可变电容器又分成两种，一种是两组最大容量相同的等容双联，另一种是两组最大容量不同的差容双联。目前最常见的小型密封薄膜介质可变电容器（CBM 型），采用聚苯乙烯薄膜作为片间介质。

图 2 – 10　电解电容器

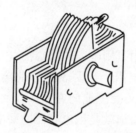

图 2 – 11　小型可变电容器的外形

6）微调电容器（CCW 型）

在两块同轴的陶瓷片上分别镀有半圆形的银层，定片固定不动，旋转动片就可以改变两块银片的相对位置，从而在较小的范围内改变容量（几十 pF），微调电容器外形如图 2 – 12 所示。一般在高频回路中用于不经常进行的频率微调。

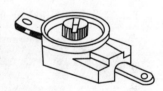

图 2 – 12　微调电容器

2.3.2　电容器的主要参数

1. 标称容量及偏差

电容量是电容器的基本参数，其数值一般标注在电容体上。不同类型的电容器有不同系列的容量标称数值。应该注意：某些电容器的体积过小，在标注容量时常常不标单位符号，只标数值，这就需要根据电容器的材料、外形尺寸、耐压等因素加以判断，以读出真实的容量值。电容器的容量偏差等级有许多种，一般偏差都比较大，均在 ±5% 以上，最大的可达 −10% ~ +100%。

2. 额定电压

在极化状态下，电荷受到介质的束缚而不能自由移动，只有极少数电荷摆脱束缚形成漏电流；当外加电场增强到一定程度，使介质被击穿，大量电荷脱离束缚流过绝缘材料，此时电容器已经遭到损坏。能够保证长期工作而不致击穿电容器的最大电压称为电容器的额定工作电压，俗称"耐压"。额定电压系列随电容器种类不同而有所区别，额定电压的数值通常在体积较大的电容器或电解电容器上标出。

3. 损耗角正切

电容器介质的绝缘性能取决于材料及厚度,绝缘电阻越大,漏电流越小。漏电流将使电容器消耗一定电能,这种消耗称为电容器的介质损耗(属于有功功率),通常把由于介质损耗而引起的电流相移角度 δ,叫作电容器的损耗角。$\tan\delta$ 称为电容器损耗角正切,用来表示损耗功率与存储功率之比,它真实地表征了电容器的质量优劣。不同类型的电容器,其 $\tan\delta$ 的数值不同,一般为 $10^{-2} \sim 10^{-4}$。$\tan\delta$ 大的电容器,漏电流比较大,漏电流在电路工作时产生热量,导致电容器性能变坏或失效,甚至使电解电容器爆裂。

4. 稳定性

电容器的主要参数,如容量、绝缘电阻、损耗角正切等,都受温度、湿度、气压、振动等环境因素的影响而发生变化,变化的大小用稳定性来衡量。

2.3.3 电容器的检验和筛选

1. 电容器的测量

1)漏电电阻的测量

如图 2-13 所示,用万用电表的欧姆挡($R \times 10 \text{ k}\Omega$ 或 $R \times 1 \text{ k}\Omega$ 挡,视电容器的容量而定)测量电容器的漏电电阻,当两表笔分别接触容器的两根引线时,表针首先朝顺时针方向(向右)摆动,然后又慢慢地向左回归至 ∞ 位置的附近,此过程为电容器的充电过程。当表针静止时所指的电阻值就是该电容器的漏电电阻(R)。在测量中如表针距无穷大较远,表明电容器漏电严重,不能使用。有的电容器在测漏电电阻时,表针退回到无穷大位置时,又顺时针摆动,这表明电容器漏电更严重。一般要求漏电电阻 $R \geqslant 500 \text{ k}\Omega$,否则不能使用。对于电容量小于 5 000 pF 的电容器,万用表不能测它的漏电阻。

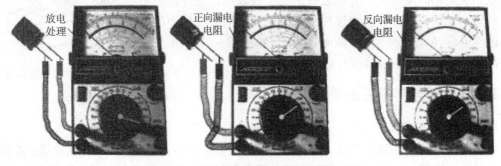

图 2-13 用万用表测量电容器的漏电电阻

2)电容器的断路(又称开路)、击穿(又称短路)检测

检测容量为 6 800 pF ~ 1 mF 的电容器,用 $R \times 10 \text{ k}\Omega$ 挡,红、黑表笔分别接电容器的两根引脚,在表笔接通的瞬间,应能见到表针有一个很小的摆动过程。如若未看清表针的摆动,可将红、黑表笔互换一次后再测,此时表针的摆动幅度应略大一些。若在上述检测过程中表针无摆动,说明电容器已断路;若表针向右摆动一个很大的角度,且表针停在那里不动(即没有回归现象),说明电容器已被击穿或严重漏电。

在检测时应注意手指不要同时碰到两支表笔,以避免人体电阻对检测结果的影响,同时,检测大电容器如电解电容器时,由于其电容量大,充电时间长,所以当测量电解电容器时,要根据电容器容量的大小,适当选择量程,电容量越小,量程 R 越要放小,否则就会把电容器的充电误认为击穿。

检测容量小于 6 800 pF 的电容器时，由于容量太小，充电时间很短，充电电流很小，万用表检测时无法看到表针的偏转，所以此时只能检测电容器是否存在漏电故障，而不能判断它是否开路，即在检测这类小电容器时，表针应不偏，若偏转了一个较大角度，说明电容器漏电或击穿。

关于这类小电容器是否存在开路故障，用这种方法是无法检测到的。可采用代替检查法，或用具有测量电容功能的数字万用表来测量。

3）电解电容极性的判断

电解电容器的引出极有正（＋）、负（－）极性的区别，一般情况下，电解电容器上都标注了极性，长引线的引脚为正极，短引线的引脚为负极。当极性标识模糊时，可用万用表测量电解电容器的漏电电阻判别正负极。用万用表测量电解电容器的漏电电阻，并记下这个阻值的大小，然后将红、黑表笔对调再测电容器的漏电电阻，将两次所测得的阻值对比，漏电电阻小的一次，黑表笔所接触的是负极。

选择万用表合适量程，再将红表笔接电解电容器的负极，黑表笔接电解电容器的正极，此时，表针向 R 为零的方向摆动，摆到一定幅度后，又反向向无穷大方向摆动，直到某一位置停下，此时指针所指的阻值便是电解电容器的正向漏电电阻，正向漏电电阻越大，说明电解电容器的性能越好，漏电流也越小。将万用表的红、黑表笔对调（红表笔接正极，黑表笔接负极），再进行测量，此时指针所指的阻值为电容器的反向漏电电阻，此值应比正向漏电电阻小些。如测得的两漏电电阻值很小（几百千欧以下），则表明电解电容器的性能不良，不能使用。一般情况下，1～2.2 μF 的电容用 $R \times 10$ kΩ 挡，4.7～22 μF 的电容用 $R \times 1$ kΩ 挡，47～220 μF 的电容用 $R \times 100$ Ω 挡，470～4 700 μF 的电容用 $R \times 10$ Ω 挡，对于 4 700 μF 以上的电容用 $R \times 1$ Ω 挡。

4）用万用表测量电容器容量

用万用表测量电容器容量，可利用 1.5 V 的干电池作为测试电源，万用表置直流 2 V 电压挡。万用表、测量电源、被测电容器按图 2 - 14 所示连接。如果万用表有电容刻度线，可直接读出被测电容器的电容值。对于没有电容刻度线的万用表，可读出表针在直流 2V 刻度线上的位置，然后根据其电压，按照相应的数据计算出电容值。

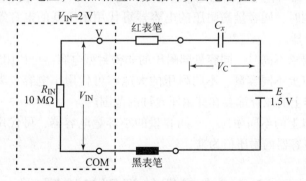

图 2 - 14　用万用表电压挡测量电容器容量的连接图

5）用万用表测量双连可变电容器

双连可变电容器的两组与轴柄相连的动片是用一个焊片引出的，而两组的定片则用两个焊片引出，定片与动片之间都是绝缘的，因此用万用表欧姆挡测量动片与动片之间都不应出现较小阻值，且旋转双连的动片至任何位置，情况应该相同，如果它们之间直通了，就说明动片与定片之间碰片，短路了。

另外，可变电容器旋轴和动片应有稳固的连接。当转动旋轴时，用手轻摸动片组的外缘，不应感觉有任何活动现象。如已松动，则不应采用。

2. 电容器的选用

（1）根据电路的要求合理选用型号，例如，纸介电容器一般用于低频耦合、旁路等场合；云母电容器和瓷介电容器适合使用在高频电路和高压电路中；电解电容器（有极性电容器只能用于直流或脉动支流电路中）较多使用在电源滤波或退耦电路中。

（2）合理确定电容器的精度。在大多数情况下，对电容器的容量要求不严格。在振荡电路、延时电路及音调控制电路中，电容器的容量则应尽量与要求相一致；而在各种滤波电路以及某些要求较高的电路中，其误差值应小于 $\pm 0.3\% \sim \pm 0.5\%$。

（3）电容器额定工作电压的确定。一般电容器的工作电压应低于额定电压的 $30\% \sim 40\%$。

（4）要注意通过电容器的交流电压和电流。有极性的电解电容器，不宜在交流电路中使用，以免被击穿。

注意：电容器的性能与环境条件密切相关，所以在使用时应注意。在湿度较大的环境中使用的电容器，应选择密封型，以提高设备的抗潮湿性能等；在工作温度较高的环境中，电容器易于老化；在寒冷地区必须选用耐寒的电解电容器。

3. 电容器的代用

电容器损坏后，一般都要用相同规格的新电容代换。若无合适的元件使用，可采用代用法解决，代用的原则如下：

（1）在容量、耐压相同，体积不限时，瓷介电容器与纸介电容器可以相互代用。

（2）在价格相同、体积不限制时，对工作频率、绝缘电阻值要求较高时，可用耐压相同和容量相同的云母电容器代用金属化纸介电容器；对工作频率、绝缘电阻值要求不高时，同耐压、同容量的金属化纸介电容器可代用云母电容器；不考虑频率影响时，同容量、同耐压的金属化纸介电容器可代用玻璃釉电容器。

（3）无条件限制时，同容量高耐压的电容器可代用耐压低的电容器；误差小的电容器可代用误差大的电容器。

（4）防潮性能要求不高时，同容量同耐压的非密封型电容器可代用密封电容器。

（5）串联两只以上不同容量、不同耐压的大电容可代用小电容，串联后电容器的耐压要考虑到每个电容器上的压降都要在其耐压允许的范围内。

（6）并联两只以上的不同耐压、不同容量的小容量电容器，可代用大电容器，并联后的耐压以最小耐压电容器的耐压值为准。

2.4　电感器的识别与检测

电感线圈是根据电磁感应原理制成的器件。它被广泛地应用在如滤波电路、调谐放大电路或振荡电路中。电感线圈用单位符号 L 表示。电感量的基本单位为亨利（H），简称亨。在实际应用中亨利太大了，常用的单位还有毫亨（mH）、微亨（μH）。三者间的换算关系为：

$$1\ \mathrm{H} = 10^{3}\ \mathrm{mH} = 10^{6}\ \mu\mathrm{H}$$

电感器的图形符号如图2－15所示。

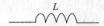

图2－15　电感器的图形符号

变压器是利用两个线圈的互感作用，把初级线圈上的电能传递到次级线圈上去，用这个原理制作的起交链、变压作用的部件称为变压器。变压器可以用来升、降交流电压，变换交流阻抗等，被广泛应用于电子电路中。

2.4.1　电感器的命名和种类

1. 电感线圈的型号命名

国产电感线圈的型号由下列四个部分组成。

第一部分：主称，用字母表示（L为线圈、ZL为阻流圈）；

第二部分：特征，用字母表示（G为高频）；

第三部分：型式，用字母表示（X为小型）；

第四部分：区别代号，用字母A、B、C表示。

2. 电感器的种类

电感器按工作特征分成电感量固定的和电感量可变的两种类型；按磁导体性质分成空芯电感、磁芯电感和铜芯电感；按绕制方式及其结构分成单层、多层、蜂房式、有骨架式或无骨架式电感。下面介绍常用的几种电感器。

1）小型固定电感器

小型固定电感器根据结构可分为卧式（LG1、LGX型）和立式（LG2、LG4型）两种，其外形如图2－16所示。它具有体积小、重量轻、结构牢固（耐振动、耐冲击）、防潮性能好、安装方便等优点，常用在滤波、扼流、延迟、陷波等电路中。

2）平面电感器

平面电感器主要采用真空蒸发、光刻电镀及塑料包封等工艺，在陶瓷或微晶玻璃片上沉积金属导线制成，如图2－17所示。目前的工艺水平已经可以在 $1\ \mathrm{cm}^{2}$ 的面积上制作出电感量为 $2\ \mu\mathrm{H}$ 以上的平面电感器。平面电感器的稳定性、精度和可靠性都比较好，适用在频率范围为几十 MHz 到几百 MHz 的高频电路中。

图2－16　小型固定电感器

图2－17　平面电感器

3）中周线圈

中周线圈由磁芯、磁罩、塑料骨架和金属屏蔽壳组成，线圈绕制在塑料骨架上或直接绕制在磁芯上，骨架的插脚可以焊接到印制电路板上。常用的中周线圈的外形结构如图2－18所示。中周线圈是超外差式无线电设备中的主要元件之一，作为电感元件，它广泛应用在调幅/调频接收机、电视接收机、通信接收机等电子设备的振荡调谐回路中。

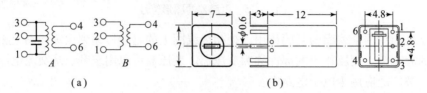

图2－18　中周线圈
（a）接线位置；（b）外形尺寸

4）铁氧体磁芯线圈

铁氧体铁磁材料具有较高的磁导率，常用来作为电感线圈的磁芯，制造体积小而电感量大的电感器。用罐形铁氧体磁芯（见图2－19（a））制作的电感器，因其具有闭合磁路，使有效磁导率和电感系数很高。如果在中心磁柱上开出适当的气隙，不但可以改变电感系数，而且能够提高电感的 Q 值、减小电感温度系数。罐形磁芯线圈广泛应用于 LC 滤波器、谐振回路和匹配回路。常见的铁氧体磁芯还有 I 形磁芯、E 形磁芯和磁环。I 形磁芯俗称磁棒，常用作无线电接收设备的天线磁芯，如图2－19（b）所示；E 形磁芯如图2－19（c）所示，常用于小信号高频振荡电路的电感线圈；用铁氧体磁环（见图2－19（d））绕制的电感线圈，多用于近年来迅速发展的开关电源，作为高频扼流圈。

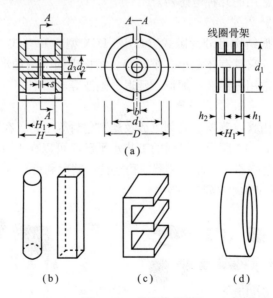

图2－19　铁氧体磁芯
（a）罐形磁芯；（b）I形磁芯；（c）E形磁芯；（d）磁环

5）其他电感器

在各种电子设备中，根据不同的电路特点，还有很多结构各异的专用电感器。例如，半导体收音机的磁性天线，电视机中的偏转线圈、振荡线圈等。

2.4.2 电感器的主要参数

1. 电感量

电感量的大小跟电感线圈的圈数、截面积及内部有没有铁芯或磁芯有很大的关系。线圈数越多，绕制的线圈越密集则电感量越大；线圈内部有磁芯的磁导率比无磁芯的大，磁导率越大电感量越大。

2. 品质因数

品质因数是表示线圈质量的一个参数。它是指线圈在某一频率的交流电压下工作时，线圈所呈现的感抗和线圈的直流电阻的比值，反映了线圈损耗的大小，当电感量、频率一定时，品质因数 Q 就与线圈的电阻大小有关。电阻越大，Q 值就越小；反之，Q 值就越大。Q 反映了线圈本身的损耗，实际上线圈的 Q 值通常为几十至一百，最高达四五百。

3. 分布电容

电感的分布电容是指线圈的圈和圈之间的电容、线圈与地之间及线圈与屏蔽盒之间的电容，这些电容称为分布电容。分布电容的存在，影响了线圈在高频工作时的性能。实际制造时用特殊绕线方式或者减小线圈骨架直径等方法，减小分布电容。

4. 标称电流值

当电感线圈在正常工作时，允许通过的最大电流，就是线圈的标称电流值，也叫额定电流。应用时，应注意实际通过线圈的电流值不能超过标称电流值，以免使线圈发热而改变原有参数甚至烧毁。

2.4.3 电感器的检验和筛选

1. 通断测量

最简单的测量电感通断的方法是用万用表测量。测量时，将万用表选在 $R \times 1\ \Omega$ 或者 $R \times 10\ \Omega$ 挡，两表笔接被测电感的引出线。若电感的电阻值无穷大，则说明电感断路；若电感的电阻值接近零，则说明电感正常。除为数很少的线圈外，如果电阻值为零，那么就说明电感线圈内部已经短路。

2. 电感线圈的选用

（1）按电路要求的线圈，其电感值 L 和品质因数 Q 应选用在 L 和 Q 允许范围内。

（2）使用线圈时应注意保持原线圈的电感量，勿随意改变其线圈形状、大小和线圈间距离。

（3）线圈的安装位置，需进行合理的布局，比如两线圈同时使用时要考虑如何避免相互耦合的影响。

（4）在选用线圈时必须考虑机械结构是否牢固，不应使线圈松脱、引线接点活动等。

2.4.4 变压器的主要参数和检验

1. 变压器的主要参数

变压器的主要参数包括额定功率、变压比、效率、温升、绝缘电阻和抗电强度以及空载电流、信号传输参数等。

（1）额定功率是指在规定的电压和频率下，变压器能够长期连续工作而不超过规定温升的输出功率（单位：VA、kVA 或 W、kW）。一般电子产品中的变压器，其额定功率都在数百瓦以下。

（2）变压比是指变压器次级电压与初级电压的比值或次级绕组匝数与初级绕组匝数的比值，通常在变压器外壳上直接标出电压变化的数值，例如 220 V/12 V。变阻比是变压比的另一种表达形式，可以用来表示初级和次级的阻抗变换关系，例如用 4:1 表示初级、次级的阻抗比值。

（3）效率是指输出功率与输入功率的比值，一般用百分数表示。变压器的效率由设计参数、材料、制造工艺及额定功率决定。通常 20 W 以下的变压器的效率为 70% ~ 80%，而 100 W 以上的变压器的效率可达到 95% 左右。

（4）温升是指当变压器通电工作以后，线圈温度上升到稳定值时，线圈的温度比环境温度升高的数值。温升高的变压器，绕组导线和绝缘材料容易老化。

（5）绝缘电阻和抗电强度是指线圈之间、线圈与铁芯之间以及引线之间，在规定的时间内（例如 1 min）可以承受的试验电压。它是判断电源变压器能否安全工作特别重要的参数。不同的工作电压、不同的使用条件和要求，对变压器的绝缘电阻和抗电强度有不同的要求。一般要求，电子产品中的小型电源变压器的绝缘电阻 ≥500 MΩ，抗电强度 ≥2 000 V。

（6）空载电流是指变压器初级加额定电压而次级空载，这时的初级电流叫作空载电流。空载电流的大小，反映变压器的设计、材料和加工质量。空载电流大的变压器自身损耗大，输出效率低。一般，空载电流不超过变压器额定电流的 10%。设计和制作优良的变压器时，空载电流可小于额定电流的 5%。

（7）信号传输参数是指用于阻抗变换的幅频特性、相频特性以及漏电感、频带宽度和非线性失真等参数。

变压器的常见故障有开路和短路。开路故障大部分是因为引出端断线，用万用表的电阻挡容易检查出来。短路故障则不太容易判断，除了线圈电阻比标准阻值明显变小以外，绕组局部短路很难用万用表准确检查出来。一般，可以观察空载电流是否过大，空载温升是否超过正常温升来判断。

2. 变压器同名端相对极性的判别

变压器绕组的极性指的是变压器原、副边绕组的感应电势之间的相位关系。如图 2 - 20 所示，1、2 为原边绕组，3、4 为副边绕组，它们的绕向相同，在同一交变磁通的作用下，两绕组中同时产生感应电势，在任何时刻两绕组同时具有相同电势极性的两个端头互为同名端。1、3 互为同名端，2、4 互为同名端；1、4 互为异名端。

变压器同名端的判断方法较多，分别叙述如下。

1）交流电压法

一单相变压器原、副边绕组连线如图 2 - 21 所示，在它的原边加适当的交流电压，分别用电压表测出原、副边的电压 U_1、U_2，以及 1、3 之间的电压 U_3。如果 $U_3 = U_1 + U_2$，则相连的线头 2、4 为异名端，1、4 为同名端，2、3 也是同名端。如果 $U_3 = U_1 - U_2$，则相连的线头 2、4 为同名端，1、4 为异名端，1、3 也是同名端。

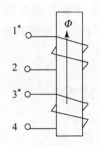
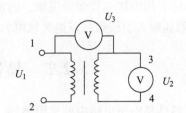

图 2-20　变压器原、副边绕组　　　图 2-21　交流电压法测同名端

2）直流法（又叫干电池法）

用一节干电池、一块万用表接成如图 2-22 所示电路。将万用表挡位打在直流电压低挡位（如 5 V 以下），或者直流电流的低挡位（如 5 mA），当接通 S 的瞬间，表针正向偏转，则万用表的正极、电池的正极所接的为同名端；如果表针反向偏转，则万用表的正极、电池的负极所接的为同名端。注意断开 S 时，表针会摆向另一方向；S 不可长时接通。

3）测电笔法

为了提高感应电势，使氖管发光，可将电池接在匝数较少的绕组上，测电笔接在匝数较多的绕组上，按下按钮突然松开，在匝数较多的绕组中会产生非常高的感应电势，使氖管发光。注意观察哪端发光，发光的那一端为感应电势的负极。此时与电池正极相连的以及与氖管发光那端相连的为同名端。如图 2-23 所示。

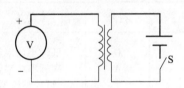
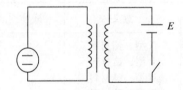

图 2-22　干电池法测同名端　　　　图 2-23　测电笔法测同名端

3. 变压器的选用原则

（1）查看外观是否完好。仔细查看电源变压器的引线是否有脱焊、断线，铁芯是否有松动等不牢固之处。

（2）查看参数是否满足。对所使用的电源变压器的输出功率，输入、输出电压的大小，以及所接负载所需功率能否满足等要了解清楚后再使用。

（3）测试电压是否相符或者不超出 10%、绝缘电阻是否大于 500 MΩ。对新购电源变压器要进行通电检查，看输出电压是否与标称电压值相符。在条件允许的情况下也可用摇表查测电源变压器的绝缘电阻是否良好。其值应大于 500 MΩ，对于要求较高的电路其值应大于 1 000 MΩ。

（4）对应用于一般家用电器的电源变压器，选 E 形铁芯即可；对应用于高保真音频功率放大电路的电源变压器选 C 形铁芯较好；对大功率变压器选用口字形铁芯较容易散热。对电子设备中使用的电源变压器，应选用加静电屏蔽层的，以保证进入变压器初级的干扰信号直接入地。

（5）摸温升是否烫手。对接入电路的电源变压器要观察其温升等是否正常。当变压器工作时，不应有焦煳味、冒烟等现象，而且可用手摸一下铁芯外部的温度，以不烫手为最好（注意不要触碰输入引线脚，以避免触电）。

2.5　晶体管来料检验

半导体器件是电子电路中的常用器件。它常用于整流、检波、开关、放大等电路中。常见的半导体器件有二极管和三极管。

2.5.1　半导体器件的命名

半导体器件的型号由以下五个部分组成。

第一部分：电极数目，用阿拉伯数字表示（2 表示二极管，3 表示三极管）；

第二部分：材料和极性，用汉语拼音字母表示，具体含义见表 2 – 11；

第三部分：类型，用汉语拼音字母表示，字母含义见表 2 – 11；

第四部分：序号，用阿拉伯数字表示；

第五部分：规格，用汉语拼音字母表示。

注意：场效应管、半导体特殊元件、复合管的型号命名，只有第三、四、五部分。

表 2 – 11　晶体管材料和极性及类型含义

第二部分		第三部分			
符号	意义	符号	意义	符号	意义
A B C D E	N 型，锗材料 P 型，锗材料 N 型，硅材料 P 型，硅材料 化合物材料	P V W C Z L S N U K G X	普通管 微波管 稳压管 参量管 整流管 整流堆 隧道管 阻尼管 光电器件 开关管 低频小功率管 高频小功率管	D A T Y B J CS BT FH IG PIN FG	低频小功率管 高频小功率管 可控整流器 体效应器件 雪崩管 阶跃恢复管 场效应器件 半导体特殊器件 复合管 激光器件 PIN 型管 发光管

常见的半导体分立器件的封装及引线如图 2 – 24 所示。目前，常见的器件封装多是塑料封装或金属封装，也能见到玻璃封装的二极管和陶瓷封装的三极管。金属外壳封装的晶体管可靠性高、散热好并容易加装散热片，但造价比较高；塑料封装的晶体管造价低，应用广泛。

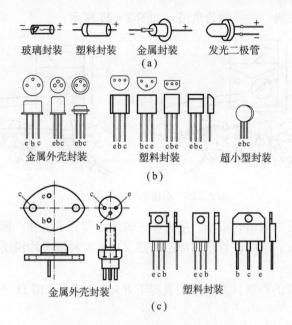

图 2 - 24　国产晶体管的封装及引线

（a）二极管；（b）小功率三极管；（c）大功率三极管

2.5.2　二极管的主要参数和检验

1. 二极管的主要参数

二极管常用于检波、整流，主要有以下几个参数。

（1）直流电阻。二极管加上一定的正向电压时，就有一定的正向电流，因而二极管在正向导通时，可近似用正向电阻等效。

（2）额定电流。二极管的额定电流是指二极管长时间连续工作时，允许通过的最大正向平均电流。

（3）最高工作频率。最高工作频率是指二极管能正常工作的最高频率。选用二极管时，必须使它的工作频率低于最高工作频率。

（4）反向击穿电压。反向击穿电压指二极管在工作中能承受的最大反向电压，它是使二极管不致反向击穿的电压极限值。

2. 二极管的测量

普通二极管指整流二极管、检波二极管、开关二极管等。其中包括硅二极管和锗二极管。它们的测量方法大致相同（以用万用表测量为例）。

二极管的极性可以通过外观判断，普通二极管可通过管体颜色判别，标有色点或色环的为负极；发光二极管长引线的为正极，短引线的为负极；对于玻璃封装的点接触式二极管，玻璃封装里金属丝一端为正极，半导体片一端为负极。

如果上述方法都无法判断二极管的正负极性，可通过万用表测量二极管两端电阻的大小来判别。用指针式万用表电阻挡测量小功率二极管，将万用表置于 $R \times 100\ \Omega$ 或 $R \times 1\ \text{k}\Omega$ 挡。黑表笔接二极管的正极，红表笔接二极管的负极，然后交换表笔再测一次。如果两次测量值一次较大一次较小，则二极管正常。显示阻值较小的为二极管的正向电阻，黑表笔所接触的一端为二极管的正极,另一端为负极。如图 2 - 25 所示。

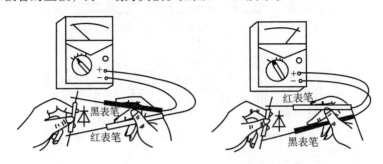

图 2 - 25 小功率二极管的检测

如果二极管正、反向阻值均很小,接近零,说明内部管子击穿;反之,如果正、反向阻值均极大,接近无穷大,说明该管子内部已断路。以上两种情况均说明二极管已损坏,不能使用。

中、大功率二极管的检测只需将万用表置于 $R \times 1 \ \Omega$ 或 $R \times 10 \ \Omega$ 挡,测量方法与测量小功率二极管相同。

2.5.3 三极管的主要参数和检验

1. 三极管的主要参数

三极管的参数分两类:一类是应用参数,表明晶体管在一般工作时的各种参数,主要包括电流放大倍数、截止频率、极间反向电流、输入/输出电阻等;另一类是极限参数,表明晶体管的安全使用范围,主要包括击穿电压、集电极最大允许电流、集电极最大耗散功率等。

2. 三极管的测量

下面着重讲述常见的中、小型三极管的测量和判断(以万用表为例)。

1)三极管管型和电极判断

判断三极管是 PNP 型还是 NPN 型可将万用表置于 $R \times 100 \ \Omega$ 或 $R \times 1 \ k\Omega$ 挡。如图 2 - 26 所示,把黑表笔(负)接某一引脚,红表笔(正)分别接另外两引脚,测量两个电阻,如测得的阻值均较小,则黑表笔所接引脚即为晶体管基极,且该三极管为 NPN 型;若均出现高阻,则该管为 PNP 型。

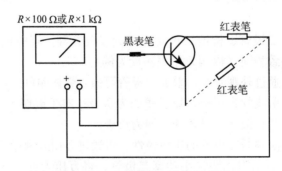

图 2 - 26 三极管管型和基极判断

发射极和集电极的判别：如果所测得的是 NPN 型管，先将红、黑表笔分别接在除基极以外的其余两个电极上，将手蘸点水，用拇指和食指把基极和红表笔接的那个极一起捏住（不能使两极相碰），如图 2－27 所示，记录万用表欧姆挡的读数，然后对换万用表两表笔，重复操作，记下万用表欧姆挡的读数。比较结果，阻值小的那一次黑表笔所接的引脚是集电极，红表笔所接的引脚是发射极。如果是 PNP 管，结果则相反。

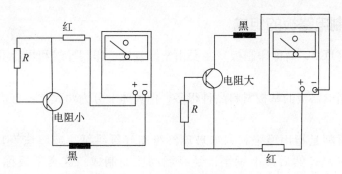

图 2－27 三极管管型和电极判断

2）三极管质量好坏的简易判断

用万用表粗测三极管的极间电阻，可以判断管子质量的好坏。在正常情况下，质量良好的中、小功率三极管发射结和集电结的反向电阻及其他极间电阻较高（一般为几百千欧），而正向阻值比较低（一般为几百欧至几千欧），可以由此判断三极管的质量。

3）判别三极管是锗管还是硅管

硅管的正向压降较大（0.6～0.7 V），而锗管的正向压降较小（0.2～0.3 V）。若测得的压降为 0.5～0.9 V 即为硅管，若压降为 0.2～0.3 V 则为锗管。

3. 半导体三极管的选用

选用晶体管时一要符合设备及电路的要求，二要符合节约的原则。根据用途的不同，一般应考虑以下几个因素：工作频率、集电极电流、耗散功率、电流放大倍数、反向击穿电压、稳定性及饱和压降等。这些因素又具有相互制约的关系，在选管时应抓住主要矛盾，兼顾次要因素。

低频管的特征频率 f_T 一般在 2.5 MHz 以下，而高频管的 f_T 却从几十兆赫到几百兆赫甚至更高。选管时应使 f_T 为工作频率的 3～10 倍。原则上讲，高频管可以代换低频管，但是高频管的功率一般都比较小，动态范围窄，在代换时应注意功率条件。

一般希望 β 选大一些，但也不是越大越好。β 太高了容易引起自激振荡，何况一般 β 高的管子工作多不稳定，受温度影响大。通常 β 多选在 40～100 之间，但低噪声高 β 值的管子（如 1815、9011～9015 等），β 值达数百时温度稳定性仍较好。另外，对整个电路来说还应该从各级的配合来选择 β。例如前级用 β 高的，后级就可以用 β 较低的管子；反之，前级用 β 较低的，后级就可以用 β 较高的管子。

集电极－发射极反向击穿电压 U_{CEO} 应选得大于电源电压。穿透电流越小，对温度的稳定性越好。普通硅管的稳定性比锗管好得多，但普通硅管的饱和压降较锗管大，在某些电路中会影响电路的性能，应根据电路的具体情况选用，选用晶体管的耗散功率时应根据不同电路的要求留有一定的余量。

对高频放大、中频放大、振荡器等电路用的晶体管，应选用特征频率f_T高、极间电容较小的晶体管，以保证在高频情况下仍有较高的功率增益和稳定性。

2.6 印制电路板基础

2.6.1 印制电路板的组成

印制电路板（PCB，简称印制板）主要由绝缘基板、印制导线和焊盘组成。

1. 绝缘基板

用于制造印制电路板的基板材料品种很多，但大体上分为两大类：有机类基板材料和无机类基板材料。

有机类基板材料是指用增强材料如玻璃纤维布（纤维纸、玻璃毡等），浸以树脂黏合剂，通过烘干成坯料，然后覆上铜箔，经高温高压而制成。这类基板称为覆铜箔层压板（CCL），俗称覆铜板，是制造 PCB 的主要材料。市场上常见的有机类电路基板分为环氧玻璃纤维电路基板和非环氧树脂的层板。环氧玻璃纤维电路基板由环氧树脂和玻璃纤维组成，它结合了玻璃纤维强度好和环氧树脂韧性好的优点，具有良好的强度和延展性。用它既可以制作单面 PCB，也可以制作双面和多层 PCB。非环氧树脂的层板又可分为聚酰亚胺树脂玻璃纤维层板、聚四氟乙烯玻璃纤维层板、酚醛树脂纸基层板等。酚醛树脂纸基层板，只能冲孔不能钻孔，仅用于单面和双面印制电路板，而不能作为多层印制电路板的原材料，所以在民用电子产品中广泛将它们作为电路基板材料；聚四氟乙烯玻璃纤维层板可用于高频电路中；聚酰亚胺树脂玻璃纤维层板可作为刚性或柔性电路基板材料。

无机类基板主要是陶瓷板和瓷釉包覆钢基板。陶瓷电路基板的基板材料是 96% 的氧化铝，陶瓷电路基板主要用于厚、薄膜混合集成电路和多芯片微组装电路中，它具有有机材料电路基板无法比拟的优点。陶瓷基板还具有耐高温、表面光洁度好、化学稳定性高的特点，是薄、厚膜混合电路和多芯片微组装电路的优选电路基板。瓷釉包覆钢基板克服了陶瓷基板存在的外形尺寸受限制和介电常数高的缺点，它的介电常数较低，可作为高速电路的基板，应用于某些数码产品中。

2. 印制导线

印制导线是根据电路原理图建立起来的、一种用以实现元器件间连接的、附着在基板上的铜箔导线。

3. 焊盘

焊盘是用以实现元器件引脚与印制导线连接的结点。一个元器件的某个引脚通过焊盘与某段铜箔导线的一端连接，另一个元器件的某个引脚通过另一个焊盘与该段铜箔导线的另一端相连，这段铜箔导线就将两个元器件引脚连接起来了。

2.6.2 印制电路板的特点

印制电路板不仅能实现元器件之间的互连，而且为电路元器件和机电部件提供了必要的机械支撑，与用分立导线互连相比，它具有以下特点：

（1）增强了产品的坚固性、稳定性及可靠性，缩小了产品的体积与重量。

（2）具有统一性和互换性，还大大简化了电子产品的装配过程，缩短了生产周期，更适于进行自动化生产。

2.6.3　印制电路板的类型

印制电路板按照其结构可分为以下五种。

1. 单面印制电路板

单面印制电路板的基板一般厚0.2～0.5 mm，在绝缘基板的一个表面，通过印制和腐蚀的方法，敷上印制图形，便形成单面印制电路。单面印制电路主要应用于电子元器件密度不高的电子产品中，如收音机等，比较适合于手工制作。

2. 双面印制电路板

双面印制电路板绝缘基板的厚度为0.2～0.5 mm，可在基板的两面制成印制电路。它适用于电子元器件密度比较高的电子产品，如电子仪器和手机等。双面印制电路板与单面印制电路板的区别在于双面印制电路板两面都有印制电路，孔内壁表面涂覆金属层（即金属化孔）。双面印制电路的布线密度较高，所以能减小电子产品的体积。

3. 多层印制电路板

在绝缘基板上制成三层或三层以上印制电路的电路板称为多层印制电路板。它由几层较薄的单面印制电路板或双面印制电路板黏合而成，其厚度一般为1.2～2.5 mm。为了把夹在绝缘基板中间的电路引出，多层印制电路板上的孔都需要金属化，即在孔内壁表面涂覆金属层，使之与夹在绝缘基板中间的印制电路接通。多层印制电路板的特点是可以大大减小产品的体积与重量，可以把同类信号的印制导线布设在同一层，提高抗干扰能力，还可以增设屏蔽层，提高电路的电气性能。

4. 软印制电路板

软印制电路板的基板材料是软的层状塑料或其他质软膜性材料，如聚酯或聚亚胺的绝缘材料，其厚度为0.25～1 mm。它可以端接、排接到任意规定的位置，如在手机的翻盖和机体之间实现电气连接，被广泛用于电子计算机、通信和仪表等电子产品上，它也有单层、双层及多层之分。

5. 平面印制电路板

将印制电路板的印制导线嵌入绝缘基板，使导线与基板表面平齐，就构成了平面印制电路板。在平面印制电路板的导线上都会电镀一层耐磨的金属，通常用于转换开关、电子计算机的键盘等。

2.6.4　印制电路板的质量检验

印制电路板在制成之后，需要进行质量检验，在进行元器件插装和焊接前，也要进行质量检验，质量检验的方法有以下几种。

1. 目视检验

目视检验是指人工检验印制电路板的缺陷，如凹痕、麻坑、划痕、表面粗糙、空洞和针孔等，有时需要借助于游标卡尺等工具进行检验。人工目检包括以下内容：

（1）焊孔是否在焊盘中心、导线图形是否完整，用照相底图制造的底片覆盖在已加工好的印制电路板上，导线应无裂缝或断开。

（2）丝印是否清晰、完整、正确，丝印顶层和底层的白油文字、符号是否符合设计图纸要求，不应出现错字、位置不符、方向不符、缺少、遗漏、盖焊盘现象；丝印字迹应完整、清晰牢固，无断笔、连笔、缺笔、模糊现象。

（3）金属化孔应清洁，不残留任何影响元件插入和可焊性的杂物；在孔壁与导电图形的界面处不应有电镀空洞；金属化孔的铜层上应无环状裂缝，铜与孔径无环状分离；孔周围不允许出现有影响使用的晕圈或铜箔翘起；当两孔壁间最小距离大于板厚时，不允许有贯穿两孔间距的裂缝；不允许出现缺孔、错孔、堵孔、铜箔翘起及歪斜偏移等现象。

（4）阻焊层不允许出现影响性能的针孔、擦伤或是剥落现象。

（5）板上应印刷生产日期、产品型号、安全标示。

（6）印制电路板不允许有气泡、分层、明显变色或是有氧化锈斑、影响使用的压痕、严重划伤或是污染。

（7）铜箔表面应光洁，不得出现明显的皱折、氧化斑迹、磨痕、麻点、压坑和污染。

（8）板材、材质、阻燃等级符合设计图纸要求。

（9）包装袋内应附有产品合格证，标明制造厂商名称、产品型号批号及生产日期等标识。

（10）印制电路板用真空装或是静电防护袋包装后放在外包箱（必须防静电），包装放置必须牢固，包装袋完整无破损。

（11）外包箱上应注明制造厂商名称、产品型号、数量、生产日期及生产批次。

（12）借助工具测定导线的宽度和外形是否处在要求的范围内，印制电路板的外边缘尺寸是否处于要求的范围之内，外形尺寸、板厚、定位孔尺寸是否满足设计图纸要求。

2. 电气性能的检验

电气性能检验主要包括电路板的绝缘性检验和连通性检验。绝缘性检验主要测量绝缘电阻，测量绝缘电阻可以在同一层上的各条导线之间进行，也可以在两个不同层之间进行。选择两根或多根间距紧密、电气上绝缘的导线，先测量它们之间的绝缘电阻；再加湿热一定时间后，置于室内条件下恢复到室温后，再测量它们之间的绝缘电阻，满足指标就行。连通性检验主要用来查明需要连接的印制电路图形是否具有连通性。在同一层和不同层都要进行连通性检测。

检验时采用的测试仪器有：

（1）光板测试仪（通断仪），可以测量出连线的通与断，包括金属化孔在内的多层印制电路板的逻辑关系是否正确。

（2）图形缺陷自动光学测试仪，可以检查出 PCB 的综合性能，包括线路、字符等。

3. 焊盘可焊性的检验

可焊性是印制电路板的重要质量指标，主要用来测量焊锡对印制图形的润湿能力，根据润湿能力的不同可分为：润湿、半润湿和不润湿。润湿是指焊料在导线和焊盘上可自由流动及扩展，形成黏附性连接。半润湿是指焊料先润湿焊盘的表面，然后由于润湿不佳而造成焊锡回缩，结果在基底金属上留下一薄层焊料；或是在焊盘表面一些不规则的地方，大部分焊料都形成了焊料球。不润湿焊料是指虽然在焊盘的表面上堆积，但未和焊盘表面形成黏附性连接。

4. 镀层附着力的检验

镀层附着力是指印制导线和焊盘在基板上的黏附力,若附着力小,印制导线和焊盘就容易从基板上剥离。检查镀层附着力的一种通用方法是胶带试验法,即把透明胶带贴于要测的导线上,并将气泡全部排除,然后与印制电路板呈90°方向快速用力扯掉胶带,若导线完好无损,说明该板的镀层附着力合格。

2.7　常用导线和绝缘材料检测

2.7.1　导线材料

导线是能够导电的金属线,是电能的传输载体。工业及民用导线有好几百种,这里仅介绍电子产品生产中常用的电线电缆和电磁线。

1. 导线的分类

电子产品中常用的导线包括电线与电缆,又能细分成裸线、电磁线、绝缘电线电缆和通信电缆四类。裸线是指没有绝缘层的单股或多股导线,大部分作为电线电缆的线芯,少部分直接用在电子产品中连接电路。电磁线是有绝缘层的导线,绝缘方式有表面涂漆或外缠纱、丝、薄膜等,一般用来绕制电感类产品的绕组,所以也叫作绕组线。绝缘电线电缆包括固定敷设电线、绝缘软电线和屏蔽线,用作电子产品的电气连接。通信电缆包括用在电信系统中的电信电缆、高频电缆和双绞线。电信电缆一般是成对的对称多芯电缆,通常用于工作频率在几百千赫以下的信号传输;高频电缆对高频信号传输损耗小,效率高;双绞线用于计算机和电信信号的传输,频率在十兆赫至几百兆赫。

2. 常见的导线

1)安装导线、屏蔽线

在电子产品生产中常用的安装导线,主要是塑料线。几种常用安装导线的外观如图2-28所示,其型号、名称及用途见表2-12。其中有屏蔽层的导线称为屏蔽线,如图2-28(c)、(h)所示。屏蔽线能够实现静电(或高电压)屏蔽、电磁屏蔽和磁屏蔽的效果。屏蔽线有单芯、双芯和多芯等数种,一般用在工作频率为1 MHz以下的场合。

表2-12　常用的安装导线

型号	名称	工作条件	主要用途	结构与外形
AV, BV	聚氯乙烯绝缘安装线	250 V/AC 或 500 V/DC, -60 ~ +70 ℃	弱电流仪器仪表、电信设备,电器设备和照明装置	图2-28 (a)
AVR, BVR	聚氯乙烯绝缘安装软电线	250 V/AC 或 500 V/DC, -60 ~ +70 ℃	弱电流仪器仪表、电信设备,要求柔软导线的场合	图2-28 (b)
SYV	聚氯乙烯绝缘同轴射频电缆	-40 ~ +60 ℃	固定式无线电装置 (50 Ω)	图2-28 (c)
RVS	聚氯乙烯绝缘双绞线	450 V 或 750 V/AC, <50 ℃	家用电器、小型电动工具、仪器仪表、照明装置	图2-28 (d)

续表

型号	名称	工作条件	主要用途	结构与外形
RVB	聚氯乙烯绝缘平行软线	450 V 或 750 V/AC，<50 ℃	家用电器、小型电动工具、仪器仪表、照明装置	图 2-28 (e)
SBVD	聚氯乙烯绝缘双绞线	-40 ～ +60 ℃	电视接收天线馈线（300 Ω）	图 2-28 (f)
AVV	聚氯乙烯绝缘安装电缆	250 V/AC 或 500 V/DC，-40 ～ +60 ℃	弱电流仪器仪表、电信设备	图 2-28 (g)
AVRP	聚氯乙烯绝缘屏蔽安装电缆	250 V/AC 或 500 V/DC，-60 ～ +70 ℃	弱电流仪器仪表、电信设备	图 2-28 (h)
SIV-7	空气-聚氯乙烯绝缘同轴射频电缆	-40 ～ +60 ℃	固定式无线电装置（75 Ω）	图 2-28 (i)

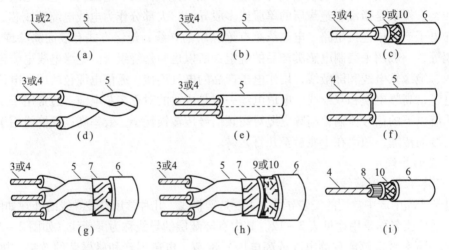

图 2-28　常用安装导线

1—单股镀锡铜芯线；2—单股铜芯线；3—多股镀锡铜芯线；4—多股铜芯线；
5—聚氯乙烯绝缘层；6—聚氯乙烯护套；7—聚氯乙烯薄膜绕包；
8—聚乙烯星形管绝缘层；9—镀锡铜编织线屏蔽层；10—铜编织线屏蔽层

2）电磁线

电磁线是具有绝缘层的导电金属线，用来绕制电工、电子产品的线圈或绕组。其作用是实现电能和磁能转换，当电流通过时产生磁场，或者在磁场中切割磁力线产生电流。电磁线包括通常所说的漆包线和高频漆包线。表 2-13 中列出了常用电磁线的型号、特点及用途。

表 2-13　常用电磁线的型号、特点及用途

型号	名称	线径规格 φ/mm	主要特点	用途
QQ	高强度聚乙烯醇缩醛漆包圆铜线	0.06 ～ 2.44	机械强度高，电气性能好	电机、变压器绕组

续表

型号	名称	线径规格 φ/mm	主要特点	用途
QZ	高强度聚酯漆包圆铜线	0.06 ~ 2.44	同 QQ 型，且耐热 130 ℃，抗溶剂性能好	耐热要求为 B 级的电机、变压器绕组
QSR	单丝（人造丝）漆包圆铜线	0.05 ~ 2.10	工作温度范围达 − 60 ~ + 125 ℃	小型电机、电器和仪表绕组
QZB	高强度聚酯漆包扁铜线	(2.00 ~ 16.00) (0.08 ~ 5.60)	绕线满槽率高	同 QZ 型，用于大型线圈绕组
QJST	单丝包绞合漆包高频电磁线	0.05 ~ 0.20	高频性能好	高频线圈、变压器的绕组

在生产电子产品时，经常要使用电磁线（漆包线或高频漆包线）绕制高频振荡电路中的电感线圈。在模具或骨架上绕线并不困难，但刮去线端的漆皮时容易损伤导线。采用热熔法可以去除线端的漆皮：将线端浸入小锡炉，漆皮就熔化在熔融的锡液中，同时线端被镀上锡。

3）带状电缆（电脑排线）

在数字电路特别是计算机类产品中，数据总线、地址总线和控制总线等连接导线往往是成组出现的。这种情况下，使用带状电缆会带来很大的方便。带状电缆俗称排线，排线的形状要求与安装插头、插座的形状、尺寸、数目相对应，因此排线不用焊接就能实现可靠的连接，不容易产生导线错位的情况，可靠性较高。排线外形如图 2 – 29 所示。

图 2 – 29 排线的外形

排线导线根数有 8、12、16、20、24、28、32、37、40 线等规格，单根导线是 φ0.1 × 7 的线芯，外皮为聚氯乙烯。选购带状电缆的时候，要注意它的外形尺寸。

4）电源软导线

电子产品需要供电电源，电源线是从电源插座到产品之间的导线。电源线需要经常插、拔、移动，所以在选用时不仅要符合安全标准，还要考虑到在恶劣条件下能够正常使用。RVB、RVS、YHR 几种软导线都适合用作电源线。其中，又以有橡胶护套的 YHR 型为最好。

5）同轴电缆与高频馈线

在高频电路中，当电路两侧的特性阻抗不匹配时，就会发生信号反射。为防止这种影响，设计出了与频率无关的、具有一定特性阻抗的导线，这就是同轴电缆与馈线，常用于音频、射频、视频电路中。

6）高压电缆

高压电缆一般采用绝缘耐压性能好的聚乙烯或阻燃性聚乙烯作为绝缘层，而且耐压越高，绝缘层就越厚。表 2 – 14 是绝缘层厚度与耐压的关系，可在选用高压电缆时参考。

表 2 – 14 耐压与绝缘层厚度的关系

耐压（DC）/kV	6	10	20	30	40
绝缘层厚度/mm	0.7	1.2	1.7	2.1	2.5

3. 安装导线的选用

选择使用安装导线时，要注意以下几点。

1）安全载流量

安全载流量是指铜芯导线在环境温度为25℃、载流芯温度为70℃的条件下架空敷设的载流量，由于导线在机壳内、套管内散热条件不良，载流量应为安全载流量的1/2左右。一般情况下，为了保证安全，载流量可按5 A/mm² 估算。

2）最高耐压和绝缘性能

随着所加电压的升高，导线绝缘层的绝缘电阻将会下降；如果电压过高，就会导致放电击穿。导线标志的试验电压，是表示导线加电1 min不发生放电现象的耐压特性。实际使用中，工作电压应该为试验电压的1/3～1/5。

3）导线颜色

导线颜色有很多，单色导线就有棕、红、橙、黄、绿、蓝、紫、灰、白、黑等多种，除了纯色的导线外，还有在基色底上带一种或两种颜色花纹的花色导线。在实际使用时，各种颜色的导线有不同的用途，表2-15列出了电路中不同颜色导线常见的使用方法，可供参考。

表2-15 电路中不同颜色导线常见的使用方法

电路种类		导线颜色
三相交流电路	A 相	红
	B 相	绿
	C 相	蓝
	零线或中性线	淡蓝
	安全接地	绿底黄纹
一般交流电路		①白 ②灰
接地线路		①绿 ②绿底黄纹
直流线路	+	①红 ②棕
	GND	①黑 ②紫
	-	①青 ②白底青纹
晶体管电极	e 极	①红 ②棕
	b 极	①黄 ②橙
	c 极	①青 ②绿
指示灯		青
立体声电路	右声道	①红 ②橙
	左声道	①白 ②灰
有号码的接线端子		1～10 单色无花纹（10是黑色） 11～99 基色有花纹

4）工作环境条件

应根据工作环境条件的不同，合理选用导线。比如，导线绝缘层的耐热温度要远高于室温和电子产品机壳内部空间的温度；应根据导线受到的机械引力，选用不同的导线，并留有充分的余量。

2.7.2　绝缘材料

绝缘材料是指电阻率（电阻系数）一般都大于 $10^9\ \Omega\cdot cm$ 的材料，它在直流电压的作用下，只允许极微小的电流通过。绝缘材料在电子工业中的应用相当普遍。这类材料品种很多，要根据不同要求及使用条件合理选用。

1. 绝缘材料的主要性能及选择

1）抗电强度

抗电强度又叫耐压强度，即每毫米厚度的材料所能承受的电压，它同材料的种类及厚度有关。对一般电子产品生产中常用的材料来说，抗电强度比较容易满足要求。

2）机械强度

绝缘材料的机械强度一般是指抗张强度，即每平方厘米所能承受的拉力。对于不同用途的绝缘材料，机械强度的要求不同。例如，绝缘套管要求柔软，结构绝缘板则要求有一定的硬度并且容易加工。同种材料因添加料不同，强度也有较大差异，选择时应该注意。

3）耐热等级

耐热等级是指绝缘材料允许的最高工作温度，它完全取决于材料的成分。按照一般标准，耐热等级可分为七级，参见表 2-16。在一定耐热级别的电机、电器中，应该选用同等耐热等级的绝缘材料。必须指出，耐热等级高的材料，价格也高，但其机械强度不一定高。所以，在不要求耐高温处，要尽量选用同级别的材料。

表 2-16　绝缘材料的耐热等级

级别代号	最高温度/℃	主要绝缘材料
Y	90	未浸渍的棉纱、丝、纸等制品
A	105	上述材料经浸渍
E	120	有机薄膜、有机瓷漆
B	130	用树脂黏合或浸渍的云母、玻璃纤维、石棉
F	155	用相应树脂黏合或浸渍的无机材料
H	180	用耐热有机硅、树脂、漆或其他浸渍的无机物
C	>200	硅塑料、聚氟乙烯、聚酰亚胺及与玻璃、云母、陶瓷等材料的组合

2. 常用绝缘材料

1）薄型绝缘材料

薄型绝缘材料包括绝缘纸、绝缘布、有机薄膜、粘带、塑料套管等，主要应用于包扎、衬垫、护套等。

常用的绝缘纸有电容器纸、青壳纸、铜板纸等，具有较高的抗电强度，但抗张强度和耐热性都不高，主要用于要求不高的低压线圈绝缘。常用的绝缘布有黄腊布、黄腊绸、玻璃漆布等，它们具有布的柔软性和抗拉强度，适用于包扎、变压器绝缘等。这种材料也可制成各种套管，用作导线护套。常用的有机薄膜有聚酯、聚酰亚胺、聚氯乙烯、聚四氟乙烯薄膜，厚度范围为 0.04～0.1 mm。其中以聚脂薄膜使用最为普遍，在大部分情况下可以取代绝缘纸、绝缘布，并提高耐压、耐热性能。性能最卓越的是聚四氟乙烯薄膜，但价格高。有机薄膜涂上胶黏剂就成为各种绝缘粘带，俗称塑料胶带，可以取代传统的"黑胶布"，大大提高了耐热、耐压等级。除绝缘布套管外，大量用在电子装配中的是塑料套管，即用聚氯乙烯为主料制成的各种规格、各种颜色的套管，由于耐热性差（工作温度为 -60～+70 ℃），不宜用在受热部位。还有一种热缩性塑料套管，经常用作电线端头的护套。

2) 绝缘漆

常用的绝缘漆有油性浸渍漆（1012）、醇酸浸渍漆（1030）、环氧浸渍漆（1033）、环氧无溶剂浸渍漆（515-1/2）、有机硅漆（1053）、覆盖漆、醇酸磁漆、有机硅磁漆等。其中，有机硅漆能耐受较高的温度（H 级），无溶剂浸渍漆使用较为方便。绝缘漆主要用于浸渍电器线圈和表面覆盖。

3) 热塑性绝缘材料

这类材料有硬聚乙烯板、软管及有机玻璃板、棒，可以进行热塑加工，但耐热性差，一般只用于不受热、不受力的绝缘部位。例如：护套、护罩、仪器盖板等。透明的有机玻璃适用于加工仪器面罩、铭牌等绝缘零件。

4) 云母制品

云母是具有良好的耐热、传热、绝缘性能的脆性材料。将云母用黏合剂黏附在不同的材料上，就构成性能不同的复合材料。常用的有云母带（沥青绸云母带、环氧玻璃粉云母带、有机硅云母等），主要用作耐高压的绝缘衬垫。

5) 橡胶制品

橡胶在较大的温度范围内具有优良的弹性、电绝缘性、耐热、耐寒和耐腐蚀性，是传统的绝缘材料，用途非常广泛。近年来电子工业所用的天然橡胶已被合成橡胶取代。

2.8 集成电路的使用与检测

集成电路是继电子管、晶体管之后发展起来的又一类电子元件。其缩写为 IC，英文为 Integrated Circuit。它是把晶体管、电阻及电容器等元件，按照电路的要求，共同制作在一块硅或绝缘基体上，然后封装而成的。这种在结构上形成紧密联系的整体电路，称为集成电路。

2.8.1 集成电路的命名

集成电路的命名方法按国家标准规定，每个型号由下列五个部分组成。

第一部分：表示符合国家标准，用字母 C 表示；

第二部分：表示电路的分类，用字母表示，具体含义见表 2-17；

第三部分：表示品种代号，用数字或字母表示，与国际上的品种保持一致；

第四部分：表示工作温度范围，用字母表示，具体含义见表2－18；

第五部分：表示封装形式，用字母表示，具体含义见表2－19。

表 2 –17　用字母表示电路分类的具体含义

字母	表示含义
AD	模拟数字转换器
B	非线性电路（模拟开关；模拟乘、除法器；时基电路；锁相；取样保持电路等）
C	CMOS 电路
D	音响电路（收录机电路；录像机电路；电视机电路）
DA	数字模拟转换器
E	ECL 电路
F	运算放大器；线性放大器
H	HTL 电路
J	接口电路（电压比较器；电平转换器；线电路；外围驱动电路）
M	存储器
S	特殊电路（机电仪表电路；传感器；通信电路；消费类电路）
T	TTL 电路
W	稳压器
U	微型计算机电路

表 2 –18　用字母表示工作温度范围

字母	工作温度范围/℃	字母	工作温度范围/℃
C	0 ~ 70	R	– 55 ~ 85
E	– 45 ~ 80	M	– 55 ~ 125

表 2 –19　用字母表示封装形式

字母	封装形式	字母	封装形式
D	多层陶瓷、双列直插	K	金属、菱形
F	多层陶瓷、扁平	P	塑料、双列直插
H	黑瓷低熔玻璃、扁平	T	金属、圆形
J	黑瓷低熔玻璃、双列直插		

在实际应用中，除了国家标准规定的型号外，还常用以下方式表示集成电路的型号，如图 2 – 30 所示。

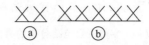

图 2 – 30　集成电路型号定义图

其中，ⓐ为工厂产品代号，以数字或字母表示（同国外标法一致）；ⓑ为产品品种代号，以数字或字母表示，与国际上的品种表示一致。

这类产品的电特性基本上与国外同类品种代号的产品一致，可以互相代换使用，只是质量一致性试验的要求略低于国外同型号的集成电路。

2.8.2　集成电路使用注意事项

1. CMOS IC 使用注意事项

（1）CMOS IC 工作电源为 +5 ~ +15 V，电源负极接地，电源不能接反。

（2）输入信号电压应为工作电压和接地之间的电压，超出会损坏器件。

（3）多余的输入一律不许悬空，应按它的逻辑要求接最大工作电压或地，工作速度不高时输入端并联使用。

（4）开机时，先接通电源，再加输入信号。关机时，先撤去输入信号，再关电源。

（5）CMOS IC 输入阻抗极高，易受外界干扰、冲击和静态击穿，应存放在等电位的金属盒内。切忌与易产生静电的物质如尼龙、塑料等接触。焊接时应切断电源电压，电烙铁外壳必须良好接地，必要时可拔下烙铁电插头，利用余热进行焊接。

2. TTL IC 电路使用注意事项

（1）在高速电路中，电源至 IC 之间存在引线电感及引线间的分布电容，既会影响电路的速度，又易通过共用线段产生耦合，引起自激。为此，可采用退耦措施，在靠近 IC 的电源引出端和地线引出端之间接入 0.01 μF 的旁路电容。在频率不太高的情况下，通常只在印制电路板的插头处，每个通道入口的电源端和地端之间，并联一个 10 ~ 100 μF 和一个 0.01 ~ 0.1 μF 的电容，前者作低频滤波，后者作高频滤波。

（2）多余输入端，如果是"与"门、"与非"门多余输入端，最好不悬空而接电源；如果是"或"门、"或非"门，便将多余输入端接地，可直接接入，或串连 1 ~ 10 Ω 电阻再接入。前一接法，电源浪涌电压可能会损坏电路；后一种接法，分布电容将影响电路的工作速度。也可以将多余输入端与使用端并联在一起，但是输入端并联后，结电容会降低电路的工作速度，同时也增加了对信号的驱动电流的要求。

（3）多余的输出端应悬空，若是接地或接电源，将会损坏器件。另外除集电极开路（OC）门和三态（TS）门外，其他电路的输出端不允许并联使用，否则会引起逻辑混乱或损坏器件。

（4）TTL IC 工作电压为 +5（1 +10%）V，超过该范围可能引起逻辑混乱或损坏器件。U_{CC} 接电源正极，U_{EE}（地）接电源负极。

2.9　SMT元器件

SMT（Surface Mounted Technology 的缩写）是表面安装技术，它已经在很多领域取代了传统的通孔安装 THT 技术，并且这种趋势还在发展，预计未来电子组装行业里90%以上产品将采用 SMT。THT 与 SMT 的区别如图 2–31 所示。

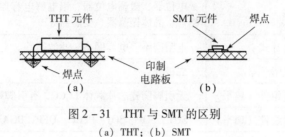

图 2–31　THT 与 SMT 的区别

(a) THT；(b) SMT

2.9.1　SMT（贴片）元器件的特点

表面安装元器件也称作贴片式元器件或片状元器件，它有以下四个显著的特点。

（1）在 SMT 元器件的电极上，有些焊端没有引线，有些只有非常短小的引线；相邻电极之间的距离比传统的双列直插式集成电路的引线间距（2.54 mm）小很多，目前引脚中心间距最小的已经达到 0.3 mm。

（2）在集成度相同的情况下，SMT 元器件的体积比传统的元器件小很多；或者说，与同样体积的传统电路芯片比较，SMT 元器件的集成度提高了很多倍。

（3）SMT 元器件直接贴装在印制电路板的表面，将电极焊接在与元器件同一面的焊盘上。这样，印制电路板上的通孔只起到电路连通导线的作用，通孔的直径仅由制作印制电路板时金属化孔的工艺水平决定，通孔的周围没有焊盘，使印制电路板的布线密度大大提高。

（4）表面安装元器件（片状元器件）最重要的特点是小型化和标准化。已经制定了统一标准，对片状元器件的外形尺寸、结构与电极形状等都做出了规定，这对于表面安装技术的发展无疑具有重要的意义。

2.9.2　SMT元器件的种类

表面安装元器件的分类方法有多种，一般可从结构形状和功能上分。从结构形状上分可分为薄片矩形、圆柱形、扁平异形等表面安装元器件；从功能上分可分为无源表面安装元件（SMC，Surface Mounting Component）、有源表面安装器件（SMD，Surface Mounting Device）和机电元件三大类，详见表 2–20。

表 2 - 20　SMT 元器件的分类

类别	封装形式	种　　类
无源表面安装元件（SMC）	矩形片式	厚膜和薄膜电阻器、热敏电阻、压敏电阻、单层或多层陶瓷电容器、钽电解电容器、片式电感器、磁珠等
	圆柱形	碳膜电阻器、金属膜电阻器、陶瓷电容器、热敏电容器、陶瓷晶体等
	异形	电位器、微调电位器、铝电解电容器、微调电容器、线绕电感器、晶体振荡器、变压器等
	复合片式	电阻网络、电容网络、滤波器等
有源表面安装器件（SMD）	圆柱形	二极管
	陶瓷组件（扁平）	无引脚陶瓷芯片载体 LCCC、有引脚陶瓷芯片载体 CBGA
	塑料组件（扁平）	SOT、SOP、SOJ、PLCC、QFP、BGA、CSP 等
机电元件	异形	继电器、开关、连接器、延迟器、薄型微电机等

2.9.3　无源表面安装元件 SMC

　　SMC 包括片状电阻器、电容器、电感器、滤波器和陶瓷振荡器等。SMC 的典型形状是一个矩形六面体（长方体），也有一部分 SMC 采用圆柱体的形状，还有一些元件由于矩形化比较困难，是异形 SMC，如图 2 - 32 所示。

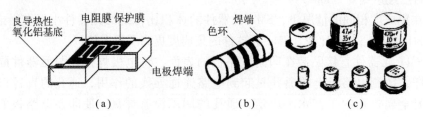

图 2 - 32　SMC 的基本外形

（a）长方体 SMC；（b）圆柱体 SMC；（c）异形 SMC

1. SMC 的外形尺寸系列

SMC 按封装外形，可分为片状（长方体）和圆柱状两种，如图 2 - 33 所示。

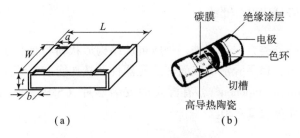

图 2 - 33　SMC 的尺寸与结构示意图

（a）长方体 SMC；（b）圆柱体 SMC

长方体 SMC 根据其外形尺寸的大小被划分成几个系列型号,现有两种表示方法,欧美产品大多采用英制系列,日本产品大多采用公制系列,目前我国两种系列都可以使用。无论哪种系列,系列型号的前两位数字表示元件的长度,后两位数字表示元件的宽度。例如,公制系列 3216（英制 1206）的矩形贴片元件,长 L = 3.2 mm（0.12 in）,宽 W = 1.6 mm（0.06 in）。并且,系列型号的发展变化也反映了 SMC 元件的小型化进程:5750（2220）→ 4532（1812）→ 3225（1210）→ 3216（1206）→ 2520（1008）→ 2012（0805）→ 1608（0603）→ 1005（0402）→0603（0201）。典型 SMC 系列的外形尺寸见表 2 – 21。

表 2 – 21　典型 SMC 系列的外形尺寸　　　　　　　　　　　　　　mm/in

公制/英制型号	L	W	a	b	t
3216/1206	3.2/0.12	1.6/0.06	0.5/0.02	0.5/0.02	0.6/0.024
2012/0805	2.0/0.08	1.2/0.05	0.4/0.016	0.4/0.016	0.6/0.016
1608/0603	1.6/0.06	0.8/0.03	0.3/0.012	0.3/0.012	0.45/0.018
1005/0402	1.0/0.04	0.5/0.02	0.2/0.008	0.25/0.01	0.35/0.014
0603/0201	0.6/0.02	0.3/0.01	0.2/0.005	0.2/0.006	0.25/0.01

注:公制/英制转换:1 in = 1 000 mil;1 in = 25.4 mm,1 mm≈40 mil。

2. 特性参数的表示方法

SMC 的元件种类用型号加后缀的方法表示,例如,3216C 是 3216 系列的电容器,2012R 表示 2012 系列的电阻器。

SMC 特性参数的数值系列与传统元件的差别不大,标准的标称数值在第 1 节中已经做过详细介绍。1608、1005、0603 系列 SMC 元件的表面积太小,难以用手工装配焊接,所以元件表面不印制它的标称数值（参数印在纸编带的盘上）;3216、2012 系列片状 SMC 的标称数值一般用印在元件表面上的三位数字表示:前两位数字是有效数字,第三位是倍率乘数。例如,电阻器上印有 104,表示阻值为 100 kΩ;表面印有 5R6,表示阻值为 5.6 Ω;表面印有 R39,表示阻值为 0.39 Ω。圆柱形电阻器用三位或四位色环表示阻值的大小。

虽然 SMC 的体积很小,但它的数值范围和精度并不差。以 SMC 电阻器为例,3216 系列的阻值范围是 0.39 Ω ~ 10 MΩ,额定功率可达到 1/4 W,允许偏差有 ±1%、±2%、±5% 和 ±10% 等四个系列,额定工作温度上限是 70 ℃。

3. SMC 元件的规格型号表示方法

目前,我国尚未对 SMT 元件的规格型号表示方法制定标准,因生产厂商而不同。下面各用一种贴片电阻和贴片电容举例说明。

例1：1/8 W、470 Ω、±5%的玻璃釉电阻器。　**例2**：1 000 pF、±5%、50 V的瓷介电容器。

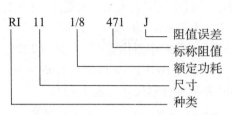

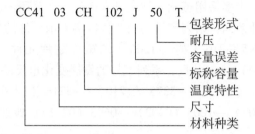

4. SMC 的焊端结构

无引线片状元件 SMC 的电极焊端一般由三层金属构成，如图 2 - 34 所示。

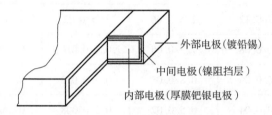

图 2 - 34　SMC 的焊端结构

焊端的内部电极通常是采用厚膜技术制作的钯银（Pd - Ag）合金电极，中间电极是镀在内部电极上的镍（Ni）阻挡层，外部电极是铅锡（Pb - Sn）合金。中间电极的作用是，避免在高温焊接时焊料中的铅和银发生置换反应而导致厚膜电极"脱帽"，造成虚焊或脱焊。镍的耐热性和稳定性好，对钯银内部电极起到了阻挡层的作用；但镍的可焊接性较差，镀铅锡合金的外部电极可以提高可焊接性。

5. 包装形式

片状元器件可以用三种包装形式提供给用户：散装、管状料斗和盘状纸编带。SMC 的阻容元件一般用盘状纸编带包装，便于采用自动化装配设备。

2.9.4　SMD 分立器件

SMD 分立器件包括各种分立半导体器件，有二极管、三极管、场效应管，也有由两三只三极管、二极管组成的简单复合电路。为了便于自动化安装设备拾取，电极引脚数目较少的 SMD 分立器件一般采用盘状纸编带包装。

1. SMD 分立器件的外形

典型 SMD 分立器件的外形如图 2 - 35 所示，电极引脚数为 2 ~ 6 个。

二极管类器件一般采用二端或三端 SMD 封装，小功率三极管类器件一般采用三端或四端 SMD 封装，四端至六端 SMD 器件内大多封装了两只三极管或场效应管。

2. 二极管

SMD 二极管根据封装形式可分为无引线柱形玻璃封装二极管和塑封二极管。无引线柱形玻璃封装二极管是将管芯封装在细玻璃管内，两端以金属帽为电极。通常用于稳压、开关和通用二极管，功耗一般为 0.5 ~ 1 W。塑封二极管用塑料封装管芯，有两根翼形短引线，一般做成矩形片状，额定电流为 150 mA ~ 1 A，耐压为 50 ~ 400 V。

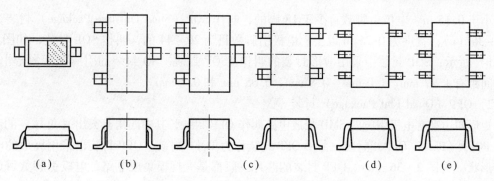

图 2 – 35　典型 SMD 分立器件的外形

（a）2 脚；（b）3 脚；（c）4 脚；（d）5 脚；（e）6 脚

3. 三极管

三极管一般采用带有翼形短引线的塑料封装（SOT，Short Out-line Transistor），可分为 SOT23、SOT89、SOT143 几种尺寸结构。产品有小功率管、大功率管、场效应管和高频管几个系列。小功率管额定功率为 100 ~ 300 mW，电流为 10 ~ 700 mA；大功率管额定功率为 300 mW ~ 2 W，两条连在一起的引脚是集电极。由于各厂商产品的电极引出方式不同，在选用时必须查阅生产厂使用手册资料。

2.9.5　SMD 集成电路

1. SMD 集成电路封装

由于工艺技术的发展和进步，SMD 集成电路与传统 THT 集成电路的双列直插（DIP）式、单列直插（SIP）式集成电路不同，其电气性能指标比 THT 集成电路更好，封装形式也发生了巨大变化，常见 SMD 集成电路封装的外形如图 2 – 36 所示。

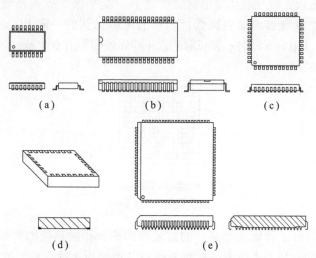

图 2 – 36　常见 SMD 集成电路封装的外形

（a）SOP 型封装；（b）SOL 型封装；（c）QFP 型封装；（d）LCCC 型封装；（e）PLCC 型封装

1）SO（Short Out-line）封装

引线比较少的小规模集成电路大多采用这种小型封装。SO 封装又可以细分，其中芯片宽度小于 0.15 in、电极引脚数目少于 18 脚的，叫作 SOP（Short Out-line Package）封装，见图 2－36（a）；宽度为 0.25 in 以上、电极引脚数目为 20～44 的，叫作 SOL 封装，如图 2－36（b）所示；SOP 封装中采用薄形封装的叫作 TSOP 封装。SO 封装的引脚采用翼形电极，引脚间距有 1.27 mm、1.0 mm、0.8 mm、0.65 mm 和 0.5 mm。

2）QFP（Quad Flat Package）封装

矩形四边都有电极引脚的 SMD 集成电路叫作 QFP 封装，其中四角有突出（角耳）的芯片称为 PQFP（Plastic QFP）封装，薄形 QFP 封装称为 TQFP 封装。QFP 封装也采用翼形的电极引脚形状，见图 2－36（c）。QFP 封装的芯片一般都是大规模集成电路，电极引脚数目最少的有 20 脚，最多可能达到 300 脚以上，引脚间距最小的是 0.4 mm（最小极限是 0.3 mm），最大的是 1.27 mm。

3）LCCC（Leadless Ceramic Chip Carrier）封装

这是 SMD 集成电路中没有引脚的一种封装，芯片被封装在陶瓷载体上，无引线的电极焊端排列在封装底面的四边上，电极数目为 18～156 个，间距为 1.27 mm，其外形如图 2－36（d）所示。

4）PLCC（Plastic Leaded Chip Carrier）封装

PLCC 也是一种集成电路的矩形封装，它与 LCCC 封装的区别是引脚向内钩回，叫作钩形（J 形）电极，电极引脚数目为 16～84 个，间距为 1.27 mm，其外形如图 2－36（e）所示。PLCC 封装的集成电路大多是可编程的存储器，芯片可以安装在专用的插座上，容易取下来对它改写其中的数据，PLCC 芯片也可以直接焊接在电路板上，但用手工焊接比较困难。

5）BGA 封装

BGA 封装如图 2－37 所示，是大规模集成电路常采用的一种封装形式。BGA 封装是将原来器件 PLCC/QFP 封装的 J 形或翼形电极引脚，改变成球形引脚；把从器件本体四周"单线性"顺列引出的电极，改变成集成电路底面之下"全平面"式的格栅阵排列。这样，既可以扩大引脚间距，又能够增加引脚数目。目前可以见到的一般 BGA 芯片，焊球间距有 1.5 mm、1.27 mm、1.0 mm 三种；而 μBGA 芯片的焊球间距有 0.8 mm、0.65 mm、0.5 mm、0.4 mm 和 0.3 mm 多种。

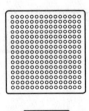

图 2－37　BGA 封装

BGA 封装形式能够显著地缩小芯片的封装表面积。相同功能的大规模集成电路，BGA 封装的尺寸比 QFP 的封装要小得多，有利于在 PCB 电路板上提高装配的密度。随着 BGA 封装形式的应用，大 BGA 品种也在迅速多样化，现在已经出现很多种形式，如陶瓷 BGA（CBGA）、塑料 BGA（PBGA）、载带 BGA（TBGA）、陶瓷柱 BGA（CCGA）、中空金属 BGA（MBGA）以及柔性 BGA（Micro－BGA、μBGA 或 CSP）等。前三者的主要区别在于封装的基底材料不同，如 CBGA 采用陶瓷，PBGA 采用 BT 树脂，TBGA 采用两层金属复合等；而后三者是指那些封装尺寸与芯片尺寸比较接近的小型封装的集成电路。

如图2-38所示是几种典型的BGA结构。其中，图2-38（a）是PBGA，图2-38（b）是柔性微型BGA（μBGA），图2-38（c）是管芯上置的载带BGA（TBGA），图2-38（d）是管芯下置的载带BGA（TBGA），图2-38（e）是陶瓷柱BGA，图2-38（f）是一种BGA的外观照片，可见其球状引脚数目是15×15=225。

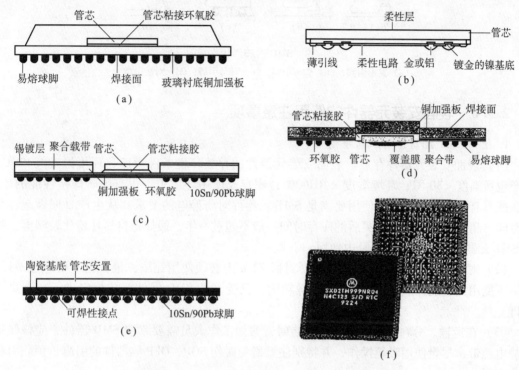

图2-38 大规模集成电路的几种BGA封装结构

（a）361塑料BGA；（b）188微型BGA；（c）736载带BGA；

（d）342载带BGA；（e）256陶瓷柱BGA；（f）BGA的外观照片

2. SMD的引脚形状

表面安装器件SMD的I/O电极有两种形式：无引脚和有引脚。无引脚形式有陶瓷芯片载体封装（LCCC），这种器件贴装后，芯片底面上的电极焊端与印制电路板上的焊盘直接连接，可靠性较高。有引脚器件贴装后的可靠性与引脚的形状有关。所以，引脚的形状比较重要。占主导地位的引脚形状有翼形、钩形和球形三种，如图2-39所示。

1）翼形引脚

翼形引脚如图2-39（a）所示，主要特点是：符合引脚薄而窄以及小间距的发展趋势，可采用包括热阻焊在内的各种焊接工艺来进行焊接，但在运输和装卸过程中容易损坏引脚。翼形引脚用于SOT/SOP/QFP封装。

2）钩形引脚

钩形引脚如图2-39（b）所示，主要特点是：空间利用率比翼形引脚高，它可以用除热阻焊外的大部分再流焊进行焊接，比翼形引脚坚固。钩形引脚用于SOJ/PLCC封装。

3）球形引脚

球形引脚如图 2 - 39（c）所示，球形引脚用于 BGA/CSP/Flip Chip 封装。

在 SMD 的发展过程中，还有过一种引脚形状叫对接引脚，如图 2 - 39（d）所示。对接引脚是将普通的 DIP 封装引脚截短后得到，对接引脚的成本低，引脚间布线空间相对比较大。但对接引脚焊点的拉力和剪切力比翼形或 J 形引脚低 65%。

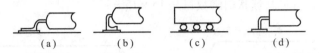

图 2 - 39　SMD 引脚形状示意图

（a）翼形引脚；（b）钩形引脚；（c）球形引脚；（d）对接引脚

2.9.6　表面安装元器件的使用注意事项

1. 使用 SMT 元器件的注意事项

（1）表面安装元器件存放。表面安装元器件的存放环境条件为库存环境温度 < 40 ℃；生产现场温度 < 30 ℃；环境湿度 < RH60%；库存及使用环境中不得有影响焊接性能的硫、氯、酸等有毒气体；存放和使用要满足 SMT 元器件对防静电的要求；从生产日期算起，存放时间不超过两年，用户购买后的库存时间一般不超过一年，假如是自然环境比较潮湿，购入 SMT 元器件以后应在三个月内使用。

（2）对有防潮要求的 SMD 器件，开封后 72 h 内必须使用完毕，最长也不要超过一周。如果不能用完，应存放在 RH20% 的干燥箱内，已受潮的 SMD 器件要按规定进行去潮烘干处理。

（3）在运输、分料、检验或手工贴装时，假如工作人员需要拿取 SMD 器件，应该佩带防静电腕带，尽量使用吸笔操作，并特别注意避免碰伤 SOP、QFP 等器件的引脚，预防引脚翘曲变形。

2. SMT 元器件的选用

选用表面安装元器件时，应该根据系统和电路的要求，综合考虑市场供应商所能提供的规格、性能和价格等因素。主要从元器件类型和包装形式两方面考虑。

1）SMT 元器件类型选择

选择元器件时要注意贴片机的精度，考虑封装形式和引脚结构，机电元件最好选用有引脚的结构。

2）SMT 元器件的包装选择

SMC/SMD 元器件厂商向用户提供的包装形式有散装、盘状编带、管装和托盘，后三种包装形式如图 2 - 40 所示。

（1）散装。无引线且无极性的 SMC 元件可以散装，例如一般矩形、圆柱形电容器和电阻器。散装的元件成本低，但不利于自动化设备拾取和贴装。

（2）盘状编带包装。编带包装适用于除大尺寸 QFP、PLCC、LCCC 芯片以外的其他元器件，如图 2 - 40（a）所示。SMT 元器件的包装编带有纸带和塑料带两种。纸编带主要用于包装片状电阻、片状电容、圆柱状二极管、SOT 晶体管。纸带一般宽 8 mm，包装元器件以后盘绕在塑料架上。塑料编带包装的元器件种类很多，包括各种无引线元件、复合元件、异形元件、SOT 晶体管、引线少的 SOP/QFP 集成电路等。

纸编带和塑料编带的一边有一排定位孔，用于贴片机在拾取元器件时引导纸带前进并定位。定位孔的孔距为 4 mm（元件小于 0402 系列的编带孔距为 2 mm）。在编带上的元件间距依元器件的长度而定，取 4 mm 的倍数。

（3）管式包装。如图 2 - 40（b）所示，管式包装主要用于 SOP、SOJ、PLCC 集成电路、PLCC 插座和异形元件等，从整机产品的生产类型看，管式包装适合于品种多、批量小的产品。

（4）托盘包装。如图 2 - 40（c）所示，托盘包装主要用于 QFP、窄间距 SOP、PLCC、BGA 集成电路等器件。

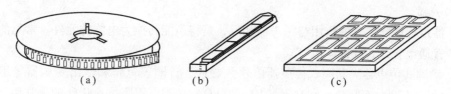

图 2 - 40　SMT 元器件的包装形式
（a）盘状纸/塑料编带包装；（b）塑料管包装；（c）托盘包装

2.10　其他器件的识别与检测

2.10.1　电声器件

电声元件用于电信号和声音信号之间的相互转换，常用的有扬声器、耳机、传声器（送话器、受话器）等，这里仅对扬声器和传声器进行简单的介绍。

1. 扬声器

扬声器俗称喇叭，是音响设备中的主要元件。扬声器的种类很多，现在多见的是电动式、励磁式和晶体压电式，图 2 - 41 是常见扬声器的结构与外形。

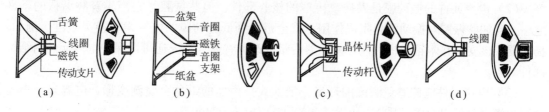

图 2 - 41　常见扬声器的外形与结构示意
（a）舌簧式扬声器；（b）电动式扬声器；（c）晶体压电式扬声器；（d）励磁式扬声器

（1）电动式扬声器。按所采用的磁性材料不同，电动式扬声器分为永磁式和恒磁式两种。永磁式扬声器的磁体很小，可以安装在内部，所以又称为内磁式。它的特点是漏磁少、体积小，但价格稍高。彩色电视机和电脑多媒体音箱等对磁屏蔽有要求的电子产品一般采用的全防磁喇叭就是永磁式电动扬声器。恒磁式扬声器的磁体较大，要安装在外部，所以又称为外磁式。其特点是漏磁大、体积大，但价格便宜，通常用在普通收音机等低档电子产品中。

（2）压电陶瓷扬声器和蜂鸣器。压电陶瓷随两端所加交变电压产生机械振动的性质叫作压电效应,为压电陶瓷片配上纸盆就能制成压电陶瓷扬声器。这种扬声器的特点是体积小、厚度薄、重量轻,但频率特性差、输出功率小,目前还在改进研制之中。压电陶瓷蜂鸣器则广泛用于电子产品输出音频提示、报警信号。

(3)耳机和耳塞机。耳机和耳塞机在电子产品的放音系统中代替扬声器播放声音。它们的结构和形状各有不同,但工作原理和电动式扬声器相似,也是由磁场将音频电流转变为机械振动而还原声音。耳塞机的体积微小,携带方便,一般应用在袖珍收、放音机中。耳机的音膜面积较大,能够还原的音域较宽,音质、音色更好一些,一般价格也比耳塞机更贵。

2. 传声器

传声器俗称话筒,它的作用与扬声器相反,是将声能转换为电能的元件。常见的话筒有动圈式、普通电容式和驻极体电容式。

(1)动圈式传声器。动圈式传声器由永久磁铁、音圈、音膜和输出变压器等组成,这种话筒有低阻(200~600 Ω)和高阻(10~20 kΩ)两类,以阻抗600 Ω的最常用,频率响应一般在200~5 000 Hz。动圈式传声器的结构坚固,性能稳定,经济耐用。

(2)普通电容式传声器。普通电容式传声器由一个固定电极和一个膜片组成,这种话筒的频率响应好,输出阻抗极高,但结构复杂,体积大,又需要供电系统,使用不够方便,适合在对音质要求高的固定录音室内使用。

(3)驻极体电容式传声器。驻极体电容式传声器除了具有普通电容式传声器的优良性能以外,还因为驻极体振动膜不需要外加直流极化电压就能够永久保持表面的电荷,所以结构简单、体积小、重量轻、耐振动、价格低廉、使用方便,得到广泛的应用。但驻极体电容式传声器在高温高湿的工作条件下寿命较短。

3. 选用电声元件的注意事项

(1)电声元件应该远离热源,这是因为电动式电声元件内大多有磁性材料,如果长期受热,磁铁就会褪磁,动圈与音膜的连接就会损坏;压电陶瓷式、驻极体式电声元件会因为受热而改变性能。

(2)电声元件的振动膜是发声、传声的核心部件,但共振腔是它产生音频谐振的条件之一。假如共振腔对振动膜起阻尼作用,就会极大降低振动膜的电-声转换灵敏度。例如,扬声器应该安装在木箱或机壳内才能扩展音量、改善音质;外壳还可以保护电声元件的结构部件。

(3)电声元件应该避免潮湿的环境,纸盆式扬声器的纸盆会受潮变形,电容式传声器会因为潮湿降低电容的品质。

(4)应该避免电声元件的撞击和振动,防止磁体因失去磁性、结构变形而损坏。

(5)扬声器的长期输入功率不得超过其额定功率。

2.10.2 开关和继电器

1. 开关

1)电子产品中常用开关的分类

开关是在电子设备中用于接通或切断电路的广义功能元件,种类繁多。常见开关的外形图如图2-42所示。

图2-42　常见开关的外形图

　　传统的开关都是手动式机械结构，由于构造简单、操作方便、廉价可靠，使用十分广泛。随着新技术的发展，各种非机械结构的电子开关，例如气动开关、水银开关以及高频振荡式、感应电容式、霍尔效应式的接近开关等，正在不断出现。但它们已经不是传统意义上的开关，往往包括了比较复杂的电子控制单元。

　　2）电子开关的主要技术参数

　　①额定电压：正常工作状态下所能承受的最大直流电压或交流电压有效值。

　　②额定电流：正常工作状态下所允许通过的最大直流电流或交流电流有效值。

　　③接触电阻：一对接触点连通时的电阻，一般要求≤20 MΩ。

　　④绝缘电阻：不连通的各导电部分之间的电阻，一般要求≥100 MΩ。

　　⑤抗电强度（耐压）：不连通的各导电部分之间所能承受的电压，一般开关要求≥100 V，电源开关要求≥500 V。

　　⑥工作寿命：在正常工作状态下使用的次数，一般开关为5 000～10 000次，高可靠开关可达到$5 \times 10^4 \sim 5 \times 10^5$次。

　　2. 继电器

　　继电器是根据输入电信号变化而接通或断开控制电路、实现自动控制和保护的自动电器，它是自动化设备中的主要元件之一，起到操作、调节、安全保护及监督设备工作状态等作用。从广义的角度说，继电器是一种由电、磁、声、光等输入物理参量控制的开关。

　　1）继电器的型号命名与分类

　　继电器型号命名不一，部分常用继电器的型号命名如表2-22所示。

表2-22　部分常用继电器的型号命名法

第一部分		第二部分				第三部分		第四部分	第五部分	
主称		产品分类				形状特征		序号	防护特性	
符号	意义	符号	意义	符号	意义	符号	意义		符号	意义
J	继电器	R	小功率	S	时间	X	小型	数字	F	封闭式
		Z	中功率	A	舌簧	C	超小型		M	密封式
		Q	大功率	M	脉冲	Y	微型			
		C	电磁	J	特种					
		V	温度							

　　继电器的种类繁多，分类方法也不一样。按功率的大小可分为微功率、小功率、中功

率、大功率继电器。按用途的不同可分为控制、保护、时间继电器等。

电磁式继电器的主要参数如下。

①额定工作电压：继电器正常工作时加在线圈上的直流电压或交流电压有效值。它随型号的不同而不同。

②吸合电压或吸合电流：继电器能够产生吸合动作的最小电压或最小电流。为了保证吸合动作的可靠性，实际工作电流必须略大于吸合电流，实际工作电压也可以略高于额定电压，但不能超过额定电压的1.5倍，否则容易烧毁线圈。

③直流电阻：指线圈绕组的电阻值。

④释放电压或电流：继电器由吸合状态转换为释放状态，所需的最大电压或电流值，一般为吸合值的 $1/10 \sim 1/2$。

⑤触点负荷：继电器触点允许的电压、电流值。一般情况下，同一型号的继电器触点的负荷是相同的，它决定了继电器的控制能力。

此外，继电器的体积大小、安装方式、尺寸、吸合释放时间、使用环境、绝缘强度、触点数、触点形式、触点寿命（工作次数）、触点是控制交流还是直流信号等，在设计时都需要考虑。

2）几种传统继电器

（1）电磁继电器。

电磁继电器是各种继电器中应用最广泛的一种，它以电磁系统为主体构成。图2-43是电磁继电器的结构示意图。

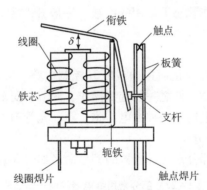

图2-43　电磁继电器结构示意图

当继电器线圈通过电流时，在铁芯、轭铁、衔铁和工作气隙δ中形成磁通回路，使衔铁受到电磁吸力的作用被吸向铁芯，此时衔铁带动的支杆将板簧推开，断开常闭触点（或接通常开触点）。当切断继电器线圈的电流时，电磁力失去，衔铁在板簧的作用下恢复原位，触点又闭合。

电磁继电器的特点是触点接触电阻很小，结构简单，工作可靠。缺点是动作时间较长，触点寿命较短，体积较大。

（2）舌簧继电器。

舌簧继电器是一种结构简单的小型继电器，具有动作速度快、工作稳定、机电寿命长以及体积小等优点。常见的有干簧继电器和湿簧继电器两类。

（3）固态继电器。

固态继电器是由固体电子元器件组成的无触点开关，简称 SSR（Solid State Relay）。从工作原理上说，固态继电器并不属于机电元件，但它能在很多应用场合作为一种高性能的继电器替代品。对被控电路优异独特的通断能力和显著延长的工作寿命，让它的使用范围迅速从继电器的范畴扩大到电源开关的范畴，即直接利用它控制灵活、工作可靠、寿命长、防爆耐振、无声运行的特点来通断电气设备中的电源。

项 目 实 施

项目实施所需的工具和仪器

计算机、网络、LCR 电桥（401A）或不低于本仪表精度的其他仪表、游标卡尺、恒温烙铁、浓度不低于 95% 的酒精、指针式万用表、电容表、稳压电源、YB4810A 晶体管特性图示仪、稳压源、恒温烙铁、放大镜、数字万用表等。

项目实施的步骤

任务一　来料检验 AQL 值的确定

（1）根据所给的元器件袋的名称，清点元器件数量。

（2）打开计算机，上网查询抽样标准。

（3）根据每种元器件的总数，确定各种元器件的抽样数、合格判定数和不合格判定数，填在表 2-23 中。

表 2-23　AQL 参数记录表

元器件种类	抽样执行标准	元器件总数	抽样数	合格判定数 Ac	不合格判定数 Re
电阻	AQL：0.25%				
	AQL：0.65%				
电容	AQL：0.25%				
	AQL：0.65%				
电感	AQL：0.4%				
	AQL：1.0%				
二极管	AQL：0.25%				
	AQL：0.65%				
三极管	AQL：0.25%				
	AQL：0.65%				

任务二　电阻（位）器的来料检验

按照表 2-23 中抽样样本数，依据下列程序检验电阻元件，并把检验的结果记录在检验报告表 2 – 24 中。

①先看包装，检查包装是否符合要求，是否有破损；标识是否齐全；型号、参数是否相符；是否有生产厂家、生产日期、出厂日期；有无 S/N、Lot/N 等信息；包装内是否有合格证。

②清点数量是否符合。

③目检电阻（位）器表面是否破损，有无色环标识；色环标识是否有错、漏；引线脚是否氧化、变形。

④检查丝印标识的牢固性，方法是用浸酒精的棉球擦拭丝印标识 3 次，检查有无变化。

⑤从引脚根部折引线脚90°，来回折 5 次，检查引线脚是否松动或脱落。

⑥试装或用游标卡尺测量元器件引脚尺寸是否符合图纸及安装要求。

⑦用 LCR 电桥测量阻值误差是否超出允许偏差范围。

⑧用恒温电烙铁检测引线可焊性，方法是将恒温电烙铁温度调至（260 ± 10）℃，施焊时间 2 s，检查焊点是否圆润、有光泽、稳固。

⑨用恒温电烙铁检测引线耐焊接热性，方法是将恒温电烙铁温度调至（260 ± 10）℃，浸锡时间 5 s 后，检查外观、电气与机械性能是否良好。

表 2 – 24　电阻器来料检验报告

机型		品名		货号		
批号		批量		入库数		
供货商		交货日期		抽检数		
检验项目	项目说明		合格判定数	不合格判定数	判定结论	
包装	是否符合要求，是否有破损；标识是否齐全；型号、参数是否相符；是否有生产厂家、生产日期、出厂日期；包装内是否有合格证					
数量	数量是否符合					
外观	表面是否破损，有无色环标识；色环标识是否有错、漏；引线脚是否氧化、变形					
丝印标识	丝印标识是否牢固					
尺寸	元器件引脚尺寸是否符合图纸及安装要求					
阻值	阻值误差是否超出允许偏差范围					
可焊性	上锡程度					
耐焊接热性	受热后是否出现气泡等现象					
总体评价：合格□　不合格□			检验人：		日期：	

任务三　电容器的来料检验

按照表 2 – 23 中抽样样本数，依据下列程序检验电容元件，并把检验的结果记录在检验登记表 2 – 25 中。

①首先确定包装是否符合要求，是否有破损；标识是否齐全；型号、参数是否相符；

是否有生产厂家、生产日期、出厂日期；有无 S/N、Lot/N 等信息；包装内是否有合格证。

②目检电容的数量、规格、容量、误差、耐压值、耐温值及误差值等是否与来料一致。电容量的实际测量值（用 LCR、METER 测量）是否在标准值 ± 误差值范围以内。

③目检电容引出脚之间的间距是否与技术资料要求一致。

④目检电容商标是否清晰和完整，油漆是否鲜明，有无污染，外形是否完整无损。电容引出脚中铅锡合金电镀层颜色是否明亮一致，是否出现斑点等氧化迹象。

⑤测量容量（插件电容）是否在误差范围内，确定种类、规格是否正确。检查插件电容的重点在于检查它的种类和规格，检查前先确定应使用哪一种，然后按要求测量规格（包括体积、脚距），有条件下要试装。

⑥用游标卡尺测量其直径、高度是否符合要求。

⑦用稳压电源测量正向耐压是否在允许范围内。

⑧用电容测试仪器测量其容量是否在允许范围内。

⑨用恒温电烙铁检测引线可焊性，方法是将恒温电烙铁温度调至（260 ± 10）℃，施焊时间 2 s，检查焊点是否圆润、有光泽、稳固。

⑩用恒温电烙铁检测引线耐焊接热性，方法是将恒温电烙铁温度调至（260 ± 10）℃，浸锡时间 5 s 后，检查外观、电气与机械性能是否良好。

表 2 - 25　电容器来料检验报告

机型		品名		货号		
批号		批量		入库数		
供货商		交货日期		抽检数		
检验项目	项目说明			合格判定数	不合格判定数	判定结论
包装	是否符合要求，是否有破损；标识是否齐全；型号、参数是否相符；是否有生产厂家、生产日期、出厂日期；包装内是否有合格证					
数量	数量是否符合					
外观	表面是否破损，有无色环标识；色环标识是否有错、漏；引线脚是否氧化、变形					
丝印标识	丝印标识是否牢固					
尺寸	元器件引脚间距尺寸、高度是否符合图纸及安装要求					
耐压	耐压是否达到允许的范围					
容量	容量是否在规定的误差范围之内					
可焊性	上锡程度					
耐焊接热性	受热后是否出现气泡等现象					
总体评价：合格□　不合格□			检验人：		日期：	

任务四　电感和变压器的来料检验

1. 电感的来料检验

按照表2-23中抽样样本数，依据下列程序检验电感元件，并把检验的结果记录在检验登记表2-26中。

①先看包装，检查包装是否符合要求，是否有破损；标识是否齐全；型号、参数是否相符；是否有生产厂家、生产日期、出厂日期；有无S/N、Lot/N等信息；包装内是否有合格证。

②清点数量是否符合。

③目检电感表面是否破损、有无色环标识；色环标识是否有错、漏；引线脚是否氧化、变形。

④检查丝印标识的牢固性，方法是用浸酒精的棉球擦拭丝印标识3次后检查有无变化。

⑤从引脚根部折引线脚90°，来回折5次，检查引线脚是否松动或脱落。

⑥试装或用游标卡尺测量元器件引脚尺寸是否符合图纸及安装要求。

⑦用LCR电桥测量电感值误差是否超出允许偏差范围。

⑧用恒温电烙铁检测引线可焊性，方法是将恒温电烙铁温度调至（260±10）℃，施焊时间2 s，检查焊点是否圆润、有光泽、稳固。

⑨用恒温电烙铁检测引线耐焊接热性，方法是将恒温电烙铁温度调至（260±10）℃，浸锡时间5 s后，检查外观、电气与机械性能是否良好。

表2-26　电感来料检验报告

机型		品名		货号			
批号		批量		入库数			
供货商		交货日期		抽检数			
检验项目	项目说明			合格判定数		不合格判定数	判定结论
包装	是否符合要求，是否有破损；标识是否齐全；型号、参数是否相符；是否有生产厂家、生产日期、出厂日期；包装内是否有合格证						
数量	数量是否符合						
外观	表面是否破损，有无色环标识；色环标识是否有错、漏；引线脚是否氧化、变形						
丝印标识	丝印标识是否牢固						
尺寸	元器件引脚尺寸是否符合图纸及安装要求						
电感值	电感误差是否超出允许偏差范围						
可焊性	上锡程度						
耐焊接热性	受热后是否出现气泡等现象						
总体评价：合格□　不合格□				检验人：		日期：	

2. 变压器的来料检验

按照表2-23中抽样样本数，依据下列程序检验变压器，并把检验的结果记录在检验登记表 2 – 27 中。

①先检查包装是否符合要求，是否有破损；标识是否齐全；型号、参数是否相符；是否有生产厂家、生产日期、出厂日期；有无 S/N、Lot/N 等信息；包装内是否有合格证。

②目检变压器外表有无机械损坏、脱落，变形等异常现象，引线有无划伤，引线头有无锈蚀或不洁。

③目检变压器标识是否有错、漏。

④试装或用游标卡尺测量元器件引线长度和粗细尺寸是否符合图纸及安装要求。

⑤用绝缘测试仪测量引脚间铜阻是否符合设计要求。

⑥用恒温电烙铁检测引线可焊性，方法是将恒温电烙铁温度调至（260±10）℃，施焊时间 2 s，检查焊点是否圆润、有光泽、稳固。

⑦用恒温电烙铁检测引线耐焊接热性，方法是将恒温电烙铁温度调至（260±10）℃，浸锡时间 5 s 后，检查外观、电气与机械性能是否良好。

⑧用测力计测量引出端的强度，方法是在引出端施加水平拉力 10 N，时间 5 s，查看是否有可见损伤。

表 2 – 27　变压器来料检验报告

机型		品名		货号		
批号		批量		入库数		
供货商		交货日期		抽检数		
检验项目	项目说明			合格判定数	不合格判定数	判定结论
包装	是否符合要求，是否有破损；标识是否齐全；型号、参数是否相符；是否有生产厂家、生产日期、出厂日期；包装内是否有合格证					
外观	有无机械损坏、脱落、变形等异常现象，引线有无划伤，引线头有无锈蚀或不洁					
标识	标识是否有错、漏					
尺寸	元器件引脚尺寸是否符合图纸及安装要求					
引脚间铜阻	组间绝缘电阻应 ≥20 MΩ，引线与外壳绝缘电阻应 ≥50 MΩ					
可焊性	上锡程度					
耐焊接热性	受热后是否出现气泡等现象					
引出端强度	水平拉力 10 N，时间 5 s，是否可见损伤					
总体评价：合格□　不合格□			检验人：		日期：	

任务五　晶体管的来料检验

1. 二极管的来料检验

按照表 2 – 23 中抽样样本数，依据下列程序检验二极管，并把检验的结果记录在检验登记表 2 – 28 中。

①先看包装，检查包装是否符合要求，是否有破损；标识是否齐全；型号、参数是否相符；是否有生产厂家、生产日期、出厂日期；有无 S/N、Lot/N 等信息；包装内是否有合格证。

②清点数量是否符合。

③目检二极管表面是否破损、有无色环标识；色环标识是否有错、漏；引线脚是否氧化、变形。

④检查丝印标识的牢固性，方法是用浸酒精的棉球擦拭丝印标识 3 次，检查有无变化。

⑤从引脚根部折引线脚 90°，来回折 5 次，检查引线脚是否松动或脱落。

⑥试装或用游标卡尺测量元器件引脚尺寸是否符合图纸及安装要求。

⑦用晶体管特性图示仪测量二极管的特性曲线是否符合要求。

⑧用恒温电烙铁检测二极管引脚可焊性是否符合要求，方法是将恒温电烙铁温度调至 $(260 \pm 10)℃$，施焊时间 2 s，检查焊点是否圆润、有光泽、稳固。

⑨用恒温电烙铁检测二极管耐焊接热性，方法是将恒温电烙铁温度调至 $(260 \pm 10)℃$，浸锡时间 5 s 后，检查外观、电气与机械性能是否良好。

表 2–28 二极管来料检验报告

机型		品名		货号		
批号		批量		入库数		
供货商		交货日期		抽检数		
检验项目	项目说明			合格判定数	不合格判定数	判定结论
包装	是否符合要求，是否有破损；标识是否齐全；型号、参数是否相符；是否有生产厂家、生产日期、出厂日期；包装内是否有合格证					
数量	数量是否符合					
外观	表面是否破损，有无色环标识；色环标识是否有错、漏；引线脚是否氧化、变形					
丝印标识	丝印标识是否牢固					
尺寸	元器件引脚尺寸是否符合图纸及安装要求					
特性曲线	晶体管特性图示仪测量曲线是否符合要求					
可焊性	上锡程度					
耐焊接热性	受热后是否出现气泡等现象					
总体评价：合格□　不合格□			检验人：		日期：	

2. 三极管的来料检验

按照表 2–23 中抽样样本数，依据下列程序检验三极管，并把检验的结果记录在检验登记表 2–29 中。

①先看包装，检查包装是否符合要求，是否有破损；标识是否齐全；型号、参数是否相符；是否有生产厂家、生产日期、出厂日期；有无 S/N、Lot/N 等信息；包装内是否有合

格证。

②清点数量是否符合。

③目检三极管表面是否破损,有无色环标识;色环标识是否有错、漏;引线脚是否氧化、变形。

④检查丝印标识的牢固性,方法是用浸酒精的棉球擦拭丝印标识3次,检查有无变化。

⑤从引脚根部折引线脚90°,来回折5次,检查引线脚是否松动或脱落。

⑥试装或用游标卡尺测量三极管引脚尺寸是否符合图纸及安装要求。

⑦用晶体管特性图示仪测量三极管的放大倍数是否符合技术要求。

⑧用晶体管特性图示仪测量三极管的U_{CE}是否符合技术要求。

⑨用恒温电烙铁检测三极管引脚可焊性,方法是将恒温电烙铁温度调至 (260 ± 10)℃,施焊时间2 s,检查焊点是否圆润、有光泽、稳固。

⑩用恒温电烙铁检测三极管耐焊接热性,方法是将恒温电烙铁温度调至 (260 ± 10)℃,浸锡时间5 s后,检查外观、电气与机械性能是否良好。

表 2 – 29　三极管来料检验报告

机型		品名		货号	
批号		批量		入库数	
供货商		交货日期		抽检数	
检验项目	项目说明		合格判定数	不合格判定数	判定结论
包装	是否符合要求,是否有破损;标识是否齐全;型号、参数是否相符;是否有生产厂家、生产日期、出厂日期;包装内是否有合格证				
数量	数量是否符合				
外观	表面是否破损,有无标识;标识是否有错、漏;引线脚是否氧化、变形				
丝印标识	丝印标识是否牢固				
尺寸	三极管引脚尺寸是否符合图纸及安装要求				
特性参数β	晶体管特性图示仪测量曲线放大倍数是否符合要求				
特性参数U_{CE}	晶体管特性图示仪测量曲线U_{CE}是否符合要求				
可焊性	上锡程度				
耐焊接热性	受热后是否出现气泡等现象				
总体评价:合格□　不合格□			检验人:		日期:

任务六　印制电路板的来料检验

按照表 2 – 23 中抽样样本数,依据表 2 – 30 检验方法和程序、表 2 – 31 检验缺陷规范检验印制电路板,并把检验的结果记录在检验登记表 2 – 32 中。

表 2－30　印制电路板检验方法和程序

项次	检验项目	检验方法及工具	取样类别	参考资料或标准	检验方法及程序
1	包装标识和数量	目视	GB 28282 级	—	正常照度下，检查包装是否良好，标示是否正确，数量是否正确
2	外观	放大镜	GB 28282 级	IPC－A－600G	正常照度下或使用放大镜台灯，眼睛距离待测物 30 cm 处检查外观
3	尺寸	游标卡尺、孔径规	$N=5$	—	使用游标卡尺或孔径规测量各部分尺寸，根据表 2－25 判断是否相符合
4	线路开路与短路	数字电表	视检验状况	PCB线路图	外观检查后，有开路或短路可能的线路则以万用电表测量是否有开路或短路
5	防焊漆附着	3M#600 胶带	$N=5$	IPC－A－600G	以 3M#600 胶带粘贴于板面/镀层表面，然后沿垂直板面/电路图形方向用力撕离起来，检视防焊漆/镀层有无脱落现象
6	板弯翘/变形	花岗石平台、厚薄规	$N=5$	IPC－A－600G	拆包检验时发现板与板间有明显间隙时则将印制电路板放置于花岗石平台上，以检视与花岗石平台之空隙间距是否大于或等于板厚的 75%
7	焊锡试验	随机抽取 5 片 PCB 进行表面浸锡、印制焊锡膏或手工焊接试验，连接线路或焊盘表层浸润良好，无锡洞、针孔、气泡或覆盖不到的现象			
8	导通性测试、短路测试	依厂商提供出货检验记录判定			

表 2－31　印制电路板检验缺陷规范

缺陷项目	检验标准
印制电路板边缘缺陷	印制电路板边缘缺口不大于 3 mm，裂缝的长度不大于 5 mm，其宽度均不大于 1 mm
导线宽度	导线宽度应不偏离标准值 +0.08 ～ －0.05 mm
导线间距	导线间距标准值为 0.25 mm 时，应不小于 0.17 mm； 导线间距标准值为 0.5 mm 时，应不小于 0.42 mm
导线缺损	当导线宽度 ≤0.4 mm 时，导线上的孔隙及边缘缺损不大于导线宽度的 20%；当导线宽度 >0.4 mm 时，导线上的孔隙及边缘缺损不大于导线宽度的 35%；缺陷长度不得大于导线宽度，当导线宽度大于 5 mm 时，缺陷长度不得大于 5 mm
焊盘的最小环宽	IC 类焊盘间距 =1.78 mm，要求焊盘不破损；IC 类焊盘间距 =2.54 mm，环宽 ≥0.15 mm；一般焊盘，环宽取 0.3 mm
导线间的残留铜箔	当导线间距 $A<0.4$ mm 时，不允许出现残留铜箔；当导线间距 $A≥0.4$ mm 时，残留铜箔宽度不得大于间距 A 的 20%，长度不得大于 0.55 mm，同时在 100 mm × 100 mm 面积内，不得大于 2 个
塞孔检验	在正常灯光下要求塞孔位置不可透光

续表

缺陷项目		检验标准
翘曲度		翘曲：如果基板弯曲≥基板厚度的75%，判定拒收
外形尺寸极限偏差		边长 $L \leqslant 100$ mm 时，极限偏差为 0.2 mm；100 mm $< L \leqslant 200$ mm 时，极限偏差为 0.3 mm；200 mm $< L \leqslant 300$ mm 时，极限偏差为 -0.4 mm；$L > 300$ mm 时，极限偏差为 -0.5 mm
板厚极限偏差		$+0.17 \sim -0.11$ mm
定位孔尺寸偏差		定位孔偏差尺寸 ± 0.1 mm
刻槽深度偏差	环氧板 FR4	板厚 0.8 mm 时，留芯厚度为（0.3 ± 0.1）mm；板厚 1.0 mm 时，留芯厚度为（0.4 ± 0.1）mm； 板厚 1.2 mm 时，留芯厚度为（0.4 ± 0.1）mm；板厚 1.6 mm 时，留芯厚度为（0.5 ± 0.1）mm
	玻纤板 CEM-1	板厚 1.6 mm，留芯厚度为（0.9 ± 0.1）mm
	纸板 XPC	板厚 1.6 mm，留芯厚度为（1.1 ± 0.15）mm
引线孔径偏差	标称孔径 $D < 0.8$ mm	极限偏差为 ± 0.05 mm
	标称孔径 0.8 mm $\leqslant D \leqslant 2.0$ mm	极限偏差为 ± 0.1 mm

表 2-32　印制电路板来料检验报告

机型		品名		货号			
批号		批量		入库数			
供货商		交货日期		抽检数			
检验项目	项目说明				合格判定数	不合格判定数	判定结论
包装	是否符合要求，是否有破损；标识是否齐全；型号、参数是否相符；是否有生产厂家、生产日期、出厂日期；包装内是否有合格证						
数量	数量是否符合						
丝印标识	丝印标识是否牢固						
印制电路板边缘和外形尺寸	印制电路板边缘和外形尺寸尺寸是否符合检验规范要求						
焊盘尺寸	印制电路板焊盘尺寸是否符合检验规范要求						
导线宽度和间距	印制电路板导线宽度和间距是否符合检验规范要求						
导线间的残留铜箔	导线间的残留铜箔是否符合检验规范要求						
翘曲度	翘曲度是否符合检验规范要求						
板厚	板厚是否符合检验规范要求						
可焊性	上锡程度						
耐焊接热性	受热后是否出现气泡、翘起、剥落等现象						
总体评价：合格□　不合格□				检验人：		日期：	

任务七　线材的来料检验

依据下列程序检验导线，并把检验的结果记录在检验登记表 2 – 33 中。

①先看包装，检查包装是否符合要求，是否有破损；标识是否齐全；型号、参数是否相符；是否有生产厂家、生产日期、出厂日期；有无 S/N、Lot/N 等信息；包装内是否有合格证。

②目检导线颜色是否有色差。

③检查丝印标识的牢固性，方法是用浸酒精的棉球擦拭丝印标识 3 次后看有无变化。

④用游标卡尺检测线径、剥头长度是否符合设计文件要求。

⑤用万用表测量导线电阻，判断是否符合设计文件要求。

⑥用兆欧表测量绝缘电阻是否符合要求。

⑦用恒温电烙铁检测引线可焊性，方法是将恒温电烙铁温度调至（260 ± 10）℃，施焊时间 2 s，看锡点是否圆润、有光泽、稳固。

表 2 – 33　导线检验报告

机型		品名		货号			
批号		批量		入库数			
供货商		交货日期		抽检数			
检验项目	项目说明			合格判定数	不合格判定数	判定结论	
包装	是否符合要求，是否有破损；标识是否齐全；型号、参数是否相符；是否有生产厂家、生产日期、出厂日期；包装内是否有合格证						
颜色	颜色是否有色差						
外观	表面是否破损，有无标识；标识是否有错、漏；引线是否氧化、变形						
丝印标识	丝印标识是否牢固						
尺寸	线径、剥头长度是否符合设计文件要求						
可焊性	上锡程度						
绝缘性	绝缘电阻是否符合要求						
总体评价：合格□　不合格□			检验人：		日期：		

项 目 评 价

本项目共有七个任务，每位学生都要完成，每个任务 10 分，共计 70 分，平时作业和纪律等 20 分，七个任务完成后，学生需撰写项目总结报告，项目总结报告占 10 分，合计 100 分。每个任务考核时重点考查学生的参与度，操作的规范性，检验报告的完整性和正确性。

练习与提高

1. 电子元器件的主要参数有哪几项？

2. 电子元器件的规格参数有哪些？

3. 如何对电子元器件进行检验和筛选？

4. 在元器件上常用的数值标注方法有哪三种？

5. （1）请用四色环标注出电阻：6.8 kΩ±5%，47 Ω±5%。

（2）用五色环标注电阻：2.00 kΩ±1%，39.0 Ω±1%。

（3）已知电阻上色标排列次序如下，试写出各对应的电阻值及允许偏差：

"橙白黄　金"；"棕黑金　金"；

"绿蓝黑棕　棕"；"灰红黑银　棕"。

6. （1）电阻器如何命名？

（2）电阻器如何分类？电阻器的主要技术指标有哪些？

（3）如何正确选用电阻器？

7. 电位器有哪些类别？有哪些技术指标？如何选用？

8. 电容器如何命名，如何分类？

9. 电感器如何命名，如何分类？

10. （1）变压器的作用是什么？请说明变压器是如何分类的，简述变压器的种类、特点和用途。

（2）变压器的主要性能参数有哪些？

11. 电感器有哪些基本参数？

12. 如何用万用表检测电解电容的质量？

13. （1）半导体分立器件如何分类？半导体分立器件型号如何命名？

（2）写出下列晶体管管型的含义：3AX31、3CG301、2CW21、2AP10、3DD15A。

14. （1）简述集成电路按功能分类的基本类别。

（2）国产集成电路如何命名？国外的呢？

（3）简述使用集成电路的注意事项。

15. （1）电动式扬声器和压电陶瓷扬声器的主要特点是什么？

（2）请分别说明动圈式传声器、普通电容式传声器、驻极体电容式传声器的主要特点。

（3）选用电声元件时应注意哪些问题？

16. 如何用万用表判别二极管的质量？

17. 如何用万用表判别三极管的电极和管型？

18. （1）电动式扬声器和压电陶瓷扬声器的主要特点是什么？

（2）请分别说明动圈式传声器、普通电容式传声器、驻极体电容式传声器的主要特点。

19. 选用电声元件时应注意哪些问题？

印制电路板的设计与制作

项 目 概 述

项目描述

本项目以直流稳压电源、遥控门铃等电子产品为载体，在确定了电子整机电路的基础上，组织学生绘制电路原理图，掌握常用印制电路板设计软件的使用方法、印制电路板的布局原则、印制导线的走向工艺、焊盘的布设规范、抗干扰设计原则。根据电路确定元器件有关参数，根据元器件实际外形确定或设计封装，设计出可行的印制电路板，培养学生的元器件采购能力和PCB设计能力。

项目知识目标

（1）掌握常用印制电路板设计软件的使用方法。
（2）掌握印制电路板的布局原则。
（3）熟悉印制导线的走向工艺。
（4）掌握焊盘的布设规范。
（5）掌握抗干扰设计原则。

项目技能目标

（1）学会使用常用印制电路板设计软件。

（2）学会印制电路板设计技巧。

（3）学会自动布线。

（4）学会手工布线。

（5）学会生成印制电路板设计文件。

项目要求

　　学生通过学习常用印制电路板设计软件的使用方法、印制电路板的布局原则、印制导线的走向工艺、焊盘的布设规范、抗干扰设计原则，按照图3－1所示直流稳压电源的电路原理图，绘制直流稳压电源的印制电路板，输出设计文件。

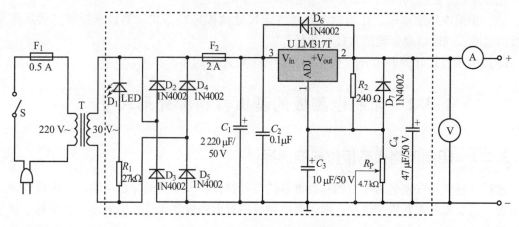

图3－1　直流稳压电源原理图

　　学生只需要对图中虚线框内部分的电路设计成印制电路板，输入和输出端按电源插座设计，三端稳压器利用散热片散热，稳压器通过散热片紧固在机壳上，封装形式由自己确定。印制电路板选用普通单层板，尺寸为80 mm×50 mm。

项 目 资 讯

3.1　印制电路板的设计过程及方法

　　印制电路板是实现电子整机产品功能的主要部件之一，其设计是整机工艺设计中的重要环节。印制电路板的设计质量直接影响装配、焊接、调试等操作是否方便，甚至影响整机技术指标的实现以及使用、维修性能。

　　印制电路板设计的主要任务是根据生产条件和设计人员的意图，将电路原理图转换成印制图形。印制电路板设计的内容包括选择基板材质、确定机械结构；确定元器件位置、尺寸和安装方式；选择印制电路板对外的连接方式；确定印制导线的宽度和间距、焊盘的直径和孔径；根据要求设计印制导线的走线方式；形成布线文件，准备印制电路板生产所必需的其他全部资料和数据，等等。

印制电路板设计通常有两种方式：一种是手工设计，另一种是计算机辅助设计。手工设计主要应用于简单且不需要批量生产的电路，在计算机技术普及的今天，基本上都采用计算机辅助设计。设计印制电路板可分为以下几个步骤。

（1）依据相关标准，参考有关技术文件，依据生产条件和技术要求，确定印制电路板的尺寸、层数、形状和材料，确定印制电路板坐标网格的间距。

（2）确定印制电路板与外部的连接方式，确定元器件的安装方法，确定插座和连接器件的位置。

（3）考虑一些元器件的特殊要求（元器件是否需要屏蔽、是否需要经常调整或更换），确定元器件尺寸、排列间隔和制作印制电路板图形的工艺。

（4）根据电路原理图，在印制电路板规定尺寸范围内，布设元器件和导线，确定印制导线的宽度、间距以及焊盘的直径和孔径。

（5）生成设计好的 PCB 图文件，提交给印制电路板的生产厂家。

3.2 印制电路板的基板材料和外形尺寸

3.2.1 印制电路板基板材料的选择

选择基板材料首先必须考虑到基板材料的电气特性，即基材的绝缘电阻、抗电弧性、击穿强度；其次要考虑其机械特性，即印制电路板的抗剪强度和硬度；另外还要考虑到价格和制造成本。

3.2.2 印制电路板种类的选择

对于印制电路板的种类，一般应该选用单面板、双面板和多层板。用分立元器件实现的简单电路常用单面板，但在单面板上布设不交叉的印制导线十分困难，常出现"飞线"和"跳线"。对于比较复杂的电路和集成电路较多的电路多用双面板，对于复杂电路和大规模集成电路较多的电路一般采用多层板。

3.2.3 印制电路板外形和尺寸

印制电路板的形状和尺寸由整机结构和内部空间位置的大小决定。外形选择一般尽量简单，最好选用矩形，避免采用异形板，可以降低成本。印制电路板的尺寸还与印制电路板的加工和装配有密切关系。在自动化组装中一般使用通用化、标准化的工具和夹具，印制电路板必须满足这方面的要求。

1. 板厚

PCB 厚度的选取应该根据基板尺寸大小和所安装元件的重量选取。推荐采用的 PCB 厚度：0.5 mm、0.7 mm、0.8 mm、1.0 mm、1.5 mm、1.6 mm、2.0 mm、2.2 mm、2.3 mm、2.4 mm、3.2 mm、4.0 mm、5.0 mm、5.9 mm、6.4 mm，0.7 mm 和 1.5 mm 板厚的 PCB 用于带金手指双面板的设计。如果只在印制电路板上装配集成电路、小功率晶体管、电阻和电容等小功率元器件，在没有较强的负荷振动条件下，可使用厚度为 1.5 mm（尺寸在 500 mm ×

500 mm 之内）的印制电路板。对于尺寸很小的印制电路板，如计算器、电子表等，可选用更薄一些的敷铜箔层压板来制作。如果印制板面较大或需要支撑较大强度负荷，应选择 2 ~ 2.5 mm 厚的板。

2. 外形尺寸

关于印制电路板的尺寸，还要考虑整机的内部结构和板上元器件的数量、尺寸及安装、排列方式。元器件之间要留有一定间隔，特别是在高压电路中，更应该留有足够的间距；发热元器件要预留安装散热片的尺寸；印制电路板净面积确定以后，各边还应当向外扩出 5 ~ 10 mm，便于印制电路板在整机中的安装固定；如果印制电路板的面积较大、元器件较重或在振动环境下工作，应该采用边框、加强筋或多点支撑等形式加固；当整机内有多块印制电路板，特别当这些板是通过导轨和插座固定时，应该使每块板的尺寸整齐一致，以利于它们的固定与加工。从生产角度考虑，理想的尺寸范围是"宽（200 ~ 250 mm）× 长（250 ~ 350 mm）"。对长边尺寸小于 125 mm、或短边小于 100 mm 的 PCB，采用拼板的方式，使之转换为符合生产要求的理想尺寸，以便插件和焊接。一般 PCB 宽厚比要求 $Y/Z \leqslant 150$、单板长宽比要求 $X/Y \leqslant 2$。

如果板子的外形为矩形，要求板子 4 个角为圆角，如图 3 – 2 所示。如果板子不是矩形，就需要拼板，拼板后的板子 4 个角为圆角，圆角的最小尺寸半径为 $R = 1$ mm。

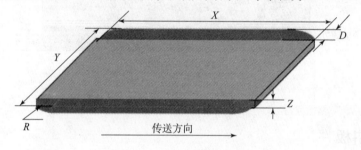

图 3 – 2　PCB 外形示意图

3.3　工艺边和拼板

3.3.1　工艺边

在自动化生产中，一般由履带带动印制电路板移动，移动方向即为传动方向。为了减少焊接时 PCB 的变形，无论是不拼板的 PCB 还是拼板的 PCB，一般将其长边方向作为传送方向。对于短边与长边之比大于 80% 的 PCB，可以用短边作为传动方向。

为了便于夹具夹持 PCB 板，作为 PCB 的传送边的两边应分别留出 ≥3.5 mm（138 mil）的宽度作为传动边。因此传送边正反面在离边 3.5 mm（138 mil）的范围内不能布设任何元器件或焊点，以免无法焊接。能否布线视 PCB 的安装方式而定，如果是导槽安装的 PCB，由于需要经常插拔，一般不要布线，其他方式安装的 PCB 可以布线。对双面采用回流焊的 PCB，Bottom 面即底面的两传送边宽度应留出不少于 5 mm。对于采用短插波峰焊焊接的 PCB，考虑到短插波峰焊的特点，除满足上述传动边宽度要求外，要求离板边 10 mm 内器件高度限制在 40 mm（含板的厚度）以内。

如果 PCB 传送边尺寸不能满足上述要求，建议在相应的板边增加 ≥5 mm 宽的辅助工艺边，如图 3 – 3 所示。

图 3 – 3　辅助工艺边宽度要求

在设计 PCB 时，一般要求除了结构件等特殊需要外，元器件本体不能超过 PCB 边缘，引脚焊盘边缘（或器件本体）距离传送边 ≥5 mm，当有元器件（非回流焊接器件）在传送边一侧伸出 PCB 外时，辅助边的宽度需要沿元器件边缘向外扩 3 mm 以上，如图 3 – 4 所示。

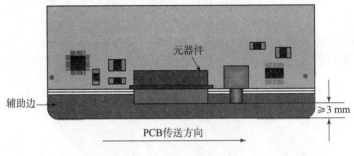

图 3 – 4　辅助边外扩

3.3.2　拼板

对于小板和不规则形状的 PCB，为保证传送过程中的稳定性，设计时应考虑采用工艺拼板的方式将小板转换成大板，将不规则形状的 PCB 转换为矩形形状，特别是因为机构原因 PCB 某个角需要有缺口，设计 PCB 时最好想办法拼板补齐，以降低成本和保证生产，如图 3 – 5 所示。

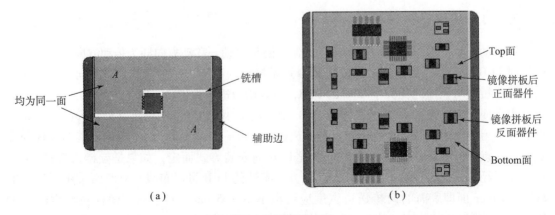

（a）　　　　　　　　　　　　　　（b）

图 3 – 5　PCB 拼板

（a）不规则 PCB 拼板；（b）小板拼板

3.4　光学定位基准点

为了满足贴片机等设备定位要求，印制电路板上要求光学定位基准点。光学定位基准点应该是专门的便于机器识别的图形符号。当电路要求不高时，也可采用印制电路板内较大的装配孔来代替。

3.4.1　光学基准点定位符号

光学定位基准点定位基准符号一般设计成内径为 $\phi 1$ mm（40 mil），外径为 $\phi 2$ mm（80 mil）的圆环图形。考虑到材料颜色与环境的反差，制造时应在 PCB 板的覆铜箔上腐蚀掉直径为 1 mm 的圆形图形，圆环部分为铜箔，且无阻焊层，也不允许有任何字符，如图 3-6 所示。

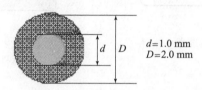

$d = 1.0$ mm
$D = 2.0$ mm

图 3-6　光学定位基准点符号

为了定位准确，同一板上需要 3 个光学定位基准符号，周围 10 mm 无布线的孤立光学定位符号应设计一个内径为 3 mm、环宽 1 mm 的保护圈。光学定位基准符号必须赋予坐标值（当作元件设计），不允许在 PCB 设计完后以一个符号的形式加上去。

3.4.2　基准点位置

一般而言，需要采用 SMT 加工的 PCB 必须放置基准点；采用手工装配的 PCB 不需放置基准点。光学定位基准符号的中心应离边 5 mm 以上。SMD 单面布局时，只需 SMD 元件面放置基准点，基准点数量≥3。SMD 双面布局时，基准点需双面放置，双面放置的基准点，除镜像拼板外，正反两面的基准点位置要求基本一致，如图 3-7 所示。

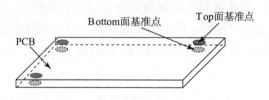

图 3-7　正反面基准点位置基本一致

3.4.3　要布设光学定位基准符号的场合

1. 拼板基准点

拼板基准点一般有 3 个，在板边呈"L"形分布，尽量远离，如图 3-8 所示。采用镜像对称拼板时，辅助边上的基准点需要满足翻转后重合的要求。

2. 局部基准点

为了保证元器件贴片精度，对于引脚间距≤0.4 mm 的翼形引脚封装器件和引脚间距≤0.8 mm 的面阵列封装器件等需要放置局部基准点。局部基准点数量为 2 个，在以元件中心为原点时，要求两个基准点中心对称，如图 3-9 所示。

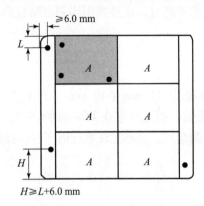

图 3-8　拼板基准点

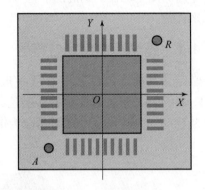

图 3-9　局部基准点相对于
器件中心点中心对称

3.5　元器件布局

元器件合理地布局在规定尺寸的印制电路板上，是设计印制电路板的关键一步。由于元器件的布局合理程度直接影响电子整机产品的技术性能指标，元器件在印制电路板上的布局不能简单地按照电路原理图把元器件布设到印制电路板上，排版布局不合理，可能引起电、磁、热等多种干扰。

3.5.1　元器件的选用原则

(1) 为了优化工艺流程，提高产品档次，在市场可提供稳定供货的条件下，尽可能选用表面贴装元器件（SMD/SMC）。实际上，包括各种连接器在内的大多数种类的元件都有表面贴装型的，对有些板完全可以全表面贴装化。

(2) 为了简化工序，对连接器类的机电元件，元件体的固定（或加强）方式尽可能选用压接安装的结构，其次选焊接型、铆接型的连接器，以便高效率装配。

(3) 表面贴装连接器引脚形式尽可能选用引脚外伸型，如图 3-10 所示，以便返修。

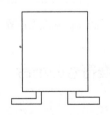

图 3-10　元器件引脚形状

（4）元器件选择必须考虑其耐温和耐温时间，图 3 - 11 为相关工序的温度和时间，供参考。

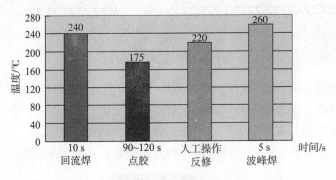

图 3 - 11　各工序温度图

（5）元器件选择必须考虑生产线各工序对元器件的高度限制，表 3 - 1 是关键工序对贴片元器件高度的限制。

表 3 - 1　关键工序对贴片元器件高度的限制

工序	Top 面（A 面）	Bottom 面（B 面）
波峰焊接	N/A	6 mm
贴片	14 mm（含板厚）	
自动光学检测 AOI	25 mm	50 mm
在线测试 ICT	15 mm	3 mm
飞针测试	20 mm	20 mm

3.5.2　元器件布设的通用要求原则

（1）在规定区域内，首先确定一些特殊元器件的位置，这些元器件可能从电、磁、热、机械强度等几方面影响整机性能，或者这些元器件在操作要求方面或位置固定时有特殊要求，这样可以尽量避免这些特殊元器件可能产生干扰，从而使因印制电路板上布局引入的干扰得到最大限度的抑制。

（2）元器件布设要整齐美观，在整个板面上要分布均匀、疏密一致。元器件一般应该布设在印制电路板的某一面上，并且元器件的每个引出脚要单独占用一个焊盘。

（3）元器件不能占满板面，在印制电路板四周边缘要留有一定空间。留空的大小要根据印制电路板的面积和固定方式来确定，位于印制电路板边上的元器件，距离印制电路板的边缘至少应该大于 2 mm。

（4）元器件的布设不能跨越其他元器件，如图 3 - 12 所示。相邻的两个元器件之间，要保持一定安全距离（一般环境中的间隙安全电压是 200 V/mm）。

（5）有极性或方向的 THD 器件在布局上要求方向一致，并尽量做到排列整齐。对 SMD 器件，不能满足方向一致时，应尽量满足在 X、Y 方向上保持一致，如钽电容。

（6）元器件如果需要点胶，需要在点胶处留出至少 3 mm 的空间。

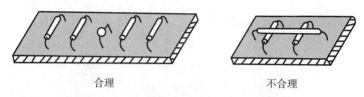

合理　　　　　　　　　　不合理

图 3 – 12　元器件的布设

（7）需安装散热器的 SMD 应注意散热器的安装位置，布局时要求有足够大的空间，确保不与其他器件相碰（确保最小 0.5 mm 的距离满足安装空间要求）。热敏器件（如电阻电容器、晶振等）应尽量远离高热器件。热敏器件应尽量放置在上风口，如图 3 – 13 所示，高器件放置在低矮元件后面，并且沿风阻最小的方向排布，防止风道受阻。

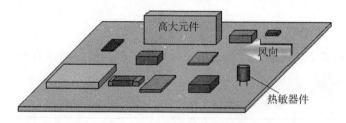

图 3 – 13　热敏器件的放置

（8）元器件之间的距离满足操作空间的要求（如：插拔卡），如图 3 – 14 所示。

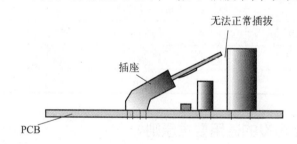

图 3 – 14　插拔器件需要考虑操作空间

（9）不同属性的金属件或金属壳体的器件不能相碰。安装最小间距为 1.0 mm。

（10）属于同一功能模块电路的元器件尽可能布设在一起，例如：一个三极管放大电路布设时，一般以三极管为中心，其他元器件布设在它周围。

（11）容易产生相互影响或电磁干扰的元器件，应尽可能远离或采取屏蔽措施。

（12）在高频电路中，要设法缩短元器件之间的连接距离，以减小它们的分布参数和相互之间的电磁干扰，应在其一侧或两侧布设接地线进行屏蔽。

（13）对于大而重的元器件，布设时要注意其对整个电路板的重心、承受重力和振动产生的机械应力的影响，必要时应将这些元器件转移到底座上，而不安装在印制电路板上；如果必须安装在印制电路板上，印制电路板应采用机械边框或支架加固，以免变形。

（14）工作时电位差比较大的元器件或印制线，应加大相互之间的距离。

（15）不同频率的信号线，不要相互靠近平行布线。

（16）对于高频、高速电路，应尽量设计成双面板或多层板。双面板的一面布设信号线，另一面可以设计成接地面；多层板中可把易受干扰的信号线布置在地线层或电源层之间，对于微波电路用的带状线，传输信号线必须布设在两接地层之间，并对其间的介质层厚度按需要进行计算。

（17）晶体管的基极印制线和高频信号线应尽量设计得短，以减少信号传输时的电磁干扰。

（18）数字电路与模拟电路不共用同一条地线，在与印制电路板对外地线连接处可以有一个公共接点。不同频率的元器件不共用同一条接地线，不同频率的地线和电源线应分开布设。

3.5.3 回流焊焊接的印制电路板元器件布局

（1）细间距器件布置在 PCB 同一面，并且将较重的器件（如电感等）布局在 Top 面，防止掉件。

（2）有极性的贴片元器件尽量同方向布置，高器件布置在低矮器件旁时，为了不影响焊点的检测，一般要求视角 <45°，如图 3–15 所示。

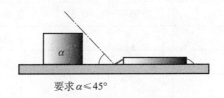

要求 $\alpha \leqslant 45°$

图 3–15 焊点目视检查示意图

（3）CSP、BGA 等面阵列器件周围需留有 2 mm 禁布区，最佳为 5 mm 禁布区。如果面阵列器件布设在正面（A 面），那么其背面（B 面）投影范围内及其投影范围四周外扩 8 mm 内不能再布设面阵列器件，如图 3–16 所示。

（4）对于两个片式器件共用焊盘时，要求两个器件封装一致，如图 3–17 所示。

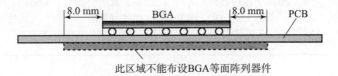

此区域不能布设BGA等面阵列器件

图 3–16 面阵列器件的禁布要求

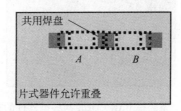

图 3–17 片式器件共用焊盘示意图

（5）贴片器件之间的距离要符合工艺要求，如图 3–18 所示，X、Y 分别是器件间的横向和纵向距离。对于同种器件相邻，X 和 Y 都必须大于等于 0.3 mm，对于不同器件相邻，X 和 Y 都必须满足大于等于 $0.13 \times h + 0.3$ mm（h 为周围近邻元件最大高度差），也可参考表 3–2 设置器件之间的距离。

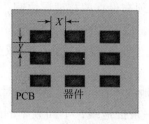 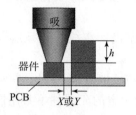

图 3-18　元器件布局的距离要求示意图

表 3-2　回流焊 SMT 器件布局要求数据表

单位/mm	0402~0805	1206~1810	STC3528~7343	SOT、SOP	SOJ、PLCC	QFP	BGA
0402~0805	0.40	0.55	0.70	0.65	0.70	0.45	5.00（3.00）
1206~1810		0.45	0.65	0.50	0.60	0.45	5.00（3.00）
STC3528~7343			0.50	0.55	0.60	0.45	5.00（3.00）
SOT、SOP				0.45	0.50	0.45	5.00
SOJ、PLCC					0.30	0.45	5.00
QFP						0.30	5.00
BGA							8.00

（6）为了保证印刷质量，细间距器件与传送边所在的板边距离要求大于 10 mm，条码框 BAR CODE 与表面贴装器件的距离需要满足表 3-3 需求，如图 3-19 所示。

表 3-3　条码与各封装类型器件距离要求

元件种类	Pitch（连接器件）小于 1.27 mm 翼形引脚器件（如 SOP、QFP 等）、面阵列器件	0603 以上 Chip（倒装芯片）元件及其他封装元件
条码距器件最小距离 D	10 mm	5 mm

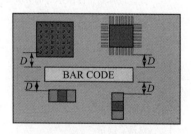

图 3-19　条码框 BAR CODE 与各类器件的布局要求

（7）通孔回流焊器件布局要求。

①对于非传送边大于 300 mm 的 PCB，较重的元器件尽量不要布局在 PCB 的中间，以减轻由于插装器件的重量在焊接过程中造成对 PCB 变形的影响，以及插装过程对板上已经贴放的元器件的影响。

②为方便插装，插装元器件应布置在靠近插装操作侧的位置。

③通孔回流焊元器件本体间距离 > 10 mm。

④通孔回流焊元器件焊盘边缘与传送边的距离≥10 mm，与非传送边距离≥5 mm。

3.5.4 波峰焊焊接的印制电路板元器件布局

（1）波峰焊 SMD 器件要求。

由于波峰焊有高度限制，所有过波峰焊的全端子引脚 SMD 高度要求小于 2.0 mm；其余 SMD 器件高度要求小于 4.0 mm。适合波峰焊焊接的 SMD 还必须满足以下条件：

①大于等于 0603 封装的片式阻容器件和片式非露线圈片式电感。

②两个相邻焊盘间距离 Pitch≥1.27 mm 的 SOP 器件。

③两个相邻焊盘间距离 Pitch≥1.27 mm、引脚焊盘为外露可见的 SOT 器件。

（2）波峰焊工艺焊盘设置。

为了降低波峰焊焊接时 SOP 器件的桥连和虚焊，SOP 器件轴向需与波峰焊传动方向一致，同时在沿波峰焊传动方向 SOP 器件的尾端增加一对过锡焊盘，称为工艺焊盘，如图 3 - 20 所示。

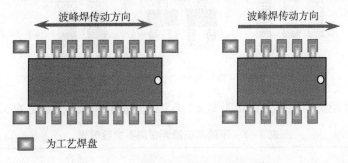

图 3 - 20 工艺焊盘位置要求

（3）SOT - 23 封装的器件使用波峰焊焊接时需按图 3 - 21 方向放置。

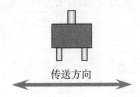

图 3 - 21 SOT 器件波峰焊布局要求

（4）应考虑波峰焊接的阴影效应，器件本体间和焊盘间需保持一定的距离。相同类型器件距离要求见表 3 - 4 和图 3 - 22。

表 3 - 4 相同类型器件布局要求数值表

封装尺寸	焊盘间距 L/mm（mil）		器件本体间距 B/mm（mil）	
	最小间距	推荐间距	最小间距	推荐间距
0603	0.76（30）	1.27（50）	0.76（30）	1.27（50）
0805	0.89（35）	1.27（50）	0.89（35）	1.27（50）

续表

封装尺寸	焊盘间距 L/mm（mil）		器件本体间距 B/mm（mil）	
	最小间距	推荐间距	最小间距	推荐间距
≥1206	1.02（40）	1.27（50）	1.02（40）	1.27（50）
SOT	1.02（40）	1.27（50）	1.02（40）	1.27（50）
钽电容 3216、3528	1.02（40）	1.27（50）	1.02（40）	1.27（50）
钽电容 6032、7343	1.27（50）	1.52（60）	2.03（80）	2.54（100）
SOP	1.27（50）	1.52（60）	—	—

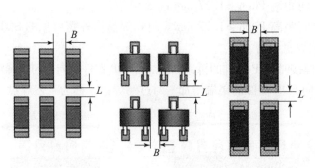

图 3-22　相同类型器件布局图

不同类型器件距离要求焊盘边缘距离≥1.0 mm。器件本体距离参见表 3-5 和图 3-23。

表 3-5　不同类型器件布局要求数值表

封装尺寸 /mm（mil）	0603～1810	SOT	SOP	插件 通孔	通孔 （过孔）	测试点	工艺焊盘 边缘
0603～1810	1.27（50）	1.52（60）	2.54（100）	1.27（50）	0.6（24）	0.6（24）	2.54（100）
SOT	1.27（50）	—	2.54（100）	1.27（50）	0.6（24）	0.6（24）	2.54（100）
SOP	2.54（100）	2.54（100）	—	1.27（50）	0.6（24）	0.6（24）	2.54（100）
插件通孔	1.27（50）	1.27（50）	1.27（50）	—	0.6（24）	0.6（24）	2.54（100）
通孔（过孔）	0.6（24）	0.6（24）	0.6（24）	0.6（24）	0.3（12）	0.3（12）	0.6（24）
测试点	0.6（24）	0.6（24）	0.6（24）	0.6（24）	0.3（12）	0.6（24）	0.6（24）
工艺焊盘边缘	2.54（100）	2.54（100）	2.54（100）	2.54（100）	0.6（24）	0.6（24）	0.6（24）

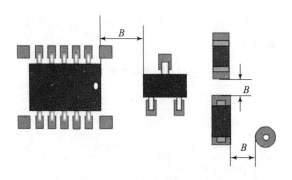

图 3-23　不同类型器件布局图

（5）通孔 THD 器件布局要求。

①除结构有特殊要求之外，THD 器件都必须放置在正面。相邻元件本体之间的最小距离为 0.5 mm，如图 3 – 24 所示。

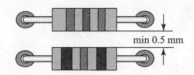

图 3 – 24　元件本体之间的距离

②为了满足手工焊接和维修，相邻元器件间的间距必须便于拆装，如图 3 – 25 所示。

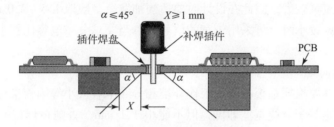

图 3 – 25　电烙铁操作空间要求

③优选两个相邻焊盘间的距离 Pitch≥2.0 mm，焊盘边缘间距≥1.0 mm 的器件。在器件本体不相互干涉的前提下，相邻器件焊盘边缘间距≥1.0 mm，如图 3 – 26 所示。

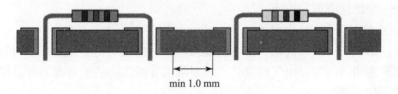

图 3 – 26　最小焊盘边缘距离

④如果通孔 THD 器件每排引脚数较多，布设器件时要将器件焊盘排列方向与印制电路板传送方向一致。当 THD 器件相邻焊盘边缘间距为 0.6 ~ 1.0 mm 时，推荐采用椭圆形焊盘或工艺焊盘，如图 3 – 27 所示。当布局上有特殊要求，焊盘排列方向必须与印制电路板传送方向垂直时，焊盘设计上应采取适当措施扩大工艺窗口，如椭圆焊盘的应用。

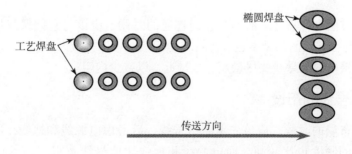

图 3 – 27　THD 器件焊盘排列方向

3.6　印制导线走向设计

3.6.1　导线宽度和间距

1. 印制导线的宽度

一般情况下，印制导线应尽可能宽一些，这有利于承受电流和便于制造。在确定印制导线宽度时，除需要考虑载流量外，还应注意铜箔在板上的剥离强度，一般取线宽 $d = (1/3 \sim 2/3)D$。导线宽度可在 0.3 ～ 2.0 mm 之间选择，建议优先采用 0.5 mm、1.0 mm、1.5 mm、2.0 mm 规格，其中 0.5 mm 导线宽度主要用于微小型化电子产品。印制电路的电源线和接地线的载流量较大，因此在设计时要适当加宽，一般取 1.5 ～ 2.0 mm。当要求印制导线的电阻和电感比较小时，可采用较宽的信号线；当要求分布电容比较小时，可采用较窄的信号线。

2. 印制导线的间距

导线间距的选择要根据基板材料、工作环境和分布电容大小等因素来综合确定。在一般情况下，导线的间距等于导线宽度即可，但不能小于 1 mm，否则在焊接元器件时采用浸焊方法就有困难。最小导线间距还同印制电路板的组装水平有关，选用时就更需要综合考虑。对微小型化设备，最小导线间距不小于 0.4 mm。采用浸焊或波峰焊时，导线间距要大一些；采用手工焊接时，导线间距可适当小一些。在高压电路中，为了防止印制导线间的击穿导致基板表面炭化、腐蚀和破裂，间距应适当加大一些。在高频电路中，导线间距会影响分布电容的大小，也应考虑这方面的影响。

3. 印制导线的形状

印制导线的形状可分为平直均匀型、斜线均匀型、曲线均匀型和曲线非均匀型。印制导线的形状除要考虑机械因素、电气因素外，还要考虑导线图形的美观大方，在设计印制导线图形时，应遵循以下原则：

（1）在同一印制电路板上的导线宽度（除地线外）应尽量一致。

（2）印制导线应走向平直，不应有急剧的弯曲和出现尖角，所有弯曲与过渡部分均须用圆弧连接。

（3）印制导线应尽可能避免有分支，如必须有分支，分支处应圆滑。

（4）印制导线应尽量避免长距离平行，双面布设的印制导线也不能平行，应垂直或斜交布设。

（5）导线通过两个焊盘之间而不与它们连通的时候，应该与它们保持最大而相等的间距；同样，导线与导线之间的距离也应当均匀地相等并且保持最大。

（6）接地、接电源的导线要尽量短、尽量近，以减少内阻。

3.6.2　信号线的布设

在印制导线布局的时候，应该先考虑信号线，后考虑电源线和地线。因为信号线一般比较集中，布置的密度也比较高，而电源线和地线比信号线宽很多，对长度的限制要小一些。

（1）在满足使用要求的前提下，选择布线方式的顺序为单层→双层→多层。多层板上各层的走线应互相垂直，以减少耦合，切忌上下层走线对齐或平行。为了测试的方便，设计上应设定必要的断点和测试点。

（2）为了减小导线间的寄生耦合，在布线时要按照信号的流通顺序进行排列，电路的输入端和输出端应尽可能远离，输入端和输出端之间最好用地线隔开，同时输入端还应远离末级放大回路。

（3）两个连接盘之间的导线布设应尽量短，敏感的信号、小信号先走，以减少小信号的延迟与干扰。焊盘与较大面积导电区相连接时，应采用长度不小于 0.5 mm 的细导线进行热隔离，细导线宽度不小于 0.13 mm。

（4）信号线应粗细一致，这样有利于阻抗匹配，一般推荐线宽为 0.2 ~ 0.3 mm（8 ~ 12 mil）。

（5）模拟电路的输入线旁应布设接地线屏蔽；同一层导线的布设应分布均匀；各导线上的导电面积要相对均衡，以防板子翘曲。不同频率的信号线中间应布设接地线隔开，避免发生信号干扰。

（6）高速电路的多根 I/O 线以及差分放大器、平衡放大器等电路的 I/O 线长度应相等，以避免产生不必要的延迟或相移。

3.6.3　地线的布设

（1）公共地线布置在印制电路板的边缘，以便将印制电路板安装在机架上。但导线与印制电路板的边缘应留有一定的距离（不小于板厚），以提高电路的绝缘性能。

（2）为了防止各级电路的内部因局部电流而产生的地阻抗干扰，采用一点接地是最好的办法。如图 3-28 所示为在电路各级间分别采取一点接地的原理示意图。

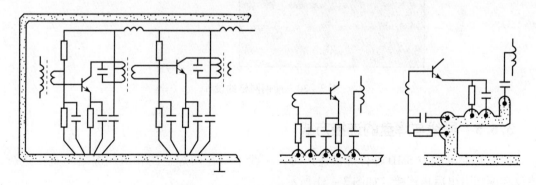

图 3-28　印制电路板地线的布设

（3）当电路工作频率在 30 MHz 以上或是工作在高速开关的数字电路中时，为了减少地阻抗，常采用大面积覆盖地线，这时各级的内部元器件接地也应贯彻一点接地的原则，即在一个小的区域内接地，如图 3-29 所示。

（4）为克服由于地线布设不合理而造成的干扰，在设计印制电路时，应当尽量使不同回路的地线分开。即把"交流地"和"直流地"分开、把"高频地"和"低频地"分开、把"高压地"和"低压地"分开、把"模拟地"和"数字地"分开。

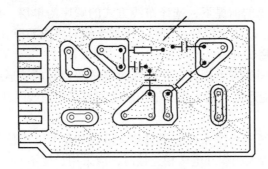

图 3-29　印制电路板上的大面积地线

（5）公共电源线和接地线尽量布设在靠近板的边缘，并且分布在板的两面。多层板可在内层设置电源层和地线层，通过金属化孔与各层的电源线和接地线连接，内层大面积的导线和电源线、地线应设计成网状，可提高多层板层间结合力。

（6）对于电源地线则走线面积越大越好，可以减少干扰。对高频信号最好用地线屏蔽，可以提高传输效果。

3.6.4　覆铜设计工艺要求

覆铜设计是一种抗干扰的有效方法，需要采用覆铜设计的场合主要有以下两种：一是同一层的线路或铜分布不平衡或者不同层的铜分布不对称时，建议采用覆铜设计。二是外层如果有大面积的区域没有走线和图形，建议在该区域内铺铜网格，使得整个板面的铜分布均匀。

铺铜网格间的空方格的大小建议采用 25 mil×25 mil，如图 3-30 所示。

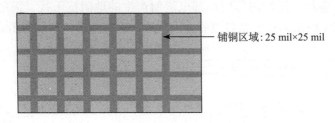

铺铜区域：25 mil×25 mil

图 3-30　铺铜网格的设计

3.6.5　导线与焊盘的连接方式

（1）印制导线与 SMD 器件焊盘连接时，一般不得在两焊盘的相对间隙之间直接进行，建议在两端引出后再连接，如图 3-31 所示。

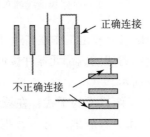

正确连接

不正确连接

图 3-31　线路与焊盘的连接

（2）从同一元器件焊盘引出的走线要对称，如图 3 - 32 所示。引线应从焊盘端面中心位置引出，如图 3 - 33 所示。

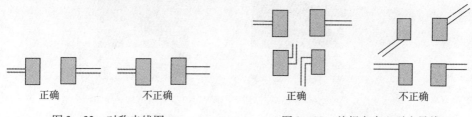

图 3 - 32　对称走线图　　　　　　　图 3 - 33　从焊盘中心引出导线

（3）为了防止集成电路在再流焊中发生偏转，与集成电路焊盘连接的印制导线原则上可从焊盘任一端引出，但不应使焊锡的表面张力过分聚集在一侧，要使器件各侧所受的焊锡张力保持均衡，以保证器件不会相对焊盘发生偏转。

（4）为了防止因排列方位不合理、焊盘上焊膏量不均以及焊盘的导热路径不同而产生"立碑"现象或元件在焊盘上偏转的现象，一般规定不允许把宽度大于 0.25 mm 的印制导线与再流焊焊盘连接。如果电源线或接地线要与焊盘连接，则在连接前需要将宽布线变窄至 0.25 mm 宽，且不短于 0.635 mm 的长度，再与焊盘相连，如图 3 - 34 所示。

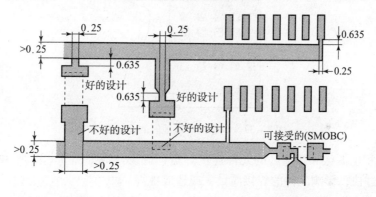

图 3 - 34　宽布线变窄后再和焊盘相连（单位：mm）

（5）导通孔与焊盘连接时，通常用具有阻焊膜的窄走线与焊盘相连，如图 3 - 35 所示。

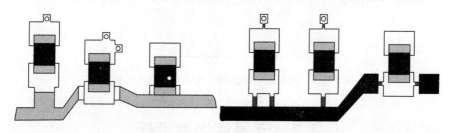

图 3 - 35　导通孔与焊盘连接图

（6）当与焊盘连接的走线比焊盘宽时，走线不能覆盖焊盘，应从焊盘末端引线；密间距的 SMT 焊盘引脚需要连接时，应从焊盘外部连接，不允许在焊脚中间直接连接，如图 3 - 36 所示。

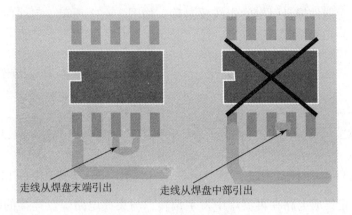

图 3-36　焊盘出线要求

3.6.6　大面积电源区和接地区的设计

（1）超过 ϕ25 mm（1 000 mil）范围电源区和接地区，为防止焊接时产生铜箔膨胀、脱落现象，一般采用 20 mil 间距网状窗口或实铜加过孔矩阵的方式，如图 3-37 所示。

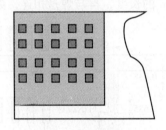

图 3-37　电源区和接地区的网状布线

（2）大面积电源区和接地区的元件连接焊盘，应设计成如图 3-38 所示形状，以免大面积铜箔传热过快，影响元件的焊接质量，或造成虚焊。

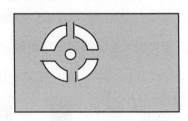

图 3-38　大面积电源区和接地区的元件连接焊盘

3.7　元器件焊盘设计

焊盘的作用是通过焊接，将元器件引脚固定在印制电路板的焊盘上，再通过印制导线把焊盘连接起来，实现元器件电气连接。通孔器件的焊盘包括引线孔及其周围的铜箔，而 SMT 器件的焊盘是指引线连接的铜箔。

3.7.1　通孔 THD 器件焊盘设计

1. 孔径

焊盘孔径一般不小于 0.6 mm，因为小于 0.6 mm 的孔开模冲孔时不易加工，通常情况下以元器件金属引脚直径值加上 0.2 mm 作为焊盘内孔直径，如电阻的金属引脚直径为 0.5 mm 时，其焊盘内孔直径对应为 0.7 mm，焊盘孔径优先选择 0.4 mm、0.5 mm、0.6 mm、0.8 mm、1.0 mm、1.2 mm、1.6 mm 和 2.0 mm 的尺寸。

2. 焊盘尺寸

焊盘外径设计主要依据布线密度以及安装孔径和金属化状态而定；元器件焊盘外径不能太小也不能太大，如果外径太小，焊盘就容易在焊接时剥落；但也不能太大，否则焊接时需要延长焊接时间、用锡量太多，并且影响印制电路板的布线密度。单面板和双面板的焊盘外径尺寸要求不同，若焊盘的外径为 D，引线孔的孔径为 d，如图 3-39 所示，对于单面板，焊盘的外径一般应当比引线孔的直径大 1.3 mm 以上，即 $D \geqslant d + 1.3$ mm。对于双面电路板，焊盘可以比单面板的略小一些，应有 $D_{min} \geqslant 2d$。

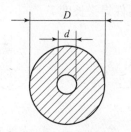

图 3-39　焊盘尺寸图

3. 焊盘形状

焊盘的形状有多种，圆形焊盘用得最多，因为圆形焊盘在焊接时，焊锡将自然堆焊成光滑的圆锥形，结合牢固、美观。但有时，为了增加焊盘的黏附强度，也采用岛形、正方形、椭圆形和长圆形焊盘。岛形焊盘可大量减少印制导线的长度与数量，能在一定程度上抑制分布参数对电路造成的影响，同时焊盘与印制导线合为一体以后，铜箔的面积加大，使焊盘和印制导线的抗剥离强度增加，因而能降低所选用的覆铜板的档次，降低产品成本，适合于元器件密集固定、元器件排列不规则的场合。方形焊盘适用于印制电路板上元器件体积大、数量少且线路简单的场合。有时为了在焊盘间再布设 1 条甚至 2 条信号线，常把圆形焊盘改为椭圆形焊盘。

4. 跨距设计

PCB 上元器件安装跨距大小的设计主要依据元器件的封装尺寸、安装方式和元器件在 PCB 上的布局而定。

（1）对于引线直径在 0.8 mm 以下的轴向元件，安装孔距应选取比封装体长度长 4 mm 以上的标准孔距。

（2）对于引线直径在 0.8 mm 及以上的轴向元件，安装孔距应选取比封装体长度长 6 mm 以上的标准孔距。标准安装孔距建议使用公制系列，即 2.5 mm、5.0 mm、7.5 mm、10.0 mm、12.5 mm、15.0 mm、17.5 mm、20.0 mm、22.5 mm、25.0 mm。为实现短插工艺，优先选用 2.5 mm、5 mm、10 mm 跨距。

（3）所有水泥电阻、2 W 及 2 W 以上的电阻、引线直径为 1.3 mm 的二极管及引线直径为 1.3 mm 以上的二极管应设计成卧式轴向安装，对于 5 W 以上电阻，不允许有立式安装。

（4）对于径向元器件，安装孔距应选取与元器件引线间距一致。

（5）插件瓷片电容、独石电容、钽电解电容、热敏电阻与压敏电阻等在 PCB 上的间距与实物的间距一致，不要再去扩脚或者把原本的间距缩小。

3.7.2 SMT 器件焊盘设计

由于表面安装元器件与通孔元器件又有着本质的差别，焊盘大小不仅决定焊接时的工艺、焊点的强度，也直接影响元器件连接的可靠性，所以 SMB 焊盘有着不同于通孔元器件焊盘的要求，下面简要介绍部分 SMB 焊盘设计的原则。

1. 片式元件的焊盘设计

片式元件的焊盘形状可以是方形，也可以是半圆形，如图 3-40 所示矩形焊盘和图 3-41 所示半圆形焊盘，宽度 $b = (0.9 \sim 1.0) \times$ 元件宽度，焊盘间距 d 应适当小于元件两端焊头之间的距离 a，焊盘长度 c 大于元器件焊头长度 T。

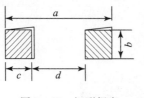

图 3-40　矩形焊盘

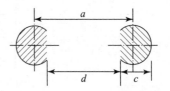

图 3-41　半圆形焊盘

2. 柱状无源元器件的焊盘设计

柱状无源元器件的焊盘图形设计与焊接工艺密切相关，如图 3-42 所示。当采用贴片-波峰焊时，其焊盘图形可参照片状元件的焊盘设计原则来设计；当采用再流焊时，为了防止柱状无源元器件的滚动，焊盘上必须开一个 0.2 mm 缺口，以利于元器件的定位。

计算公式：
$$A = L_{max} - 2T_{min} - 0.254$$
$$B = d_{max} + T_{min} + 0.254$$
$$C = d_{max} - 0.254$$
$$D = B - (2B + A - L_{max})/2$$

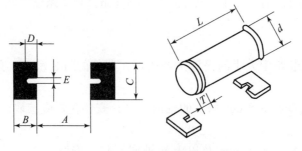

图 3-42　柱状无源元器件的焊盘

3. 小外形封装晶体管焊盘的设计

小外形封装晶体管（SOT）的焊盘图形设计较为简单，如图 3 – 43 所示。一般来说，焊盘间的中心距与器件引线间的中心距相等，焊盘的图形与器件引线的焊接面相似，但在长度方向上应扩展 0.3 mm，在宽度方向上应减少 0.2 mm；若是用于波峰焊，则长度方向及宽度方向均应扩展 0.3 mm。

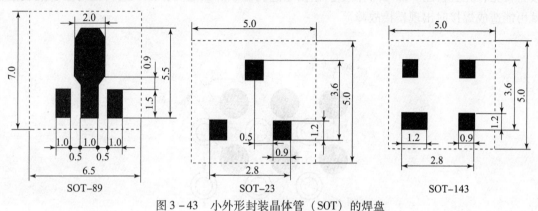

SOT–89　　　　　　SOT–23　　　　　　SOT–143

图 3 – 43　小外形封装晶体管（SOT）的焊盘

4. PLCC 焊盘设计

PLCC 封装器件的焊盘宽度为 0.63 mm（25 mil），长度为 2.03 mm（80 mil），如图 3 – 44 所示。

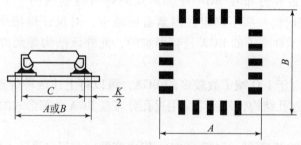

图 3 – 44　PLCC 引脚焊盘

5. QFP 焊盘设计

QFP 焊盘长度和引脚长度的最佳比为 $L_2:L_1 = (2.5 \sim 3):1$，或者 $L_2 = F + L_1 + A$（F 为端部长 0.4 mm；A 为趾部长 0.6 mm；L_1 为器件引脚长度；L_2 为焊盘长度），QFP 焊盘的设计尺寸如图 3 – 45 所示。焊盘宽度通常取：$0.49 P \leq b \leq 0.54 P$（$P$ 为引脚公称尺寸；b 为焊盘宽度）。

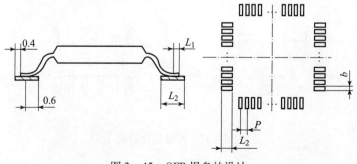

图 3 – 45　QFP 焊盘的设计

6. BGA 焊盘设计

BGA 焊盘结构通常有三种形式，分别是哑铃式焊盘、外部式焊盘、混合式焊盘。

①哑铃式焊盘。哑铃式焊盘结构如图 3 - 46 所示。BGA 焊盘采用此结构，过孔把线路引入到其他层，实现同外围电路的沟通，过孔通常应用阻焊层全面覆盖。该方法简单实用，较为常见，并且占用 PCB 面积较少。但由于过孔位于焊盘之间，万一过孔处的阻焊层脱落，就可能造成焊接时出现桥接故障。

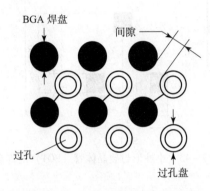

图 3 - 46　BGA 的哑铃式焊盘

②外部式焊盘。过孔分布在 BGA 外部形式的焊盘特别适用于 I/O 端子数量较少的 BGA 焊盘设计，焊接时的一些不确定性因素有所减少，对保证焊接质量有利。但采用这样的设计形式对于多 I/O 端子的 BGA 是有困难的，此外该结构焊盘占用 PCB 的面积相对过大。

③混合式焊盘。对于 I/O 端子数较多的 BGA，可以将上述两种焊盘结构设计混合在一起使用，即内部采用过孔结构，外围则采用过孔分布在 BGA 外部形式的焊盘。

7. 焊盘优化设计

波峰焊时，对于 0805/0603、SOT、SOP、钽电容器，在焊盘设计上应该按照以下工艺要求做一些修改，这样有利于减少类似漏焊、桥连这样的一些焊接缺陷。

①对 SOT、钽电容器，焊盘应比正常设计的焊盘向外扩展 0.3 mm，以免产生漏焊缺陷，如图 3 - 47（a）所示。

②对于 SOP，如果方便，应该在每个元器件一排引线的前后位置设计一个工艺焊盘，其尺寸一般比焊盘稍宽一些，用于防止产生桥连缺陷，如图 3 - 47（b）所示。

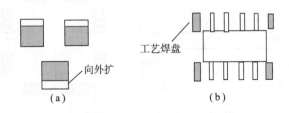

图 3 - 47　焊盘优化示例

③焊接面上所布高度超过 6 mm 的元件（波峰焊后补焊的插装元件）尽量集中布置，以减少测试针床制造的复杂性。

3.7.3　测试点的设计

由于布线密度高，元器件小，印制电路板含有中间层，SMB 布线过程中一般都要设置测试点，测试点的设置要注意以下几点：

（1）测试点可以是焊盘，也可以是通孔，焊盘作为测试点时直径为 0.9 ~ 1.0 mm，并需与相关测试针相匹配。

（2）测试点不应设计在距板子边缘 5 mm 内，测试点原则上应设在同一面上，并注意分散均匀。

（3）相邻测试点之间的中心距不小于 1.46 mm，如图 3 - 48 所示。测试点之间不设计其他元件，以防止元件或测试点之间短路。

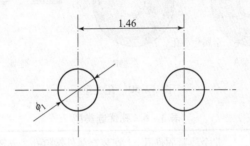

图 3 - 48　相邻测试点之间的中心距

（4）测试点与元件焊盘之间的距离应不小于 1 mm，测试点不能涂覆任何绝缘层，如图 3 - 49 所示，图中 TP 点即为测试点。

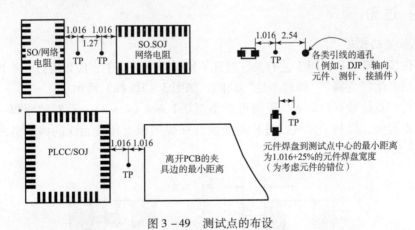

图 3 - 49　测试点的布设

（5）测试点应覆盖所有需要测量的信号，包括 I/O、电源和地等。

3.8 孔 的 设 计

3.8.1 孔类型选择

印制电路板制造过程中，需要用到很多类型的孔。图 3-50 为印制电路板制造中常见的孔，表 3-6 为这些孔的应用场合。

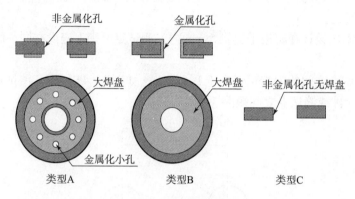

图 3-50 孔类型

表 3-6 孔优选类型

工序	金属紧固件孔	非金属紧固件孔	安装金属件铆钉孔	安装非金属件铆钉孔、定位孔
波峰焊	类型 A	类型 C	类型 B	类型 C
非波峰焊	类型 B			

3.8.2 过孔

1. 过孔位置的设计

过孔的位置主要与再流焊工艺有关，过孔不能设计在焊盘上，应该通过一小段印制线连接，否则容易产生"立碑""焊料不足"缺陷，如图 3-51 （a）所示。

如果过孔焊盘涂敷有阻焊剂，距离可以小至 0.1 mm （4 mil）。而对波峰焊一般希望过孔与焊盘靠得近些，以利于排气，过孔不能设计在焊接面上片式元件的两焊盘之间中心位置，如图 3-51 （b）所示。

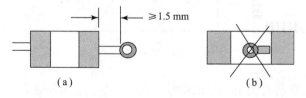

图 3-51 过孔位置

排成一列的无阻焊过孔焊盘，波峰焊盘的间隔大于 0.5 mm （20 mil），再流焊盘的间隔不小于 0.2 mm（8 mil）。

2. 孔间距

过孔主要用作多层板层间电路的连接，在 PCB 工艺可行条件下孔径和焊盘越小布线密度越高。对过孔来讲，一般外层焊盘最小环宽不应小于 0.127 mm（5 mil），一般内层焊盘最小环宽不应小于 0.2 mm（8 mil）。孔与孔盘之间的间距 ≥0.127 mm（5 mil）；孔盘到铜箔的最小距离 ≥0.127 mm（5 mil）；金属化孔（PTH）到板边最小间距 ≥0.5 mm（20 mil）；非金属化孔（NPTH）孔壁到板边的最小距离 ≥1 mm（40 mil）。

3.8.3 安装定位孔

安装定位孔尺寸和定位孔位置如图 3 – 52 所示，孔壁要求光滑，不应有涂覆层，周围 2 mm 处应无铜箔，且不得贴装元件。当印制电路板四周没设工艺边时，定位孔安装在中心离印制电路板两边距离为 5 mm，当印制电路板设有工艺边时，定位孔与图像识别标志应设于工艺边上。

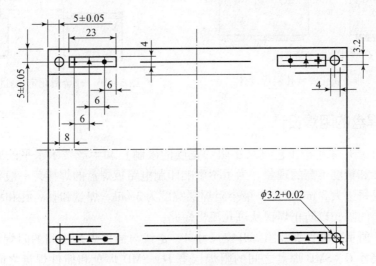

图 3 – 52　安装定位孔尺寸和定位孔位置

3.9　阻　焊　设　计

为了防止焊接时焊锡沿走线扩散，以及走线裸露在空气中氧化，一般要求印制电路板走线覆盖阻焊，有特殊要求的 PCB 可以根据需要使走线裸铜。

3.9.1　孔的阻焊设计

1. 过孔
过孔的阻焊开窗设置：正反面均为孔径 +5 mil，如图 3 – 53 所示。

2. 安装孔
①金属化安装孔正反面禁布区内应作阻焊开窗，如图 3 – 54 所示。

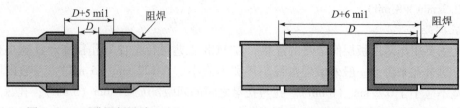

图 3 - 53　过孔阻焊设计　　　　　　　　图 3 - 54　金属化安装孔阻焊开窗设计

②非金属化安装孔的阻焊开窗大小应该与螺钉的安装禁布区大小一致，如图 3 - 55 所示。

3. 定位孔

定位孔一般是非金属化定位孔，其正反面阻焊开窗比直径大 10 mil，如图 3 - 56 所示。

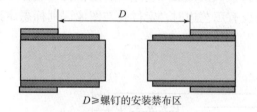

$D \geqslant$ 螺钉的安装禁布区

图 3 - 55　非金属化安装孔阻焊设计

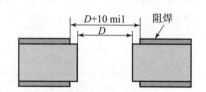

图 3 - 56　非金属化定位孔阻焊开窗设计

3.9.2　焊盘的阻焊设计

由于 PCB 生产厂家生产工艺（最小阻焊宽度的限制）和生产技术水平的原因，往往存在阻焊对位不准和精度不高的现象。为了不影响印制电路板焊盘的焊接，一般要求焊盘处阻焊开窗应比焊盘每边大 3 mil 以上，最小阻焊层宽度为 3 mil。焊盘和孔、孔和相邻的孔之间一定要有阻焊层间隔，以防止焊锡从过孔流出短路。

如图 3 - 57 所示，插件焊盘阻焊开窗尺寸 A、走线与插件焊盘之间的阻焊层宽 B、SMD 焊盘阻焊开窗尺寸 C、SMD 焊盘之间的阻焊层宽 D、SMD 焊盘和插件焊盘之间的阻焊层宽 E、插件焊盘之间的阻焊层宽 F、插件焊盘和过孔之间的阻焊层宽 G 及过孔和过孔之间的阻焊层宽 H 的最小间距为 3 mil。

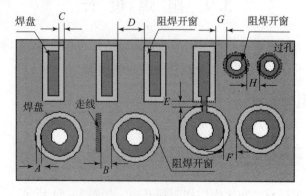

图 3 - 57　焊盘阻焊开窗尺寸

引脚间距≤0.5 mm（20 mil）或者焊盘之间的边缘间距≤10 mil 的 SMD，可采用整体阻焊开窗的方式，如图 3-58 所示。

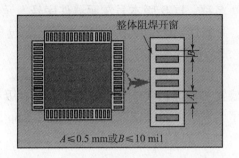

图 3-58 密间距的 SMD 阻焊开窗处理示意图

3.9.3 金手指的阻焊设计

金手指部分的阻焊开窗应开整窗，上面和金手指的上端平齐，下端要超出金手指下面的板边，如图 3-59 所示。

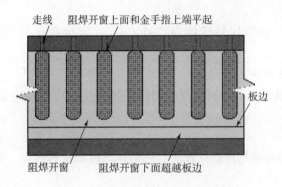

图 3-59 金手指阻焊开窗示意图

3.10 丝 印 设 计

为了方便电路安装和维修，在印制电路板的上下两表面需印上必要的标志图案和文字代号等，在设计印制电路板时需对印制的图案和文字进行设计。

3.10.1 丝印设计通用要求

（1）丝印的线宽应大于 5 mil，丝印字符高度确保裸眼可见（推荐大于 50 mil）。

（2）丝印间的距离建议最小为 8 mil。

（3）丝印不允许与焊盘、基准点重叠，两者之间应保持 6 mil 的间距。

（4）白色是默认的丝印油墨颜色，如有特殊需求，需要在 PCB 钻孔图文中说明。

（5）在高密度的 PCB 设计中，可根据需要选择丝印的内容。丝印字符串的排列应遵循正视时代号的排序从左至右、从下往上的原则。

3.10.2 丝印的内容

丝印的内容包括：PCB 名称，PCB 版本号，元器件序号，元器件极性和方向标志，条形码框，安装孔位置代号，元器件、连接器第一脚位置代号，过板方向标志，防静电标志，散热器丝印，等等。

1. PCB 名称、版本号

PCB 名称、版本号应放置在 PCB 的 Top 面上，PCB 名称、版本号丝印在 PCB 上优先水平放置。PCB 名称的丝印字体大小以方便读取为原则。要求 Top 面和 Bottom 面还分别标注"T"和"B"丝印。

2. 条形码（可选印）

条形码在 PCB 上水平或垂直放置，不推荐使用倾斜角度。

3. 元器件丝印

元器件、安装孔、定位孔以及定位识别点都对应丝印标号，且位置清楚、明确。丝印字符、极性与方向的丝印标志不能被元器件覆盖。卧装器件在其相应位置要有丝印外形（如卧装电解电容）。

4. 安装孔、定位孔

安装孔在 PCB 上的位置代号建议为"M＊＊"，定位孔在 PCB 上的位置代号建议为"P＊＊"。

5. 印制电路板传送方向

当 PCB 设计了过锡焊盘、泪滴焊盘或器件波峰焊接方向有特定要求时，PCB 需要标识出传送方向。

6. 散热器

需要安装散热器的功率芯片必须丝印，若散热器投影比器件大，则需要用丝印画出散热片的真实尺寸大小。

7. 防静电标识

防静电标识丝印优先丝印在 PCB 的 Top 面上。

3.11 印制电路板的制作

3.11.1 工厂制造印制电路板的生产

工厂生产印制电路板工序复杂，完成一块印制电路板制造一般要经过好几个小时，但批量生产可以提高生产效率。

比如双面板的制造，要经过二十几道工序，工艺流程为：双面覆铜板→下料→叠板→数控钻导通孔→检验、去毛刺刷洗→化学镀（导通孔金属化）→（全板电镀薄铜）→检验刷洗→网印负性电路图形、固化（干膜或湿膜、曝光、显影）→检验、修板→线路图形电镀→电镀锡（抗蚀镍/金）→去印料（感光膜）→蚀刻铜→（退锡）→清洁刷洗→用热固化绿油网印阻焊图形（贴感光干膜或湿膜、曝光、显影、热固化，常用感光热固化绿油）→清洗、干燥→网印标记字符图形、固化→（喷锡或有机保焊膜）→外形加工→清洗、干燥→电气通断检测→检验包装→成品出厂。多层印制电路板的工艺就更复杂了。

工厂生产印制电路板工序中，制作底片、图形印制及图形电镀蚀刻是生产的关键工序，下面简要介绍一下这三道关键工序。

1. 印制电路板底图的制作

印制电路原版底图一般是由设计人员提供的，在生产过程中还要将原版底片翻版成生产底片。获取生产底片的途径有两种：一种是利用计算机辅助系统和光绘机直接制出原版底片；另一种是制作照相底图，再经拍照后得到原版底片。

2. 图形印制

制造印制电路图形通常称为掩膜图形，掩膜图形一般有三种方法：液体感光胶法、感光干膜法和丝网漏印法。

感光胶法是采用蛋白感光胶和聚乙醇感光胶获取感光图形，它是一种比较老的工艺方法，缺点是生产效率低、难于实现自动化、耐蚀性差。

感光干膜法中的干膜由干膜抗蚀剂、聚酯膜和聚乙烯膜组成。干膜抗蚀剂是一种耐酸的光聚合体；聚酯膜为基底膜，起支托干膜抗蚀剂及照相底片的作用；聚乙烯膜是在聚酯膜涂覆干膜抗蚀剂后覆盖的一层保护层。干膜分为溶剂型、全水型和半水型等。贴膜制板的工艺流程为：贴膜前处理→吹干或烘干→贴膜→对孔→定位→曝光→显影→晾干→修板。感光干膜法在提高生产效率、简化工艺和提高制板质量等方面优于其他方法。

丝网漏印法适用于批量较大、精度要求不高的单面和双面印制电路板的生产。丝网漏印简称丝印，也是一种古老的工艺。丝网漏印法是先将所需要的印制电路图形制在丝网上，然后用油墨通过丝网板将线路图形漏印在铜箔板上，形成耐腐蚀的保护层，再经过腐蚀去除保护层，最后制成印制电路板。目前，丝网漏印法在工艺、材料和设备上都有较大突破，现在已能印制出 0.2 mm 宽的导线。丝网漏印法的缺点是，所制的印制电路板的精度比光化学法的低；对品种多、数量少的产品，生产效率比较低。

目前，在图形电镀制造电路板工艺中，大多数厂家都采用感光干膜法和丝网漏印法。

3. 图形的蚀刻

蚀刻也叫腐蚀，是指利用化学或电化学方法，将涂有抗蚀剂并经感光显影后的印制电路板上未感光部分的铜箔腐蚀除去，在印制电路板上留下精确的线路图形。

制作印制电路板可以采用多种蚀刻工艺，工业上最常用的蚀刻剂有三氧化铁、过硫酸铵、铬酸及氯化铜。其中三氧化铁的价格低廉且毒性较低；碱性氯化铜的腐蚀速度快，能蚀刻高精度、高密度的印制电路板，并且铜离子又能再生回收，也是一种经常采用的方法。

3.11.2 印制电路板的手工制作

在一块光板上制作出印制电路的过程称为手工制作印制电路板，通常的方法有：雕刻法、热转印法、蚀刻法、贴图法、刀刻法，等等。

1. 印制电路板的雕刻法制作

雕刻法的主要设备是一台电路板雕刻机和与其联机配套的计算机。如图 3-60 所示为某雕刻机的外形图。雕刻法的主要步骤为：

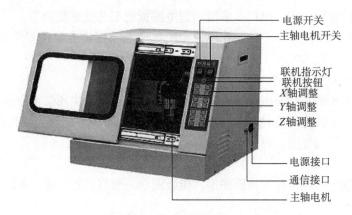

电源开关
主轴电机开关
联机指示灯
联机按钮
X轴调整
Y轴调整
Z轴调整
电源接口
通信接口
主轴电机

图 3 - 60　雕刻机外形图

1）前期准备

在计算机上安装雕刻用的 PCAM 软件，使用 RS232 线将雕刻机与电脑连接起来。将设计好的 PCB 版图转换成雕刻需要的相关文档。

2）进行雕刻机参数设置及调试

雕刻机参数设置及调试内容主要包括设定成形外框、雕刻路径计算、雕刻路径检查、雕刻下刀深度、钻孔下刀深度、成形下刀深度的设置，等等。

3）加工

（1）加工区域检查。主要检查、清理加工区域异物。

（2）排版。将电路板数据进行自动复制，将未加工的电路板放置到拟加工台上。

（3）电路板钻孔。设定定位孔并进行定位孔钻孔，并按照换刀提示更换钻头，逐批钻孔。

（4）贯孔电镀。在制作双面板时金属化孔需要进行贯孔电镀，如果是制作单面板则可跳过此步骤。

（5）线路雕刻。按下线路雕刻按钮，雕刻机自动加工，雕刻图形，在此过程中，注意依提示换刀。若选择全部雕刻，雕刻换刀顺序为 T10.2 mm（90°雕刻刀）或 0.15 mm（60°雕刻刀）→T3（1.5 mm 挖空刀）→T2（0.5 mm 挖空刀）。对于双面板，完成雕刻后需要雕刻另一面，先按下翻面键，接着在机器台面上找出之前所钻的定位孔，在定位孔内插上定位插销，然后将电路板左右翻面，并将电路板上的定位孔对准台面上的定位孔，将电路板放回原来位置，然后同样地进行平面检测及线路雕刻。

（6）板框成形。雕刻完成后按下板框成形按钮，并按照提示更换成形刀。

（7）其他后续工序处理。在完成切割后就可以把制作的电路板取下来进行电路板涂阻焊层、印丝印等处理。

4）注意事项

为了让雕刻机更快速地制作出所需的电路板，在进行 PCB 设计和制作时要注意下述几点：

（1）线宽和线距尽量设在 12 mil 以上。

（2）敷铜会增加路径计算时间，如果需要敷铜，敷铜的线宽请尽量放大。

（3）电路板上的孔径请尽量维持一致，这样可避免在钻孔时经常换钻头。

（4）电路板的外形可以直接画在线路层上，方便外形偏移计算处理。

（5）建议"Layout"时在电路板的外围放置四个参考焊点，以利于下层铜箔对齐。

（6）在输出 Gerber 档案时，必须以英制 mil 为单位。

（7）PCAM 程序内的底片文件及钻孔文档格式需调整成与 Layout 软件相同。

2. 印制电路板的热转印法制作

热转印法先把激光打印出的 PCB 设计图用热转印机转移到覆铜板上，然后用蚀刻的方法将没有被碳粉覆盖的铜膜去掉，从而保留了碳粉下面的印制导线。

热转印快速制版系统一般由一台快速微电脑数控热转移式制版机（简称热转印机）和一台快速腐蚀机（腐蚀箱）及具有耐高温不粘连特性的热转印纸组成。

（1）配腐蚀液。按3:5的比例混合好三氯化铁溶液（3～4升），倒入腐蚀箱中，备用。溶液最好过滤，操作时要戴好乳胶手套，防止三氯化铁溶液溅射到皮肤及衣物上。

（2）剪板。从单面覆铜板上按需要的大小和形状裁剪出一块小板，用砂纸或砂轮将边缘打磨光滑，去掉毛刺，这是为了便于印制板顺利通过热转印机的胶辊和保护胶辊。

（3）去污。由于干净的覆铜面才能保证图形转移时碳粉在覆铜上的附着力，可以用去污剂清洗印制板，去掉覆铜面的油污、氧化层。

（4）打印 PCB 设计图。用激光打印机按1:1的比例打印出印制板图。注意要打印镜像图，要用专用热转印纸打印，图形打在热转印纸的光滑面，打印出的图形应该深黑、清晰。

（5）图形转移。设定热转印机温度和速度，将转印纸贴在覆铜板上，放入快速微电脑数控热转移式制版机进行图形转移。

（6）检差修补。对转印的电路板认真检查，如果有较大缺陷，将转印纸按原位置贴好，送入转印机再转印一次；如果缺陷较小，用油性记号笔进行修补。

（7）蚀刻（腐蚀）。将腐蚀箱的橡胶吸盘吸在工作台上，再将线路板卡在橡胶吸盘上，使线路板与工作台成一夹角。扣上观察窗，接通腐蚀箱电源进行腐蚀。观察水流是否覆盖整个电路板。如果没有，在切断电源后调整橡胶吸盘在工作台上的位置，使整个电路板被水流覆盖。

（8）检查清洗。腐蚀完毕后，切断电源，打开观察窗，拿出线路板仔细观察，确认腐蚀成功后，用清水反复清洗后擦干。清洗完成后，碳粉仍留在印制导线上。

（9）钻元件孔。使用高速电钻在电路板上对准焊盘中心钻孔。

（10）研磨焊盘。在电钻上安装合适的焊盘专用铣刀，轻轻磨削焊盘，磨削掉碳粉，露出焊盘铜箔。

（11）涂助焊剂。将配制好的酒精松香水覆盖整个电路板。

3. 印制电路板的丝印法制作

丝印法是用丝网漏印实现图形转移来制作印制板的方法。

（1）剪板。应根据设计好的 PCB 图的大小来确定所需 PCB 板基的尺寸规格。

（2）数控钻孔。放置覆铜板→手动定置原点→软件微调→软件定置原点→软件定置终点→调节钻头高度→按顺序选择孔径规格→分批钻孔。

（3）刷光（抛光）。用刷光机对 PCB 基板表面进行抛光处理，清除板基表面的污垢及孔内的粉屑，为后序的化学沉铜工艺做准备。

（4）化学沉铜。化学沉铜广泛应用于有通孔的双面或多面印制电路板的生产加工中，目的在于在非导电基材上沉积一层铜，继而通过后续的电镀方法加厚使之达到设计的特定厚度。化学沉铜的工艺流程为：碱性除油→二或三级逆流漂洗→粗化（微蚀）→二级逆流漂洗→预浸→活化→二级逆流漂洗→加速→二级逆流漂洗→沉铜→二级逆流漂洗→浸酸。

（5）丝网制作。丝网的主要作用是利用丝网图形将油墨漏印在板基材料上形成所需图形。用 CAM 软件制作 5 张丝网漏印图：顶层线路图、底层线路图、顶层阻焊图、底层阻焊图、丝印图。制作过程：配置感光胶→丝网的清洗与晾干→丝网感光胶印刷→带感光胶的丝网晾干→丝网曝光及显影。

（6）丝网印刷。丝网印刷是在电路板的两面分别用丝网进行抗电镀油墨印刷、热固化阻焊油墨印刷、热固化文字油墨印刷，本步骤只完成抗电镀油墨印刷。抗电镀油墨的主要作用是在双面电路板制作过程中，用抗电镀油墨在覆铜板上形成负性线路图形，用于镀锡并形成锡保护下的真正所需电路图形；热固化阻焊油墨（常用绿油）硬化后具有优良的绝缘性，耐热性及耐化性，起阻焊作用；热固化文字油墨适用于电路板作标记油墨（丝印层）。

（7）固化。丝网印刷到印制板上的油墨都需要通过一定温度与时间来固化。

（8）化学镀锡。利用电解的方法使金属或合金沉积在工件表面，以形成均匀、致密、结合力良好的金属层的过程叫电镀，本步骤是在覆铜板上没有热固化阻焊油墨的地方镀上锡。

（9）线路板显影。线路板显影即抗电镀油墨的清洗，在覆铜板完成镀锡后，接下来就需要油墨的去除，电镀油墨的清洗有两种办法，一种是用慢干水或中干水浸在毛巾上，然后搽洗油墨；另一种方法就是用氢氧化钠（NaOH）晶体兑水配成5%的碱性溶液，将镀锡板浸泡其中 2 min 后，用软刷子或毛巾搽洗即可去除。

（10）碱性腐蚀。显影完以后，需要进行腐蚀，腐蚀的主要作用是将线路以外的非线路部分铜箔去掉，留下的是覆锡保护的电子线路图形。腐蚀溶液采用碱性溶液（主要成分为氯化氨），是因为锡不能溶于碱性氯化氨溶液，而铜很容易被该溶液溶解。

（11）印阻焊层和丝印层。用丝网漏印方法印制热固化阻焊油墨和热固化文字油墨。

项 目 实 施

项目实施工具、设备、仪器

直流稳压电源原理图、各种元器件的封装、计算机、绘图软件、打印机、雕刻机、数控钻床等。

实施方法和步骤

任务一　直流稳压电源印制电路板设计

（1）利用 protel 99se 绘制直流稳压电源原理图。要求原理图布局合理、美观、检测无错误，元器件清单表见表 3-7。应注意元件编号、参数、封装完整性。

表3-7　直流稳压电源所用元器件表

编号	参数规格	所属元件库	元件库中名称	封装形式
D_1	$\phi 3$ 红色	MiscellaneousDevices. lib	LED	*DIODE0. 4
$D_2 \sim D_7$	1N4002	MiscellaneousDevices. lib	DIODE	DIODE0. 4
R_1	27 kΩ	MiscellaneousDevices. lib	RES2	AXIAL0. 4
R_2	240 Ω	MiscellaneousDevices. lib	RES2	AXIAL0. 4
R_P	4. 7 kΩ	MiscellaneousDevices. lib	POT2	*VR5
C_1	2 200 μF/50 V	MiscellaneousDevices. lib	ELECTRO2	RB. 3/. 6
C_2	0. 1 μF/50 V	MiscellaneousDevices. lib	CAP	RAD0. 2
C_3	10 μF/50 V	MiscellaneousDevices. lib	ELECTRO2	RB. 2/. 4
C_4	47 μF/50 V	MiscellaneousDevices. lib	ELECTRO2	RB. 2/. 4
F_2	2A	MiscellaneousDevices. lib	FUSE1	*RAD0. 2
U	塑料封装	ProtelDOSSchematicVoltageRegulators. lib	LM117T	TO220V
J_1、J_2	电源插座	MiscellaneousDevices. lib	CON4	FLY4
印制电路板	普通单面板（80 mm×50 mm）			

（2）生成网络表，并对网络表进行检查，确定无误。

（3）规划电路板，应注意三端稳压器依靠机壳散热，要紧贴 PCB 边缘安装；交流电压输入端子要靠近电源变压器，也要在 PCB 边上；直流输出、电位器和 LED 接触端子要靠近机壳面板以便于接线。

（4）建立 PCB 设计文件，设置软件工作环境，在新建的 PCB 文件中添加元器件库，并导入网络表，如图 3-61 所示。

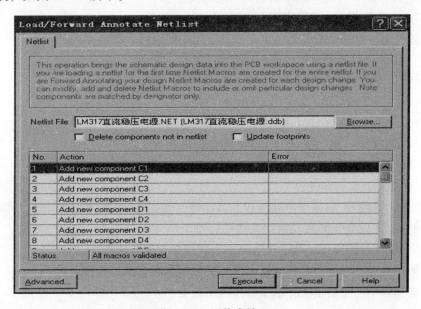

图 3-61　网络表导入

（5）确定 PCB 尺寸，对元器件进行自动布局，并进行手动调整。布局要求合理、美观、符合电气要求，重点考虑接插件和发热元件的位置，元件布好后看到的飞线要短、交叉要少。

（6）布局完成后，对 PCB 进行自动布线，手动调整。应注意自动布线完成后，有些导线拐弯太多、线路过长或者走线明显不科学的地方需手工修正。另外，由于是电源电路，导线中电流较大，所以导线应该适当加宽。

（7）原理图和 PCB 版图输出。生成与原理图相关的报表，生成与 PCB 版图相关的各种报表。打印出原理图、元件清单、顶部丝印图、多层布线图等图表。

任务二　利用雕刻机制作 PCB

（1）在计算机上安装雕刻用 PCAM 软件，使用 RS232 线将雕刻机与电脑连接起来。将设计好的 PCB 版图转换成雕刻需要的相关文档。

（2）连接好雕刻机和电脑，保持通信畅通。

（3）剪板与处理：剪裁一块比实际尺寸稍大的线路板，并做去毛刺和去污处理。

（4）进行雕刻机参数设置及调试。

（5）加工区域检查。主要检查加工区域是否有异物，并清理。

（6）设定定位孔并进行定位孔钻孔。

（7）雕刻线路。将线路板定位固定好，选好钻头（铣刀）、确定好钻头与线路板间距离，启动雕刻命令开始自动雕刻线路，雕刻过程应随时查看，直到完成。对于双面板，完成雕刻后需要雕刻另一面，先按下翻面键，接着在机器台面上找出之前所钻的定位孔，在定位孔内插上定位插销，然后将电路板左右翻面，并将电路板上的定位孔对准台面上的定位孔并将电路板放回原来位置，然后同样地进行平面检测及线路雕刻。

（8）钻孔。根据不同的孔径大小，选择和更换合适的钻头，开始自动钻孔后，同样要随时监视钻孔过程，以便及时处理发生的情况，直到钻孔完成；在制作双面板时金属化孔需要进行贯孔电镀，如果是制作的单面板则可跳过此步骤。

（9）切边。电路板切去多余部分后就成了成品电路板。

（10）在雕刻完成的电路板上还可以进行涂阻焊层、印丝印等工序处理。

任务三　印制电路板的热转印法制作

（1）配置腐蚀液。按 3:5 的比例混合好三氯化铁溶液以备用。

（2）剪板。需要裁剪出一块小板，去掉毛刺，将边缘打磨光滑。

（3）去污。用 NaOH 水或其他去污剂清洗印制电路板。

（4）打印 PCB 设计图。按 1:1 的比例打印出 PCB 版图。

（5）图形转移。将纸上的图形转移到覆铜板上。

（6）检差修补。对转印的电路板用油性记号笔进行修补。

（7）蚀刻（腐蚀）。将整个电路板放入腐蚀箱，接通腐蚀箱电源，腐蚀 PCB。

（8）检查清洗。将 PCB 用清水反复清洗后擦干。

（9）钻元件孔。使用高速电钻在电路板上对准焊盘中心钻孔。

（10）研磨焊盘。将铣刀卡在电钻上，轻轻磨削焊盘，露出铜皮即止。

（11）涂助焊剂。将酒精松香水涂覆在电路板上。

任务四　利用化学腐蚀方法制作 PCB

（1）剪板与处理。剪裁一块比实际尺寸稍大的电路板，并进行去毛刺和去污处理。

（2）打印 PCB 版图。用激光打印机在转印纸上打印出印刷线路图。

（3）图形转移。用热转印机，按照技术要求将印制线路图形转移到覆铜板上，转印有缺陷时需要用油性笔修补。

（4）配制三氯化铁溶液。按比例配制三氯化铁溶液，过滤后倒入快速腐蚀机中。

（5）腐蚀。将转印好的电路板放入腐蚀机，盖上盖子，接通电源进行腐蚀，同时跟踪察看，待腐蚀完成后断开电源，取出板子并清洗干净。

（6）钻孔。用微型电钻手工逐一打孔，钻头大小要根据不同的孔径大小选择，并选择带有定位锥的专用钻头。

（7）根据不同需要可进行助焊、阻焊、丝印、切边等加工处理。

项 目 评 价

本项目共有四个任务，每位学生完成其中两个，其中任务一必须完成，其他任务选择一个完成。任务一占 50 分，其他一个任务占 20 分，共计 70 分，平时作业和纪律等 20 分，七个任务完成后，学生需撰写项目总结报告，项目总结报告占 10 分，合计 100 分。具体评价方式见表 3-8。两个任务合计 70 分，实行扣分法，扣完为止。

表 3-8　评价标准

任务过程	考核内容、要求	评分标准
原理图的绘制（20 分）	1. 原理图的绘制步骤正确； 2. 自绘元件符合要求； 3. 绘出的原理图正确、美观； 4. 图纸规划合理	1. 遗漏或错用一个元器件扣 1 分； 2. 错连一根线或错连一个接点扣 1 分； 3. 元器件编辑错误一个扣 1 分； 4. 自绘元器件不合格一个扣 2 分； 5. 电路布局欠合理、不美观扣 2~4 分； 6. 图纸规划不合理扣 2 分
PCB 板设计（30 分）	1. PCB 设计的设计步骤正确； 2. PCB 元器件布局合理； 3. PCB 布线符合电气规则； 4. 元器件封装正确； 5. 自绘封装符号要求； 6. PCB 设计正确、美观； 7. PCB 尺寸形状规划合理	1. 遗漏或错用一个元器件扣 2 分； 2. 错连一根线或错连一个接点扣 2 分； 3. 元器件布局欠合理扣 1~4 分； 4. 铜膜导线布线不合理扣 1~4 分； 5. 自绘封装不合格一个扣 2 分； 6. 电路板整体欠美观扣 2 分； 7. 电路板规划欠合理扣 1 分
PCB 手工制作（20 分）	1. PCB 雕刻机等设备操作正确； 2. 按照雕刻法生产工艺过程制作； 3. 制作的 PCB 符合工艺要求	1. 遗漏或错用一个元器件扣 1 分； 2. 错连一根线或错连一个接点扣 1 分； 3. 元器件编辑错误一个扣 1 分； 4. 自绘元器件不合格一个扣 2 分； 5. 电路布局欠合理、不美观扣 2~4 分； 6. 图纸规划不合理扣 2 分

练习与提高

1. 印制电路板设计的主要内容是什么？

2. 印制电路板上的元器件如何布局？

3. 试说明在印制电路板上布设导线的一般方法。在布线时，应注意哪些问题？

4. 印制电路板对外连接的方法有哪些？

5. 在设计印制电路板时，导线的宽度与哪些因素有关？如何确定导线宽度、导线和焊盘？

6. 印制电路板基板材料、种类、厚度、形状如何确定？

7. 在设计印制电路板的图形时，要注意哪些问题？

8. 简述印制电路板元器件如何布局。

9. PCB 是指什么？ SMB 与 PCB 有什么区别？

10. SMT 与 THT 所用印制电路板有什么不同？

11. 用于 PCB 基板的材料主要有哪些类型？各有什么特点？

12. SMB 设计的基本原则有哪些？

13. 分别叙述 SMC 片式元件、SOP 的焊盘图形设计方法与规则。

14. SMB 上测试点应如何布设？

15. 单面印制电路板与双面印制电路板在材料、工艺、使用中有什么不同？

16. 叙述双面印制电路板的典型制造工艺流程。

17. 在印制电路板的制造中，关键工艺主要有几种？其工艺有何特点？

18. 简述手工制作印制电路板的步骤和方法。

材料准备和手工焊接

项 目 概 述

项目描述

本项目以遥控门铃、收音机等电子产品的装配为依托，根据设计文件和工艺文件要求，组织学生对遥控门铃所需的元器件进行成形、插装、焊接，使学生了解元器件的成形工艺、插装工艺和手工焊接工艺，根据工艺文件进行元器件检验、成形、判别元器件好坏。

项目知识目标

（1）掌握电子产品装配中常用焊料、助焊剂、阻焊剂的特性和使用原则。
（2）掌握常用工具和设备的基本性能。
（3）熟悉元器件成形工艺。
（4）掌握导线加工工艺，了解扎线工艺。
（5）掌握判断焊点好坏的标准。

项目技能目标

（1）学会常用安装工具的使用方法。
（2）学会电烙铁的使用、维修。
（3）学会元器件引脚成形方法。

（4）学会导线截线、剥头、捻头、搪锡的方法。

（5）学会使用电烙铁、维护维修电烙铁。

（6）学会手工焊接方法。

🔶 项目要求

按照图4-1所示收音机电路原理图，根据学习掌握的知识和技能，对收音机原材料进行清点、质量检验，对元器件进行成形、剪脚、搪锡，手工进行插装，用电烙铁进行焊接，完成对收音机印制电路板焊接。

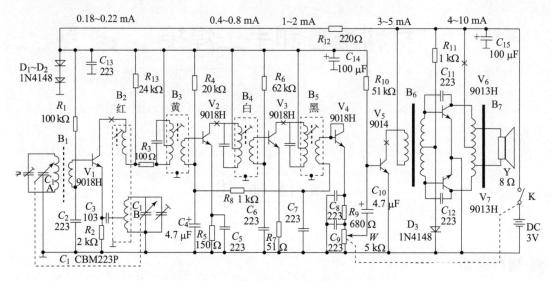

图4-1　HX108型收音机电路原理图

4.1　元器件成形

在电子产品开始插装以前，除了要事先做好对于元器件的测试筛选以外，还要进行两项准备工作：一是要检查元器件引线的可焊性，若可焊性不好，就必须进行镀锡处理；二是要根据元器件在印制电路板上的安装形式，对元器件的引线进行成形，使之符合在印制电路板上的安装孔位。

4.1.1　常用材料准备和装配中的五金工具

1. 螺丝刀

螺丝刀是一种紧固或拆卸螺钉的工具。螺丝刀式样和规格很多，按头部形状不同可分为一字形和十字形两种，如图4-2所示。一字形螺丝刀专供紧固或拆卸一字槽的螺钉，常用的规格有 50 mm、100 mm、150 mm 和 200 mm 等。十字形螺丝刀专供紧固或拆卸十字槽的螺钉，常用的规格有四个：Ⅰ号适用于螺钉直径为 2 ~ 2.5 mm，Ⅱ号为 3 ~ 5 mm，Ⅲ号为 6 ~ 8 mm，Ⅳ号为 10 ~ 12 mm。按握柄材料不同，螺丝刀又可分为木柄和塑料柄两种。

使用螺丝刀紧固或拆卸带电的螺钉时，手不得触及螺丝刀的金属杆，以免发生触电事故。为了避免螺丝刀的金属杆触及皮肤或触及临近带电体，应在金属杆上串套绝缘管。

（a）　　　　　　　　　（b）

图 4 - 2　螺丝刀的形状

（a）一字形螺丝刀；（b）十字形螺丝刀

2. 钢丝钳

钢丝钳如图 4 - 3 所示，由钳头和钳柄两部分组成，钳头由钳口、齿口、刀口和侧口四部分组成，常用的规格有 150 mm、175 mm 和 200 mm 三种。钢丝钳的用途很多，钳口可用来弯铰或钳夹导线线头；齿口可用来紧固或起松螺母；刀口可用来剪切导线或剥削导线绝缘层；侧口可用来侧切电线线芯、钢丝或铅丝等较硬金属。

使用电工钢丝钳以前，必须检查绝缘柄的绝缘是否完好。绝缘如果损坏，进行带电作业时会发生触电事故。用电工钢丝钳剪切带电导线时，不得用刀口同时剪切相线和中性线，以免发生短路。

3. 尖嘴钳

尖嘴钳的头部尖细，适用于在狭小的工作空间操作。尖嘴钳也有铁柄和绝缘柄两种，绝缘柄的耐压值通常为 500 V，其外形如图 4 - 4 所示。

尖嘴钳可以用来剪断细小金属丝，还可以用来夹持较小螺钉、垫圈、导线等元件。

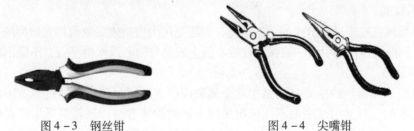

图 4 - 3　钢丝钳　　　　　　　　　图 4 - 4　尖嘴钳

4. 斜口钳

斜口钳又称为断线钳，钳柄有铁柄、绝缘柄等形式，其中常用的绝缘柄断线钳的外形如图 4 - 5 所示，耐压通常为 1 000 V。

图 4 - 5　斜口钳

斜口钳是专供剪断较粗的金属丝、线材及电线电缆等使用。

5. 剥线钳

剥线钳是用于剥削小直径导线绝缘层的专用工具，其外形如图4-6所示。它的手柄是绝缘的，耐压通常为500 V。

使用剥线钳时，将要剥削的绝缘长度用标尺定好以后，即可把导线放入相应的刀口中（比导线直径稍大），用手将钳柄一捏，导线的绝缘层即被剥掉并自动弹出。

图4-6　剥线钳

6. 镊子

镊子是电子电器装配中必不可少的小工具，主要用于夹持导线线头、元器件等小型工件或物品。镊子通常由不锈钢制成，有较强的弹性，头部较宽、较硬且弹性较强的可以夹持较大物件，反之可以夹持较小物件。镊子的形状如图4-7所示。

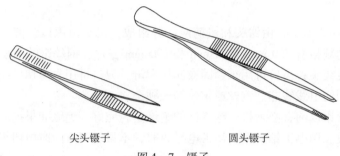

尖头镊子　　　　　　　　　圆头镊子

图4-7　镊子

4.1.2　元器件预处理

元器件引线在成形前必须进行加工处理。引线的加工处理主要包括引线的校直、表面清洁及上锡等步骤，引线处理后，要求不允许有伤痕、镀锡层均匀、表面光滑、无毛刺和残留物。

1. 引线校直

引线预处理首先要进行引线的手工校直，方法是用尖嘴钳或平嘴钳将元器件的引线沿原始角度拉直，轴向元器件的引线一般保持在轴心线上或是与轴心线保持平行，不能出现凹凸。

2. 表面清洁

进行引线表面清洁的主要目的是去除金属表面的氧化层、锈迹和油迹等。因此，表面清洁是十分重要的。针对引线表面不同情况采用不同的清洁方法：较轻的污垢只需用酒精或丙酮擦洗；而对于严重的腐蚀性污点要用刀刮或用砂纸打磨等机械办法去除；镀金引线可以使用绘图橡皮擦除引线表面的污物；镀铅锡合金的引线可以在较长的时间内保持良好的可焊性，故可以免除清洁步骤；镀银引线容易产生不可焊接的黑色氧化膜，须用小刀轻轻刮去镀银层，注意不要划伤引线表面，不得将引线切伤或折断，也不要刮元器件引线的根部（根部应留3 mm左右）。

3. 浸蘸助焊剂

电子元器件的引线浸蘸助焊剂后，助焊剂可以在焊料表面形成隔离层，防止焊接面的氧化。

4. 搪锡

所谓搪锡，实际就是用液态焊锡对被焊金属表面浸润，形成一层既不同于被焊金属又不同于焊锡的结合层。搪锡可以有效提高焊接的质量和速度，尤其是对于一些可焊性差的元器件，搪锡更是至关紧要的。在小批量生产中，可以使用焊锡锅进行搪锡，如图4-8所示，也可以用电烙铁手工搪锡。

图4-8 焊锡锅

搪锡的具体方法为：

①电阻器、电容器的引线镀锡。首先用刮刀刮去待镀锡的电阻器、电容器引线的氧化膜，然后将电阻器、电容器的引线插入熔融锡铅中，元器件外壳距离液面保持3 mm以上，浸涂时间为2~3 s。

②半导体元件的引线镀锡。半导体元件对热度比较敏感，将引线插入熔融锡铅中，元器件外壳距离液面保持5 mm以上，浸涂时间1~2 s，时间过长，会导致大量热量传到器件内部，易造成器件变质、损坏。通常可以利用酒精将引线上的余热散去。

③带孔小型焊片的镀锡。有孔的小型焊片浸锡要没过孔2~5 mm，保持小孔畅通无堵。

4.1.3 元器件引线成形

对于通孔安装的元器件，在安装前，都要对引线进行成形处理。为保证引线成形的质量和一致性，应使用专用工具和设备来成形。目前，元器件引线成形的主要方法有专用模具成形、专用设备成形。小规模生产时常用模具手工成形，模具的垂直方向开有供插入元件引线的长条形孔，孔距等于格距。将元器件的引线从上方插入长条形孔后，插入插杆，引线即成形。然后拔出插杆，把元器件水平移动即可成形。这种办法，加工的引线一致性好。在自动化程度高的工厂，成形工序是在流水线上自动完成的，如采用电动、气动等专用引线成形机。在没有专用工具或加工少量元器件时，可采用手工成形，一般使用平口钳、尖嘴钳、镊子等工具。如图4-9所示。

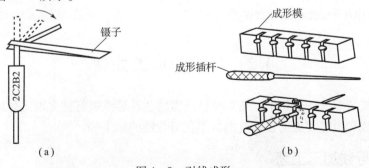

图4-9 引线成形
(a) 手工弯折方法；(b) 专用模具成形引线

对于手工插装和手工焊接的元器件，一般把引线加工成如图4-10所示的形状；对采用自动焊接元器件，最好把引线加工成如图4-11所示的形状。

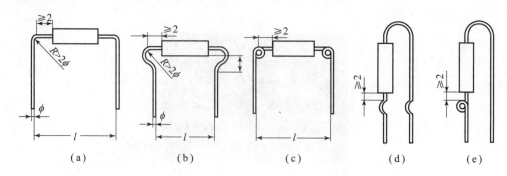

图4-10　手工插装元器件的引线成形

引线成形的基本要求是：

①引线成形后，元器件本体不应产生破裂，表面封装不应损坏，引线弯曲部分不允许出现模印、压痕和裂纹。

②成形时，引线弯折处距离引线根部尺寸应大于2 mm，以防止引线折断或被拉出。

③引线弯曲半径应大于两倍引线直径，以减少弯折处的机械应力。对立式安装，引线弯曲半径应大于元器件的外形半径。

④凡有标记的元器件，引线成形后，其标记符号应在查看方便的位置。

⑤引线成形后，两引线要平行，其间的距离应与印制电路板两焊盘孔的距离相同，对于卧式安装，两引线左右弯折要对称，以便于插装。

⑥对于自动焊接方式，可能会出现因振动使元器件歪斜或浮起等缺陷，宜采用具有弯弧形的引线。

⑦晶体管及其他在焊接过程中对热敏感的元件，其引线可加工成圆环形，如图4-12所示，以加长引线，减小热冲击。

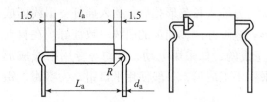
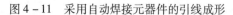
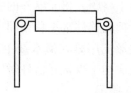

图4-11　采用自动焊接元器件的引线成形　　　图4-12　易受热损坏元器件的引线成形

4.2　导线的加工处理

在电子整机装配准备工作中，要对整机所需的各种导线进行预先加工处理。导线加工处理通常包括导线和电缆的加工、线扎的制作及组合件的加工等。

4.2.1　导线加工工艺

导线在电子产品整机中是必不可少的连接器材，它在电路之间起传递信号的作用。在整机装配前必须对所使用的线材进行加工。导线加工工艺一般包括绝缘导线加工工艺和屏蔽导线端头加工工艺。

绝缘导线加工工序为：剪裁→剥头→清洁→捻头（对多股线）→浸锡。各工序的操作流程和注意事项如下。

1. 剪裁

按工艺文件中导线加工表的要求，用斜口钳或下线机等工具对所需导线进行剪切。下料时应做到：长度准、切口整齐、不损伤导线及绝缘皮（漆），截线应留一定余量。导线剪裁应按先长后短的顺序，用斜口钳、自动剪线机或半自动剪线机进行剪切。剪裁绝缘导线时要拉直再剪，导线的绝缘层不允许损伤，否则会降低其绝缘性能。剪线要按工艺文件中的导线加工表规定进行，长度应符合公差要求。一般情况下，导线裁剪长度应为正公差，以保证使用。

2. 剥头

将绝缘导线的两端用剥线钳等工具去掉一段绝缘层而露出芯线称为剥头，剥头后的导线如图 4 – 13 所示。在生产中，剥头长度应符合工艺文件（导线加工表）的要求。剥头时应做到：绝缘层剥除整齐，芯线无损伤、断股等。剥头长度应根据芯线截面积和接线端子的形状来确定，长度一般为 10 ~ 12 mm。

图 4 – 13 剥头后的导线

3. 清洁

绝缘导线在空气中长时间放置，导线端头易被氧化，有些芯线上有油漆层，故在浸锡前应进行清洁处理，除去芯线表面的氧化层和油漆层，提高导线端头的可焊性。清洁的方法有两种：一种是用小刀刮去芯线的氧化层和油漆层，在刮时注意用力适度，同时应转动导线，以便全面刮掉氧化层和油漆层；二是用砂纸清除掉芯线上的氧化层和油漆层，用砂纸清除时，砂纸应由导线的绝缘层端向端头单向运动，以避免损伤导线。

4. 捻头

多股芯线易松散开，因此必须进行捻头处理，以防止浸锡后线端直径太粗。经过清洁后用镊子或捻头机把松散的芯线绞合整齐，捻头后的导线如图 4 – 14 所示。捻头时应按原来合股方向扭紧，用力不宜过猛，以防捻断芯线。大批量生产时可使用捻头机进行捻头。

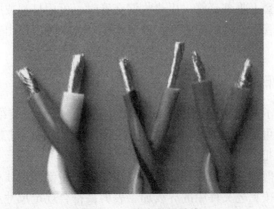

图 4 – 14 捻头后的导线

5. 手工电烙铁搪锡

经过剥头和捻头的导线应及时搪锡，以防止氧化。搪锡的方法是接通电烙铁电源，让其加热，左手拿一根导线，导线需要搪锡的一端靠近松香，右手手握电烙铁，烙铁头沾上一些焊锡，用烙铁头碰一下松香，让松香熔化，左手的导线迅速插入熔化的松香中，同时电烙铁头靠近搪锡的导线头，上下移动一下，然后迅速撤离左右手，放好导线让其冷却。

4.2.2　带屏蔽的导线及电缆的预处理

所谓带屏蔽的导线是指在普通导线外再加上金属屏蔽层和保护层而构成的导线。为使屏蔽导线及电缆有更好的屏蔽效果，在对屏蔽导线及电缆进行端头处理时应注意以下几点（如图4－15所示）：

①去除的屏蔽层不能太长，否则会影响屏蔽效果。一般去除的长度应根据屏蔽线的工作电压而定，如600 V以下时，可去除10～20 mm；600 V以上时，可去除20～30 mm。

②屏蔽导线的屏蔽层一般是接地端，焊接前应预浸锡。浸锡时要用尖嘴钳夹住，否则会向上渗锡，形成很长的硬结。

③为了保证屏蔽导线焊接后，不出现短路现象，一般在焊接时，要剪一段热缩套管或黄蜡管套在焊接处，以保护焊点，如图4－16所示。

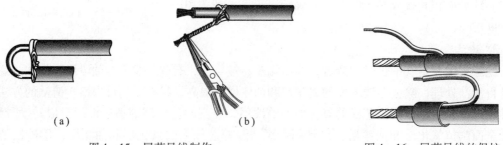

图4－15　屏蔽导线制作　　　　　　　图4－16　屏蔽导线的保护
（a）屏蔽线抽头；（b）屏蔽线端浸锡

④对屏蔽层较粗、较硬的屏蔽导线，可事先剪去适当长的屏蔽层，在屏蔽层下面缠黄蜡绸布2～3层（或用适当直径的玻璃纤维套管）；再用直径为0.5～0.8 mm的镀银铜裸线密绕在屏蔽层的端头，宽度为2～6 mm；然后用电烙铁将绕好的铜线焊在一起，再空绕一圈并留出一定的长度；最后套上收缩套管。用热收缩套管时，可用灯泡或电烙铁烘烤，收缩套紧即可；用稀释剂软化套管时，可将套管泡在香蕉水中半个小时后取出套上，待香蕉水挥发尽后便可套紧。

4.2.3　线扎制作

在电子产品中，为了简化装配结构，减少占用空间，方便安装维修，一般要求走线整洁，以使电气性能稳定可靠。通常将同类型的导线绑扎在一起，成为具有一定形状的导线束，常称之为线扎（线把、线束）。

线扎制作过程为：剪裁导线及线端加工→线端印标记→制作配线板→排线→扎线。剪裁导线及加工线端时，要按工艺文件中的导线加工表剪裁符合规定尺寸和规格的导线，并进行剥头、捻头、浸锡等线端加工。线端要印标记，导线编号标记位置应在离绝缘端8～15 mm

处，色环标记在 10~20 mm 处，字迹要清楚，方向应一致，数字大小应与导线粗细相配。排线时，屏蔽导线应尽量放在下面，然后按先短后长的顺序排完所有导线。如果导线较多不易放稳时，可在排完一部分导线后，用废导线临时绑扎在线束的主要位置上，待所有导线排完后，拆除废导线。

扎线方法较多，主要有线扎搭扣绑扎、线绳绑扎、黏合剂结扎等。

1. 线扎搭扣绑扎

线扎搭扣又叫线卡子、卡箍等，其式样较多，搭扣一般用尼龙或其他较柔软的塑料制成。绑扎时可用专用工具拉紧，最后剪去多余部分。线扎搭扣形状如图 4-17 所示。

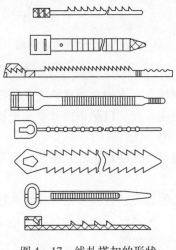

图 4-17 线扎搭扣的形状

2. 线绳绑扎

捆扎线有棉线、尼龙线、亚麻线等。线绳绑扎的优点是价格便宜，但在批量大时工作量较大。为防止打滑，捆扎线要用石蜡或地蜡进行浸渍处理，但温度不宜太高。捆扎线方式如图 4-18 所示。

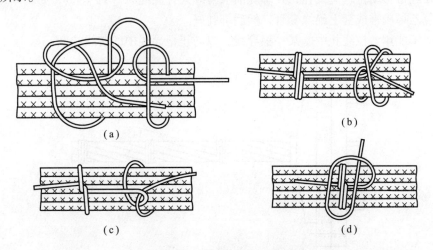

图 4-18 捆扎线方式示意图

（a）起始线扣；（b）绕两圈的中间线扣；（c）绕一圈的中间线扣；（d）终端线扣

3. 黏合剂结扎

当导线比较少时，可用黏合剂——四氢化呋喃黏合成线束，如图 4 – 19 所示。操作时，应注意黏合完成后，不要立即移动线束，要经过 2 ~ 3 min 待黏合剂凝固以后方可移动。

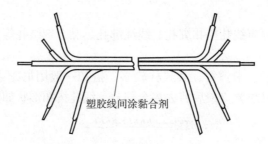

塑胶线间涂黏合剂

图 4 – 19　黏合剂结扎示意图

线扎制作时，一般要求：

①绑入线扎中的导线应排列整齐，不得有明显的交叉和扭转。

②不应把电源线和信号线捆在一起，以防止信号受到干扰；导线束不要形成环路，以防止磁力线通过环形线，产生磁、电干扰。

③导线端头应打印标记或编号，以便在装配、维修时容易识别；线扎内应留有适量的备用导线，以便于更换。

④备用导线应是线扎中最长的导线；线扎要用绳或线扎搭扣绑扎，但不宜绑得太松或太紧，绑得太松会失去线扎的作用，太紧又可能损伤导线的绝缘层；同时，打结时系结不应倾斜，也不能系成椭圆形，以防止线束松散。

⑤结与结之间的距离要均匀，间距的大小要视线扎直径的大小而定，一般间距取线扎直径的 2 ~ 3 倍，在绑扎时还应根据线扎的分支情况适当增加或减少结扎点。

⑥为了美观，结扣一律打在线束下面；线扎分支处应有足够的圆弧过渡，以防止导线受损；通常弯曲半径应比线扎直径大两倍以上。

⑦需要经常移动位置的线扎，在绑扎前应将线束拧成绳状（约 15°），如图 4 – 20 所示，并缠绕聚氯乙烯胶带或套上绝缘套管，然后绑扎好。

⑧扎时不能用力拉线扎中的某一根导线，以防止把导线中的芯线拉断。

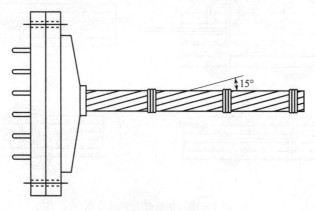

15°

图 4 – 20　线束拧成绳状角度

4.3 元器件插装

印制电路板组装是将电子元器件按一定方向和次序插装到印制电路板规定的位置上，并用紧固件或锡焊方法将元器件固定的过程。

4.3.1 通孔印制电路板插装方式

通孔 PCB 组件的插装方式分自动方式和手工方式。

1. 自动方式（流水线插装、自动焊接）

对于设计稳定、有一定批量生产的产品，印制电路板装配工作量大，宜采用流水线装配，这种方式可大大提高生产效率，减小差错，提高产品合格率。流水线插装、自动焊接工艺流程如图 4-21 所示。

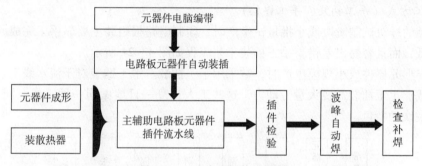

图 4-21 流水线插装流程图

自动插装的主要设备是插件机，插件机的功能是将规定的电子元器件插入并固定在印制电路板的安装孔中。根据元器件插装时的方向不同，自动插件机分为：水平（轴向）式，适合电阻、跨接线（裸铜线）等轴向元件的水平安装；立（径向）式，适合电容器、三极管等径向元器件的立式安装。

自动插件机一般都可以完成 X、Y 方向任意一个轴向元件装插，并设有保证插装质量的自动监测系统，以防止误插、漏插等缺陷。自动插件机的缺点是设备成本高，对印制电路板的尺寸和元器件的形状等有严格的要求，因此对不宜自动插装的元器件，仍需在自动插装后用手工插装。图 4-22 为某型号自动插件机外形图。

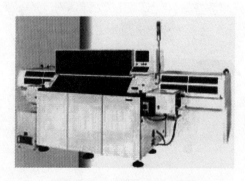

图 4-22 自动插件机外形图

元器件插装方式可分为卧式和立式。卧式又称为贴板安装,如图4-23(a)所示,卧式安装不利于散热,故采用立式安装较多。立式安装如图4-23(b)所示,根据插装方法的不同,元器件引出线成形形状有两种类型。

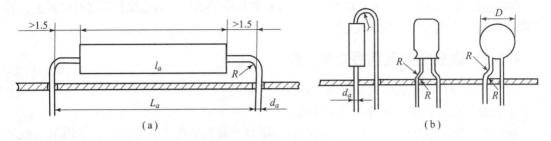

图4-23 元器件引出线成形形状

(a)卧式安装;(b)立式安装

2. 手工方式(手工插装、手工焊接)

在产品的样机试制阶段或小批量试生产时,印制电路板组装主要靠手工完成。这种操作方式效率低,而且容易出差错。手工插装工艺流程如图4-24所示。

对于异形元器件或小规模生产时,常采用手工插装。手工插装对于流水线工艺安排而言是一种挑战。手工插装需要大量劳动力,这些工人日复一日地做同一种工作、同一个动作,是手工插装线的特色。

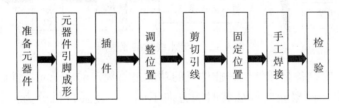

图4-24 手工插装工艺流程

4.3.2 元器件的编带

在使用自动插件机插件前,需要对元器件进行编带。元器件编带由编带机完成,图4-25为元器件自动编带机图。

图4-25 元器件自动编带机

元器件编带是指按照印制电路板上电阻元件自动装插的路线。装插路线一般按 Z 字形走向，在编带机的编辑机上进行编带程序编辑，编带程序反映了各种规格的电阻器按此装插路线进行插件的顺序。将编带程序输入编带机的控制电脑，编带机就根据电脑发出的指令控制编带机运行，并把编带机料架上放置的不同阻值的电阻带料自动编排成按装插路线顺序排列的料带。编带过程中若发生元件掉落或元件不符合程序要求时，编带机的电脑自动监测系统会自动停止编带，纠正错误后编带机继续往下运行，保证编出的料带完全符合编带程序要求。元件带料的编排速度由电脑控制，编排速度 1 小时可达 25 000 个。电阻器带料图如图 4 - 26 所示，图 4 - 26（a）为轴向编带，图 4 - 26（b）为径向编带。

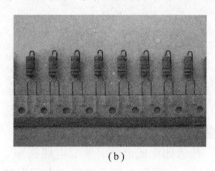

图 4 - 26　元器件的编带图
（a）轴向元器件的编带；（b）径向元器件的编带

4.3.3　元器件插装原则

将元器件插装到印制电路板上，应按工艺指导卡进行，元器件的插装总原则为：应遵循先小后大、先轻后重、先低后高、先里后外的顺序，先插装的元器件不能妨碍后插装的元器件。插装元器件还要注意以下几点。

（1）要根据产品的特点和企业的设备条件安排装配的顺序。

（2）尽量减少插件岗位的元器件种类，同一种元器件尽可能安排给同一岗位。

（3）所有组装件应按设计文件及工艺文件要求进行装连，装连过程应严格按工艺文件中的工序进行。

（4）插装高频电路的元器件时应十分注意设计文件和工艺文件要求。

（5）凡带有金属外壳的元器件插装时，必须在与印制电路板的印制导线相接触部位用绝缘体衬垫。

（6）凡不宜采用波峰焊接工艺的元器件，一般先不装入印制电路板，待波峰焊接后按要求装连。

（7）每个连接盘只允许插装一根元器件引线。

（8）装连在印制电路板上的元器件不允许重叠，并保证在不必移动其他元器件情况下就可拆装元器件。

（9）凡插装静电敏感元件时，一定要在防静电的工作台上进行。

4.3.4　一般元器件的插装要求

（1）尽量使元器件的标记（用色码或字符标注的数值、精度等）朝上或朝着易于辨认的方向，并注意标记的读数方向一致（从左到右或从上到下），这样有利于检验人员直观检查。

（2）卧式安装的元器件，尽量使两端引线的长度相等对称，把元器件放在两孔中央，排列要整齐，如图4-27所示，立式安装的色环电阻应该高度一致，最好让起始色环向上以便检查安装是否错误，上端的引线不要留得太长，以免与其他元器件接触短路。

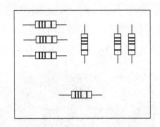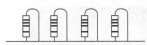

图4-27　元器件的插装

（3）当元器件引线穿过印制电路板后，折弯方向应沿印制导线方向，紧贴焊盘，折弯长度不应超出焊接区边缘或规定的范围。

（4）凡诸如集成电路、集成电路插座、微型插孔、多头插头等多引线元件，在插入印制电路板前，必须用专用平口钳或专用设备将引线校正，不允许强力插装，力求引线对准孔的中心。

（5）0.5 W以上的电阻一般不允许紧贴印制电路板上装接，应根据其耗散功率大小，使其电阻壳体距印制电路板留有2～6 mm间距。

（6）装配中，如两个元器件相碰，应调整或采用绝缘材料进行隔离。

（7）有极性的元器件，插装时要保证方向正确。

（8）元器件引线、导线在接线端子上安装时卷绕最少为1/2匝，但不超过3/4匝。

（9）组装在印制电路板上的元器件的质量超过30 g时，可采用粘固或绑扎加以支撑。

4.3.5　特殊元器件的插装要求

（1）大功率三极管、电源变压器、彩色电视机高压包等大型元器件的插装孔要用铜铆钉加固。体积、质量都较大的大容量电解电容器，容易发生元件歪斜、引线折断及焊点焊盘损坏现象。为此，必要时，这种元件的装插孔除用铜铆钉加固外，还要用黄色硅胶将其底部粘在印制电路板上。

（2）中频变压器、输出输入变压器带有固定插脚，插入印制电路板插孔后，需将插脚压倒，以便锡焊固定。较大的电源变压器则采用螺钉固定，并加弹簧垫圈防止螺钉、螺母松动。

（3）集成电路引线脚比晶体管及其他元器件多得多，引线间距也小，插装前应用夹具整形，插装时要弄清引脚排列顺序，并和插孔位置对准，用力时要均匀，不要倾斜，以防引线脚折断或偏斜。

（4）电源变压器、电视机高频头、中放集成块、遥控红外接收头等需要屏蔽的元器件，插装后，屏蔽装置的接地应良好。

4.4 常用焊接材料

4.4.1 焊接基础知识

1. 锡焊分类

焊接一般分三大类：熔焊、接触焊和钎焊。

熔焊是指在焊接过程中，将焊件接头加热至熔化状态，在不外加压力的情况下完成焊接的方法，如电弧焊、气焊等。

接触焊是指在焊接过程中，必须对焊件施加压力（加热或不加热）完成焊接的方法，如超声波焊、脉冲焊、摩擦焊等。

钎焊采用比被焊件熔点低的金属材料作焊料，将焊件和焊料加热到高于焊料的熔点而低于被焊物熔点的温度，利用液态焊料润湿被焊物，并与被焊物相互扩散，实现连接。钎焊根据使用焊料熔点的不同又可分为硬钎焊和软钎焊。电子产品安装工艺中所谓的"焊接"就是软钎焊的一种，主要使用锡、铅等低熔点合金材料作焊料，因此俗称"锡焊"。

2. 焊接的机理

焊接分两个过程：润湿过程和扩散过程。

熔融的焊料在被焊金属表面上形成均匀、平滑、连续并且附着牢固的合金的过程，称为焊料在母材表面的润湿。浸润程度主要取决于焊件表面的清洁程度及焊料的表面张力。金属表面看起来是比较光滑的，但在显微镜下面看，有无数的凸凹不平、晶界和伤痕，焊料就是沿着这些表面上的凸凹和伤痕靠毛细作用润湿扩散开去的，因此焊接时应使焊锡流淌。流淌的过程一般是松香在前面清除氧化膜，焊锡紧跟其后，所以说润湿基本上是熔化的焊料沿着物体表面横向流动。

润湿的好坏用润湿角表示，如图4-28所示。

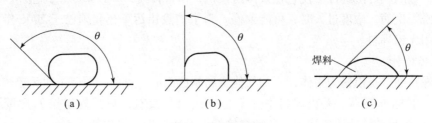

图4-28 润湿角

(a) $\theta > 90°$不润湿；(b) $\theta = 90°$润湿不良；(c) $\theta < 90°$润湿良好

几乎在润湿的同时，焊料与金属表面分子互相扩散，在接触面形成 3～10 μm 厚合金层，称为扩散过程。一个好的焊点必须具备优良的导电性能，同时必须具备良好的机械性能，使元器件牢牢固定在 PCB 板上。焊接要素包括可焊部位必须清洁，焊接工具、焊锡、助焊剂的正确选择，温度适当和正确的工作方法。

4.4.2 焊料

1. 焊料的种类

焊料是焊接中用来连接被焊金属与易熔的金属及其合金，焊料的熔点比被焊物熔点低，而且要易于与被焊物连为一体。

焊料按其组成成分，可分为锡铅焊料、银焊料、铜焊料和无铅焊料。不同的焊料具有不同的焊接特性，应根据焊接点的不同要求来合理选择。

2. 锡铅焊料

在前些年，工业生产中使用的焊料绝大多数是锡铅焊料，俗称焊锡。在市场上出售的焊锡，由于生产厂家的不同其配制比例也有很大差别。如果焊料中 Sn 和 Pb 的配比为 62.7% 和 37.3%，这种焊料在焊接时不经过半凝固状态，而熔点与凝固点相同（均为 183 ℃），称为共晶焊料，其优点是：熔点低，结晶间隔短，流动性好，机械强度高。

市场上常见的焊锡配比还有：①60% Sn、32% Pb，熔点 182 ℃；②50% Sn、32% Pb、18% Cd，熔点 145 ℃；③35% Sn、42% Pb、23% Bi，熔点 150 ℃。这些锡铅焊料都具有熔点低、抗腐蚀性能好、凝固快、成本低、与铜及其他合金的钎焊性能好、导电性能好等优点，具体如下：

（1）熔点低。使用 25 W 外热式或 20 W 内热式电烙铁便可进行焊接。

（2）具有一定机械强度。因锡铅合金的强度比纯锡、纯铅的强度要高，本身重量较轻，对焊点强度要求不是很高，故能满足其焊点的强度要求。

（3）具有良好的导电性能。

（4）抗腐蚀性能好。焊接好的印制电路板不必涂抹任何保护层就能抵抗大气的腐蚀，从而减少了工艺流程，降低了成本。

（5）对元器件引线和其他导线的附着力强，不易脱落。

由于用锡铅焊料制造的电子产品报废以后，焊料中的铅易溶于含氧的水中，污染水源，破坏环境；且因其可溶解性会使它在人体内累积，损害神经，导致呆滞、高血压、贫血、生殖功能障碍等疾病，浓度过大时，可能致癌。为了消除铅污染，我国已于 2006 年 7 月 1 日起广泛采用无铅焊料。

3. 无铅焊料

无铅焊料通常是以锡为主体，添加其他金属制造而成。目前，国际上对无铅焊料的成分并没有统一的标准要求。无铅焊料中并不是一点铅都没有，只是规定铅的含量必须少于 0.1%。无铅焊料的性能比较稳定，各种焊接特性参数接近有铅焊料。

1）对无铅焊料的技术要求

无铅合金焊料应该无毒或毒性极低，现在和将来都不会成为新的污染源；导电率、导热率、润湿性、机械强度和抗老化性等性能，至少应该相当于当前使用的锡铅共晶焊料；并且应该容易检验焊接质量，容易修理有缺陷的焊点；所选用的材料能保证充分供应且价格便宜；使用无铅焊料进行焊接，尽可能不需要更换原有的设备，不需要改变工艺条件。

2）无铅焊料的特点和性能

（1）Sn – Ag 系列焊料。这种焊料的机械性能、拉伸强度、蠕变特性及耐热、耐老化性能比锡铅共晶焊料优越，延展性稍差。主要缺点是熔点温度偏高、润湿性差、成本高。

现在已经投入使用最多的无铅焊料就是这种合金，配比为96.3% Sn、3.2% Ag、0.5% Cu，美国推荐使用的配比是94.5% Sn、4.0% Ag、0.5% Cu，日本推荐的配比是96.2% Sn、3.2% Ag、0.6% Cu，其熔点为217~218 ℃。

（2）Sn-Zn系列焊料。这种焊料的机械性能、拉伸强度比锡铅共晶焊料好，可以拉成焊料线材使用；蠕变特性好，变形速度慢，拉伸变形至断裂的时间长；主要缺点是Zn极容易氧化，润湿性和稳定性差，具有腐蚀性。

（3）Sn-Bi系列焊料。这种焊料是在Sn-Ag系列的基础上，添加适量的Bi组成。其优点是熔点低，与锡铅共晶焊料的熔点相近；蠕变特性好，增大了拉伸强度；缺点是延展性差，质地硬且脆，可加工性差，不能拉成焊料线材。

3）无铅焊料存在的缺陷

现在，无铅焊料已经在国内众多电子制造企业中开始使用，但它目前仍然存在一些缺陷，仅就一般手工焊接来说，无铅焊料在焊接时，润湿、扩展的面积只有锡铅共晶焊料的1/3左右。无铅焊料的熔点一般比锡铅共晶焊料的熔点高34~44 ℃，这就要求电烙铁的工作在比较高的温度区域，会使烙铁头更容易氧化，使用寿命变短。

因此，使用无铅焊料进行手工焊接必须注意选用热量稳定、均匀的电烙铁。在使用无铅焊料进行焊接作业时，出于对元器件耐热性以及安全作业的考虑，一般应当选择烙铁头温度在350~370 ℃以下的电烙铁。控制烙铁头的温度非常重要，要根据使用的焊料，选择最合适的烙铁头，设定焊接温度并随时调整。

4. 常用焊料的形状

焊料在使用时常按规定的尺寸加工成形，有片状、块状、棒状、带状和丝状等多种。

1）丝状焊料

通常称为焊锡丝，中心包着松香，叫松脂芯焊丝，手工烙铁锡焊时常用。松脂芯焊丝的外径通常有0.5 mm、0.6 mm、0.8 mm、1.0 mm、1.2 mm、1.6 mm、2.0 mm、2.3 mm、3.0 mm等规格。

2）片状焊料

常用于硅片及其他片状焊件的焊接。

3）带状焊料

常用于自动装配的生产线上，用自动焊机从制成带状的焊料上冲切一段进行焊接，以提高生产效率。

4）焊料膏

将焊料与助焊剂拌和在一起制成，焊接时先将焊料膏涂在印制电路板上，然后进行焊接。焊料膏在自动贴片工艺上已经大量使用。

4.4.3　助焊剂

在进行焊接时，为能使被焊物与焊料焊接牢固，要求金属表面无氧化物和杂质，以保证焊锡与被焊物的金属表面固体结晶组织之间发生合金反应，即原子状态互相扩散，因此焊接开始之前，必须采取有效措施除去氧化物和杂质。除去氧化物和杂质，通常用机械方法和化学方法。机械方法是用砂纸或刀子将其清除。化学方法是用助焊剂清除。用助焊剂清除具有不损坏被焊物和效率高的特点，因此焊接时一般采用此法。

助焊剂，简称焊剂，是焊接过程中不可缺少的辅料。焊接效果的好坏，除了与焊接工艺、元器件和印制电路板的质量有关外，助焊剂的选择也是十分重要的。助焊剂除了有去氧化物的功能外，还可以防止加热时金属被氧化；帮助焊料流动，减小表面张力；将热量从烙铁头快速传递到焊料和被焊物的表面。

1. 助焊剂的化学组成

传统的助焊剂通常以松香为基体。松香具有弱酸性和热熔流动性，并具有良好的绝缘性、耐湿性、无腐蚀性、无毒性和长期稳定性，是性能优良的助焊材料。

目前企业采用的大多是以松香为基体的活性助焊剂。由于松香随着品种、产地和生产工艺的不同，其化学组成和性能有较大的差异，因此，对松香优选是保证助焊剂质量的关键。通用的助焊剂还包括以下成分：活性剂、成膜物质、添加剂和溶剂等。

活性剂是为提高助焊能力而加入的活性物质，它对焊剂净化焊料和被焊件表面起主要作用。在焊剂中，活性剂的添加量较少，通常为 1% ~ 5%，但在焊接时起很大的作用。若为含氯的化合物，其氯含量应控制在 0.2% 以下。活性剂分为无机活性剂和有机活性剂两种：无机活性剂，如氯化锌、氯化铵等，助焊性好，但作用时间长，腐蚀性大，不宜在电子装连中使用；有机活性剂，如有机酸及有机卤化物，作用柔和，时间短，腐蚀性小，电气绝缘性好，适宜在电子产品装连中使用。

成膜物质能在焊接后形成一层紧密的有机膜，保护了焊点和基板，具有防腐蚀性和优良的电气绝缘性。常用的成膜物质有松香、酚醛树脂、丙烯酸树脂、氯乙烯树脂、聚氨酯等。一般加入量在 10% ~ 20%，加入过多会影响扩展率，使助焊作用下降。

添加剂是为适应工艺和工艺环境而加入的具有特殊物理和化学性能的物质。常用的添加剂有调节剂、消光剂、缓蚀剂、光亮剂等。调节剂是为调节助焊剂的酸性而加入的材料；消光剂能使焊点消光，以便在操作和检验时克服眼睛疲劳和视力衰退，一般加入量约为 5%；缓蚀剂既能保护印制电路板和元器件引线，具有防潮、防霉、防腐蚀性能，又能保持优良的可焊性。如果要使焊点光亮，可加入甘油、三乙醇胺等光亮剂，一般加入量约为 1%。

由于使用的助焊剂大多是液态的，为此，必须将助焊剂的固体成分溶解在一定的溶剂里，使之成为均相溶剂。一般多采用异丙醇和乙醇作为溶剂。

2. 助焊剂的种类

助焊剂可按不同的方法分类，按助焊剂活性分，可分为：低活性（R）、中等活性（RMA）、高活性（RA）、特别活性（RSA）四种。低活性助焊剂用于较高级别的电子产品，可实现免清洗；中等活性助焊剂用于民用电子产品；高活性助焊剂用于可焊性差的元器件；特别活性助焊剂用于可焊性差的元器件或含有镍铁合金的元器件。

按化学成分分类，可分为：松香系列焊剂、合成焊剂、有机焊剂。松香是最普通的助焊剂，其主要成分是松香酸及其同素异形体、有机多脂酸和碳氢化萜。松香系中的 RMA 型通常以液体形式用于波峰焊接，以焊剂形式用于焊锡膏。RA 型广泛用于工业和消费类电子产品的制造，如收音机、电视机和电话机等产品。合成焊剂的主要成分是合成树脂，可根据用途不同配成不同类型，主要用于波峰焊中。采用合成树脂和松香焊剂组成的合成焊剂可以解决双波峰焊工艺中的焊料擦洗问题。有机焊剂又称有机酸焊剂，类似于极活性的松香焊剂，可溶于水。这类焊剂属腐蚀性焊剂，并且焊后必须从组件上去除，广泛用于普通组件的焊接工艺中。

按残留物的溶解性能分类，可分为：有机溶剂清洗型、水清洗型、免洗型。有机溶剂清洗型根据活性又可分为无活性（R）类、中等活性（RMA）类、活性（RA）类；水清洗型作为替代清洗剂的有效途径还可分为有机盐类、无机盐类、有机酸类；免清洗助焊剂只含有极少量的固体成分，不挥发含量只有 $1/5 \sim 1/20$，卤素含量低于 $0.01\% \sim 0.03\%$，一般是以合成树脂为基础的助焊剂。

3. 对助焊剂性能的要求

为充分发挥助焊剂的作用，助焊剂必须具备以下性能特征：

（1）具有去除焊接面氧化物等特性，这是助焊剂必须具备的基本性能。

（2）熔点比焊料低，助焊剂在焊料熔化之前先熔化以保证焊料不被再次氧化。

（3）润湿扩散好，通常要求扩展率在90%以上。

（4）黏度和密度比焊料小，以保证润湿扩散并覆盖焊料表面。

（5）焊接时不产生飞溅，也不产生毒气和强烈的刺激性臭味。

（6）焊后残渣易于去除，不腐蚀、不吸湿和不导电。

（7）在常温下储存稳定，焊接时已挥发，焊接后不沾手。

4. 助焊剂的选用

助焊剂应根据焊接方式、焊接对象和清洗方式等的不同来选用。当焊接对象可焊性好时，不必采用活性强的助焊剂；当焊接对象可焊性差时，必须采用活性较强的助焊剂。当选用有机溶剂清洗时，需选用有机类或树脂类助焊剂；当选用去离子水清洗时，必须用水洗助焊剂；选用免洗方式，只能选用固体含量在 $0.5\% \sim 3\%$ 的免洗助焊剂。

4.4.4　阻焊剂

为了提高印制电路板的焊接质量，特别是浸焊的质量，常在印制基板上，除焊盘以外的印制线条上全部涂上防焊材料，这种防焊材料称为阻焊剂。阻焊剂广泛用于浸焊和波峰焊。采取这种措施，有如下优点：

（1）可以使浸焊或波峰焊时桥接、拉头、虚焊和连条等缺陷大为减少或基本消除，板子的返修率也大为降低，提高焊接质量，保证产品的可靠性。

（2）除了焊盘外，其他印制连线均不上锡，这样可节省大量的焊料。同时，由于只有焊盘部位上锡，受热少，冷却快，降低了印制电路板的温度，起到了保护塑封元器件及集成电路的作用。

（3）阻焊剂本身具有三防性能和一定的硬度，在印制电路板表面形成一层很好的保护膜，还可起到防止碰撞等机械损伤的作用。

（4）使用阻焊剂特别是带有色彩的阻焊剂，使印制电路板的板面显得整洁、美观。

阻焊剂要求黏度适宜，不封网，不润图像。在 $250 \sim 270\ ℃$ 的锡焊温度中经过 $10 \sim 25\ s$ 而不起泡；脱落与覆铜箔仍能牢固粘接，具有较好的化学药品耐溶性，能经受焊前的化学处理，有一定的机械强度，能承受尼龙刷的打磨抛光处理。

阻焊剂可分为热固化型、紫外线光固化型及电子束漫射固化型等几种。热固化阻焊剂的特点是附着力强，能耐 $300\ ℃$ 高温，但由于要在 $200\ ℃$ 高温下烘烤 $2\ h$，因而板子容易变形，能源消耗大，生产周期长。光固化阻焊剂（光敏阻焊剂）的特点是在高压汞灯照射下，只要 2 ~ 3 min 就能固化，因而可节约大量能源，提高生产效率，并便于组织自动化生产；这种阻焊剂毒性低，减少环境污染；但其易溶于酒精，能和印制电路板上喷涂的助焊剂中的酒精成分相溶而影响板子的质量。

4.5 焊接工艺基础

焊接技术在电子工业中的应用非常广泛，焊接是电子产品制造过程中的重要环节，在电子产品制造过程中，几乎各种焊接方法都要用到，但使用最普遍、最有代表性的是锡焊方法。在科研开发、设计试制、技术革新的过程中制作一两块电路板，经常采用手工焊接；而在大批量生产中，电路板的焊接是由自动化机械来完成的，例如利用波峰焊机焊接。使用这些自动化生产设备，有利于保证工艺条件和焊接的一致性，提高产品质量。

4.5.1 焊接工艺概述

1. 焊接的分类与原理

（1）熔焊。所谓熔焊，是指焊接过程中母材和焊料均熔化的焊接方式。常见的熔焊方式有：等离子焊、电子束焊、气焊等。

（2）钎焊。在焊接过程中母材不熔化，而焊料熔化的焊接方式称为钎焊。钎焊又分为软钎焊和硬钎焊。焊料熔点低于 450 ℃ 为软钎焊，高于 450 ℃ 则为硬钎焊。

（3）加压焊。加压焊又分为加热与不加热两种方式。冷压焊、超声波焊等属于不加热方式；加热方式中，一种是加热到塑性，另一种是加热到局部熔化。

在电子产品制造过程中，应用最普遍、最有代表性的焊接形式是锡焊，它是一种最重要的软钎焊方式。锡焊能实现电气的连接，让两个金属部件实现电气导通，锡焊同时能够实现部件的机械连接，对两个金属部件起到结合、固定的作用。常见的锡焊方式有手工烙铁焊、手工热风焊、浸焊、波峰焊和再流焊。

2. 锡焊的特点

锡焊方法简便，只需要使用简单的工具（如电烙铁）即可完成焊接、焊点整修、元器件拆换、重新焊接等工艺过程。此外，锡焊还具有成本低、易实现自动化等优点，在电子工程技术里，它是使用最早、最广、占比重最大的焊接方法。锡焊的主要特点有以下三点：

（1）焊料熔点低于焊件；

（2）焊接时将焊料与焊件共同加热到锡焊温度，焊料熔化而焊件不熔化；

（3）焊接的形成依靠熔化状态的焊料浸润焊接面，由毛细作用使焊料进入焊件的间隙，形成一个合金层，从而实现焊件的结合。

3. 锡焊的原理

锡焊的原理是将焊件和熔点比焊件低的焊料共同加热到锡焊温度，在焊件不熔化的情况下，焊料熔化并浸润焊接面，依靠二者原子的扩散形成焊件的连接。焊接的物理基础是"浸润"，浸润也叫"润湿"。锡焊的过程，就是通过加热，让焊料在焊接面上熔化、流动、浸润，使焊料渗透到铜母材（导线、焊盘）的表面内，并在两者的接触面上形成脆性合金层。除了含有大量铬、铝等元素的一些合金材料不宜采用锡焊焊接外，其他金属材料大都可以采用锡焊焊接。

如果焊接面上有阻隔浸润的污垢或氧化层，不能生成两种金属材料的合金层，或者温度不够高使焊料没有充分熔化，都不能使焊料浸润。进行锡焊，必须具备的条件有以下几点。

（1）焊件必须具有良好的可焊性。

所谓可焊性是指在适当温度下，被焊金属材料与焊锡能形成良好结合的合金的性能。不是所有的金属都具有好的可焊性，有些金属如铬、钼、钨等的可焊性就非常差；有些金属的可焊性又比较好，如紫铜、黄铜等。在焊接时，由于高温使金属表面产生氧化膜，影响了材料的可焊性。为了提高可焊性，可以采用表面镀锡、镀银等措施来防止材料表面的氧化。

（2）焊件表面必须保持清洁。

为了使焊锡和焊件达到良好的结合，焊接表面一定要保持清洁。即使是可焊性良好的焊件，由于储存不当或被污染，都可能在焊件表面产生对浸润有害的氧化膜和油污。在焊接前务必把污垢清除干净，否则无法保证焊接质量。金属表面轻度的氧化层可以通过焊剂作用来清除，氧化程度严重的金属表面，则应采用机械或化学方法清除，例如进行刮除或酸洗等。

（3）要使用合适的助焊剂。

助焊剂的作用是清除焊件表面的氧化膜。不同的焊接工艺，应该选择不同的助焊剂，如镍铬合金、不锈钢、铝等材料，没有专用的特殊焊剂是很难实施锡焊的。在焊接印制电路板时，为使焊接可靠稳定，通常采用以松香为主的助焊剂。

（4）焊件要加热到适当的温度。

焊接时，热能的作用是熔化焊锡和加热焊接对象，使焊料渗透到被焊金属表面的晶格中而形成合金。焊接温度过低，对焊料原子渗透不利，无法形成合金，极易形成虚焊；焊接温度过高，会使焊料处于非共晶状态，加速焊剂分解和挥发速度，使焊料品质下降，严重时还会导致印制电路板上的焊盘脱落。需要强调的是，不但焊锡要加热到熔化，而且应该同时将焊件加热到能够熔化焊锡的温度。

（5）合适的焊接时间。

焊接时间是指整个焊接过程所需的时间。它包括被焊金属达到焊接温度的时间、焊锡的熔化时间、助焊剂发挥作用及生成金属合金的时间几个部分。当焊接温度确定后，就应根据被焊件的形状、性质、特点等来确定合适的焊接时间。焊接时间过长，易损坏元器件或焊接部位；过短，则达不到焊接要求。一般，每个焊点焊接一次的时间最长不超过5 s。

4.5.2 锡焊焊点的质量要求

根据焊接的目的，对焊点质量的衡量应该从电气性能优劣、机械结合的牢固程度和外形美观程度方面考量。

（1）应实现可靠的电气连接。

焊接是从物理上实现电气连接的主要手段。锡焊连接是靠焊接过程形成的合金层来实现电气连接的，合金层必须牢固可靠。如果焊锡仅仅是堆在焊件的表面或只有少部分形成合金层，也许在最初的测试和工作中不会发现焊点存在问题，但随着条件的改变和时间的推移，接触层渐渐氧化，电路就可能产生时通时断或者完全中断现象，而这时观察焊点外表，依然连接如初。这是电子产品工作中最头疼的问题，也是产品制造中必须十分重视的问题。

（2）连接应有足够的机械强度。

焊接不仅起到电气连接的作用，同时也是固定元器件、保证机械连接的手段。由于锡焊材料本身强度是比较低的，要想增加强度，就要有足够的连接面积。另外，在元器件插装后把引线弯折，实行钩接、绞合后再焊，也是增加机械强度的有效措施。

（3）外观应光洁整齐。

良好的焊点要求焊料用量恰到好处，表面圆润，有金属光泽。外表是焊接质量的反映，焊点表面有金属光泽是焊接温度合适、生成合金层的标志。若焊点表面出现发黑现象，焊点就容易氧化；若出现毛刺现象，焊点就易出现放电、短路等缺陷。

4.6　电烙铁焊接工艺

4.6.1　电烙铁

电烙铁是常用的手工焊接工具。

1. 电烙铁的种类

1）外热式电烙铁

外热式电烙铁结构如图 4 - 29 所示，它是由烙铁头、烙铁芯、外壳、手柄、电源线、插头等部分组成。这种电烙铁的烙铁头安装在烙铁芯里，故称为外热式电烙铁。烙铁芯是电烙铁的关键部件，它是将电热丝平行地绕制在一根空心瓷管上，中间由云母片绝缘，电热丝的两头与两根交流电源线连接。

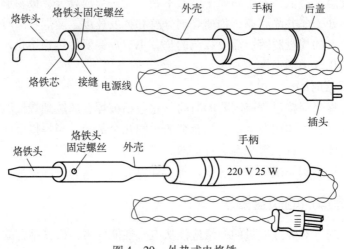

图 4 - 29　外热式电烙铁

烙铁头是由紫铜材料制成的，其作用是储存热量和传递热量，它的温度比被焊物体的温度要高得多。电烙铁的温度与烙铁头的体积、形状、长短均有关系。若烙铁头的体积较大，保持温度的时间则较长。另外，为适应不同的焊接物的要求，烙铁头的形状有所不同，常见的有锥形、凿形、圆斜面形等，具体形状如图 4 - 30 所示。

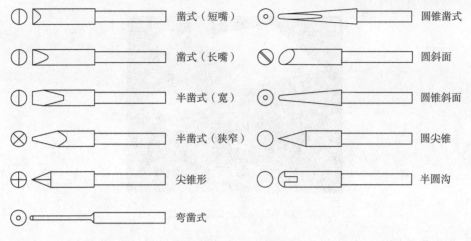

图4-30　烙铁头的形状

外热式电烙铁的规格很多，常用的有25 W、45 W、75 W、100 W等。功率越大烙铁头的温度越高。烙铁芯的功率规格不同，其内阻亦不同。25 W的阻值约为2 kΩ，45 W的阻值约为1 kΩ，75 W的阻值约为0.6 kΩ，100 W的阻值约为0.5 kΩ。

2）内热式电烙铁

内热式电烙铁结构如图4-31所示，它是由手柄、连接杆、弹簧夹、烙铁芯、烙铁头组成。因为它的烙铁芯安装在烙铁头中，因此，称为内热式电烙铁。这种电烙铁有发热快、利用率高等特点。

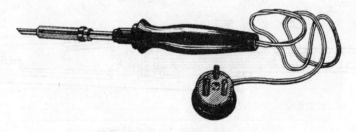

图4-31　内热式电烙铁

内热式电烙铁常用的规格为20 W、30 W、50 W等几种。由于它的热利用率高，20 W内热式电烙铁就相当于40 W左右的外热式电烙铁。内热式电烙铁烙铁头的后端是空心的，与连接杆套接，为使连接紧密，用弹簧夹固定。如需更换烙铁头时，必须先将弹簧夹退出，同时用钳子夹住烙铁头的前端，慢慢拔出。切不能用力过猛，以免损坏连接杆。

内热式电烙铁的烙铁芯是用较细的镍铬电阻绕在瓷管上制成的。20 W的内阻约为2.5 kΩ。烙铁温度一般可达350 ℃。由于内热式电烙铁具有升温快、重量轻、耗电省、体积小、热效率高等特点，因而得到普遍应用。

3）调温电烙铁

调温电烙铁有手动和自动两种。

①手动式。将电烙铁接到一个可调电源上，由调压器上的刻度可调定烙铁头温度。

②自动式。靠温度传感器监测烙铁头的温度，并通过放大器将温度传感器输出信号放大，控制调压电路，达到恒温目的，如图4-32所示。

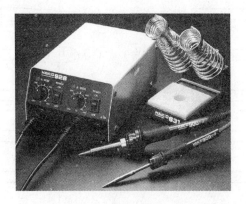

图 4 – 32　自动调温电烙铁

4）恒温电烙铁

恒温电烙铁是指温度非常稳定的电烙铁。特点是升温快，能在 4 s 内自动升温到所需的温度，温度稳定性好（±1.1℃），符合 ESD 防护的标准。恒温电烙铁的结构如图 4 – 33 所示，在烙铁头内，装有磁铁式的温度元件，由它来控制通电时间，实现恒温的目的。当电烙铁通电时，烙铁头温度上升；当达到预定温度时，烙铁头内的强磁体传感器达到居里点而磁性消失，从而使磁芯开关触点断开，烙铁头加热器断电；当温度低于强磁体传感器居里点时，强磁体便恢复磁性，并吸动磁芯开关中的永久磁铁，使控制开关的触点接通，继续向电烙铁供电。如此循环往复，达到控制温度的目的。

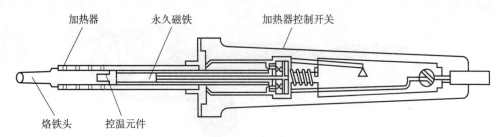

图 4 – 33　恒温电烙铁的结构图

在焊接温度不宜过高、焊接时间不宜过长的元器件时，应选用恒温电烙铁，但它价格高。图 4 – 34 是 METCAL 公司 MS – 500S 型恒温电烙铁。

图 4 – 34　METCAL 公司 MS – 500S 型恒温电烙铁

5）吸锡电烙铁

在检修无线电整机时，经常需要拆下某些元器件或部件，这时使用吸锡电烙铁就能够方便地吸附印制电路板焊接点上的焊锡，使焊接件与印制电路板脱离，从而可以方便地进行检查和修理。如图4-35所示为一种吸锡电烙铁结构图，它由烙铁体、烙铁头、橡皮囊和支架等部分组成，具有使用方便、灵活、适用范围宽等特点。

使用时先缩紧橡皮囊，然后将烙铁头的空心口子对准焊点，稍微用力；待焊锡熔化时放松橡皮囊，焊锡就被吸入烙铁头内；移开烙铁头，再按下橡皮囊，焊锡便被挤出。

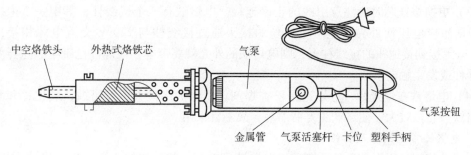

图4-35 吸锡电烙铁结构图

2. 电烙铁的选用

由前述可知，电烙铁的种类及规格有很多种，而且被焊工件的大小有所不同，因而合理地选用电烙铁的功率和种类，对提高焊接质量和效率有很大的帮助。如果被焊件较大，使用的电烙铁功率较小，则焊接温度过低，焊料熔化较慢，焊剂不能挥发，焊点不光滑、不牢固，势必造成焊接强度及质量的不合格，甚至焊料不熔化，使焊接无法进行。如果电烙铁的功率太大，会使过多的热量传递到被焊工件上面，使元器件的焊点过热，造成元器件的损坏，致使印制电路板的铜箔脱落，焊料在焊接时向上流动过快，并无法控制。

选用电烙铁时，可以从以下几个方面进行考虑。

（1）焊接集成电路、晶体管及受热易损元件时，应选用20 W内热式、25 W外热式电烙铁或者恒温电烙铁。

（2）焊接导线及同轴电缆时，应选用45～75 W外热式电烙铁，或者50 W内热式电烙铁。

（3）焊接较大的元件时，如输出变压器的引线脚、大电解电容的引线脚、金属底盘接地焊片等，应选用100 W以上的电烙铁。

（4）烙铁头长度的调整。电烙铁的功率选定后，已基本满足焊接温度的要求，但是仍不能完全适应印制电路板中所装元器件的需求。工作中还可以通过调整烙铁头的长度来调整烙铁头温度。如焊接集成电路与晶体管时，烙铁头的温度就不能太高，且时间不能过长，此时便可对烙铁芯的长度进行调整。适当调整烙铁头插在烙铁芯上的长度，便可以控制烙铁头的温度。烙铁头往前调整时温度降低，反之升高。

（5）烙铁头的选择。烙铁头有直头和弯头两种。当采用笔握法时，直头的电烙铁使用起来较灵活，适合在元器件较多的电路中进行焊接。弯头的电烙铁用正握法较合适，多用于

147

线路板垂直于桌面的情况下焊接。

3. 电烙铁使用注意事项

（1）电烙铁使用前的处理。一把新的电烙铁必须先处理，后使用。即在使用前先通电源给烙铁头"上锡"，具体方法是，首先用锉刀把烙铁头按需要锉成一定的形状，然后接上电源，当烙铁头温度升到能熔锡时，将烙铁头在松香上沾涂一下，等松香冒烟后再沾涂上一层锡，如此反复进行二至三次，使烙铁头的刃面全部挂上一层锡便可使用了。

（2）电烙铁不宜长时间通电而不使用，这样容易使烙铁芯加速氧化而烧断，缩短其寿命，同时烙铁头因长时间加热而氧化，甚至被"烧死"不再"吃锡"。

（3）更换烙铁芯时应注意引线的正确连接。电烙铁有三个接线柱，其中一个为接地接线柱以防感应电压使外壳带电。电热丝的接头通过接线柱与 220 V 交流电源相接，如将 220 V 电源接到接地线的接线柱上，则电烙铁的外壳就要带电，被焊件也带电，这样就会损坏元器件或发生触电事故。

（4）电烙铁在焊接时，最好选用松香焊剂，以保护烙铁头不被腐蚀，氧化锌和酸性焊剂对烙铁头腐蚀较大，使烙铁头寿命缩短，故不宜采用。

4. 电烙铁常见故障及其维护

电烙铁使用过程中常见的故障有：电烙铁通电后不热，烙铁头不吃锡，烙铁头带电等。下面以内热式 20 W 电烙铁为例分述如下。

（1）电烙铁通电后不热。

遇此故障可用万用表欧姆挡测量两端，如表针不动，说明有断路故障。当插头本身无断路故障可卸下胶木柄，用万用表测烙铁芯的两根引线。如表针仍不动说明烙铁芯损坏，应更换新烙铁芯。如测得电阻值为 2. 5 kΩ 左右，说明烙铁芯是好的，故障出现在引线及插头上，多为电源引线断路或插头接点断开，进一步用 $R \times 1\ \Omega$ 挡测电源引线电阻值，即可发现问题。

更换烙铁芯的方法是：将固定烙铁芯的引线松开，将引线卸下，把烙铁芯从连接杆中取出，然后将新的同规格的铁芯插入连接杆，将引线固定在固定螺钉上，并将烙铁芯多余的引线头剪掉，以防两引线不慎短路。

（2）烙铁头带电。

烙铁头带电除前面所述电源线错接在接地线的接线柱上的原因外，多为电源线从烙铁芯接线螺钉上脱落后，碰到了接地线的螺钉上，从而造成烙铁头带电。这种故障最易造成触电事故，并损坏元器件。为此，要经常检查压线螺钉是否松动或丢失，及时修理。

（3）烙铁头不"吃锡"。

烙铁头经长时间使用后，就会因氧化而不沾锡，这种现象称为"烧死"，亦称不"吃锡"。当出现不吃锡的情况时，可用细砂纸或锉将烙铁头重新打磨或锉出新刃，然后重新镀上焊锡就可使用。

（4）烙铁头出现凹坑，或氧化腐蚀层，使烙铁头的刃面不平。

遇此情况，可用锉刀将氧化层及凹坑锉掉，锉成原来的形状，然后再上锡，即可重新使用。

4.6.2 电烙铁通孔器件焊接

1. 手工焊接的准备

（1）焊接工具的准备。手工焊接需要准备的工具有电烙铁、镊子、剪刀、斜口钳。对于电烙铁的选用，功率方面，焊接集成电路和小型元器件应选用 30 W 以下的电烙铁，较大的元器件应选用 35 W 以上的电烙铁；烙铁头的选用方面，要根据不同焊接面的需要选用不同形状的烙铁头；安全方面，在使用前，先检查电烙铁电源线是否有破损，再用万用表检查电烙铁的好坏。

（2）被焊接件的准备。手工焊接中会遇到各种各样的电子元器件和导线，一般情况下，都要对这些焊件进行表面搪锡处理，去除焊接件表面的锈迹、油污、氧化膜等杂质。

2. 手工焊接技巧

1）焊锡丝的拿法

根据焊锡丝的用量，焊锡丝的拿法分为两种。在连续进行锡焊时，焊锡丝的拿法应该像图 4 - 36（a）那样，即用左手的拇指、食指和小指夹住焊丝，用另外两个手指配合就能把焊锡丝连续向前送进；若不是连续锡焊，焊锡丝的拿法如图 4 - 36（b）所示，也可采用其他形式。

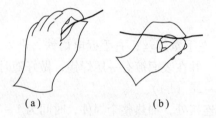

图 4 - 36 焊锡丝的拿法
（a）连续送锡；（b）断续送锡

2）电烙铁的握法

根据电烙铁的功率大小、形状和被焊件要求不同，握电烙铁的方法有三种形式，如图 4 - 37 所示。

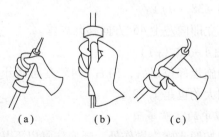

图 4 - 37 电烙铁的握法
（a）反握法；（b）正握法；（c）握笔式

如图 4 - 37（a）所示为反握法，适用于弯头电烙铁操作或直烙铁头在机架上焊接互连导线。如图 4 - 37（b）所示为正握法，焊接时动作稳定，长时间操作手也不感到疲劳，它适用于大功率的电烙铁和热容量大的被焊件。图 4 - 37（c）为握笔式，这种握电烙铁的方法就像写字时手拿笔一样，这种方法易于掌握，但手容易疲劳，烙铁头易出现抖动现象。它适合于小功率和热容量小的被焊件。

3. 电烙铁通孔焊接的基本步骤

手工焊接时，掌握好电烙铁的温度和焊接时间，才可能得到良好的焊点。常采用五步操作法，如图4-38所示。

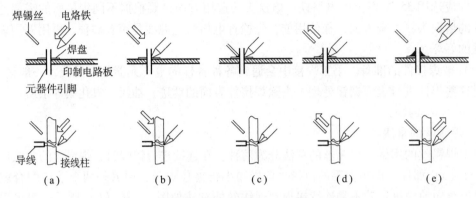

图4-38　锡焊五步操作法

(a) 步骤一；(b) 步骤二；(c) 步骤三；(d) 步骤四；(e) 步骤五

(1) 准备施焊。

如图4-38(a)所示，左手拿焊丝，右手握电烙铁，进入准备焊接状态。要求烙铁头保持干净，无焊渣等氧化物，并在表面镀有一层焊锡，做好随时焊接的准备。

(2) 加热焊件(见图4-38(b))。

将烙铁头靠在两焊件的连接处，加热整个焊件，时间为1~2 s。对于在印制电路板上焊接元器件来说，要注意使烙铁头同时接触两个被焊接物。例如，图4-38(b)中的导线与接线柱、元器件引线与焊盘要同时均匀受热。

(3) 送入焊丝(见图4-38(c))。

焊件的焊接面被加热到一定温度时，焊锡丝从烙铁对面接触焊件。注意：不要把焊锡丝送到烙铁头上。

(4) 移开焊丝(见图4-38(d))。

当焊丝熔化一定量后，立即向左上45°方向移开焊丝。

(5) 移开电烙铁(见图4-38(e))。

焊锡浸润焊盘和焊件的施焊部位以后，向右上45°方向移开电烙铁，结束焊接。从第三步开始到第五步结束，时间大约也是1~2 s。

4. 通孔电烙铁焊接过程中的注意事项

在焊接过程中除应严格按照步骤去操作外，还应注意以下几个方面：

(1) 烙铁温度要合适。

根据焊接原理，电烙铁需要一定温度，才能把焊料熔化。怎样判断电烙铁温度是否适当，一般把烙铁头放到松香上去，若松香熔化较快又不冒烟的温度，表示该温度较为适宜；若松香会迅速熔化，发出声音，并产生大量的蓝烟，松香颜色很快由淡黄色变成黑色，表示烙铁头温度过高；若松香不易熔化，表示烙铁头温度过低。

（2）焊接时间要适当。

焊接时，从焊料熔化并流满焊接点，一般需要几秒钟。如果焊接时间过长，助焊剂就会完全挥发，失去了助焊作用，使焊点出现毛刺、发黑、不光亮、不圆等疵病。焊接时间过长，还会造成损坏被焊器件及导线绝缘层等。焊接时间也不宜过短，过短则焊料不能充分熔化，易造成虚焊。

（3）焊料和焊剂使用要适量。

使用焊料过多，焊点表面可能凸起，严重会引起搭焊；若焊料过少，可能出现不完全浸润、虚焊等缺陷。若使用焊剂过多，则在焊缝中夹有松香渣，形成松香焊；焊剂过少，可能形成毛刺、发黑等缺陷。

（4）焊点冷却时间要充分。

在焊接点上的焊料尚未完全凝固时，不宜移动焊接点上的被焊元器件及导线，否则焊接点要变形，可能出现虚焊现象。

（5）电烙铁撤离有讲究。

电烙铁的撤离要及时，而且撤离时的角度和方向与焊点的形成有关。图4－39为电烙铁在印制电路板不同放置方式时的撤离方向示意图。

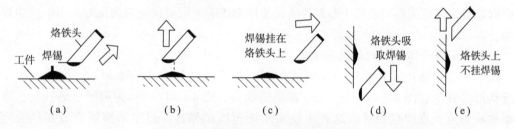

图4－39　烙铁撤离方向和焊点锡量的关系

（a）沿烙铁头向45°撤离；（b）向上方撤离；（c）水平方向撤离；（d）垂直向下撤离；（e）垂直向上撤离

（6）不要使用烙铁头作为运送焊锡的工具。

有人习惯到把焊锡加在烙铁头上，用带有大量焊锡的电烙铁到焊接面上进行焊接，结果造成焊接缺陷。因为烙铁头的温度一般都在300 ℃以上，焊锡丝中的助焊剂在高温时容易挥发，焊锡也处于过热状态，而焊盘和元器件引脚的温度却不够，极易形成虚焊。

（7）其他。

焊接过程中注意不应烫伤周围的元器件及导线，及时准确完成有关操作，并做好焊接后的清除工作。

4.6.3　SMD器件的手工焊接

1. 片式元器件的手工焊接步骤

（1）预加焊锡。用电烙铁在一个焊盘加锡（只能在一个焊盘上加锡），如图4－40（a）所示。

（2）用镊子夹持片式元器件，将元器件对准固定在焊盘上，如图4－40（b）所示。

（3）加热加过锡的焊盘，使焊锡再次熔化，注意不要用烙铁头碰元器件引脚，如图4－40（c）所示。

（4）加适量的焊锡在焊盘上，注意不要将焊锡加在电烙铁头上，如图 4 - 40（d）所示。

（5）撤离焊锡和电烙铁，让焊盘冷却。在冷却过程中不要让元器件移动，如图 4 - 40（e）所示。

（6）重复（4）和（5）焊接固定元件另一端。

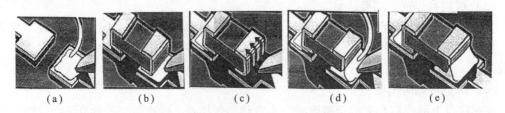

图 4 - 40　SMD 器件手工焊接示意图

2. 翼形封装和 J 形封装多引脚元器件的焊接步骤

对于翼形封装和 J 形封装的元器件，首先应对准，即将每个引脚与焊点对中，特别要注意元件的极性，然后将器件对角线上的两个引脚按照片式元器件的焊法焊牢，再加锡进行逐个引脚焊接，注意翼形封装和 J 形封装的元器件焊接时一定要保证浸润良好，不能产生焊盘粘锡。

3. SMD 器件手工焊接的烙铁头选用

用于手工焊接片式元器件的电烙铁头有三种形状，如图 4 - 41 所示，图 4 - 41（a）为弯钩形烙铁头，图 4 - 41（b）为马蹄形烙铁头，图 4 - 41（c）为扁铲形烙铁头。弯钩形烙铁头为点到点焊接设计，这种烙铁头不能过度地摩擦，过度摩擦烙铁头镀层会造成引脚变形，从而降低烙铁头寿命。马蹄形烙铁头是从弯钩形烙铁头演变而成的，适合 J 形封装的器件。翼形封装的器件可以用扁铲形烙铁头焊接。下面介绍两种用马蹄形烙铁头焊接的方法。

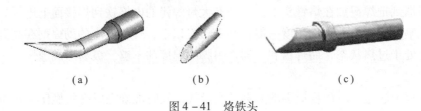

图 4 - 41　烙铁头
（a）弯钩形烙铁头；（b）马蹄形烙铁头；（c）扁铲形烙铁头

①用马蹄形烙铁头焊接 J 形封装器件的步骤：对焊脚施加助焊剂，先将马蹄形烙铁头的斜面和顶部"吃锡"（锡量要适中），用马蹄形烙铁头的边沿接触器件引脚和焊盘的交接处，并沿引脚排列方向移动，会看到每个焊点的熔锡状态。如果有桥连焊点，施加助焊剂，用烙铁头接触焊点去除桥连。

②用马蹄形烙铁头焊接翼形封装器件引脚的步骤：涂敷助焊剂在器件引脚上，先将马蹄形烙铁头的斜面和顶部"吃锡"（锡量要适中），烙铁头与芯片成45°夹角，接触焊点沿器件引脚排列方向移动。如果有桥连焊点，施加助焊剂，用烙铁头接触焊点去除桥连。

4. 利用焊锡膏焊接

利用焊锡膏焊接首先要涂敷焊锡膏，要沿引脚排列方向将焊锡膏点成线状，线状焊锡膏的宽度应与焊盘宽度一致，将芯片放在焊盘上，各引脚与焊点对中，用烙铁先将芯片对角的引脚焊住，使用超细型烙铁头或扁铲形或热风焊接对其余引脚进行焊接。

5. 利用焊锡丝和普通烙铁头焊接

将芯片放置在焊盘上并使每个引脚与焊点对中，用超细型烙铁头将芯片对角的两个引脚焊牢。可采用如下方法对其余的引脚进行焊接：将焊锡丝沿器件引脚根部放置，然后用扁铲形烙铁头沿器件引脚根部向外移动，待焊锡熔焊于引脚后使烙铁头脱离芯片，一个焊点一个焊点地焊接更可靠。按图4－42所示将焊锡丝沿器件引脚根部放置，然后用烙铁头接触每一个引脚的顶端进行一个一个引脚的焊接。

图4－42　焊锡丝焊接方法

4.6.4　表面组装组件的返修技术

返修就是使任何不合格的电路组件恢复成与设计要求一致的合格的电路组件。返修的目的是将好的 PCB 板上的坏的元件去掉，换上好的元件，或者将坏的 PCB 板上好的元件取下重新使用。

目前使用的技术有热空气对流加热和热传导加热。如果拆除的芯片仍打算重新使用，在拆除时要格外小心，注意不要损伤芯片的引脚，电路板上的焊盘总是要重复使用的，要尽量在较短的时间内采用较低的温度进行焊接，因为高温度将会把粘贴焊盘的黏合剂破坏使焊盘脱落。

清除残留焊锡可使用合适尺寸的扁铲形烙铁头（见图4－43）、吸锡器（见图4－44）和焊锡编带清洁焊盘，扁铲形烙铁头要与焊盘宽度一致，由于焊锡编带吸热大，一般选用600 或 700 系列扁铲形烙铁头。

图4－43　用扁铲形烙铁头平整焊盘

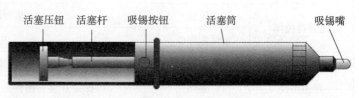

图4－44　吸锡器

4.6.5 通孔焊点质量分析

焊接质量一般可用5～10倍放大镜目测检查或用在线测试仪检测。在检查过程中，要求元器件的装连不应有虚焊、漏焊、桥连等弊病。

1. 焊点的外观检验

从外表直观看典型焊点，如图4-45所示，对它的要求是：形状为近似圆锥且表面稍微凹陷，呈漫坡状，以焊接导线为中心，对称成裙形展开；焊点上，焊料的连接面呈凹形自然过渡，焊锡和焊件的交界处平滑，接触角尽可能小；表面平滑，有金属光泽；无裂纹、针孔、夹渣。

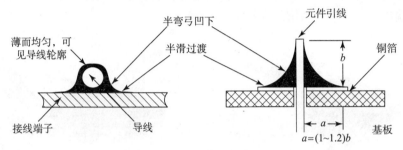

图4-45 典型焊点的外观

实际操作时，主要从以下几个方面对整块印制电路板进行焊接质量的检查：

（1）有无漏焊，元件引线、导线与印制电路板焊盘是否全部被焊料覆盖；

（2）焊料是否拉尖、是否有短路（即所谓"桥接"）；

（3）有没有损伤导线及元器件的绝缘层；

（4）焊点表面是否光洁、平滑，有无虚焊、气泡针孔、拉尖、桥接、挂锡、溅锡及外来夹杂物等缺陷。

检查时，除目测外还要用指触、镊子拨动、拉线等办法检查有无导线断线、焊盘剥离等缺陷。

2. 通电检查

如果外观检验通过，可进行通电检查，通电检查主要检验电路性能。如果不经过严格的外观检查，通电检查可能损坏设备仪器，造成安全事故。通电检查可以发现许多微小的缺陷，例如用目测法是观察不到电路内部虚焊的，用通电检查就很容易检查出来。

通电检查焊接质量的结果及原因分析如表4-1所示。

表4-1 通电检查焊接质量的结果及原因分析

通电检查结果		原因分析
元器件损坏	失效	过热损坏、电烙铁漏电
	性能降低	电烙铁漏电
导通不良	短路	桥接、焊料飞溅
	断路	焊锡开裂、松香夹渣、虚焊、插座接触不良等
	时通时断	导线断丝、焊盘剥落等

3. 常见焊点缺陷及其分析

造成焊接缺陷的原因很多，在材料（焊料与焊剂）和工具（电烙铁、工装、夹具）一定的情况下，采用什么样的操作方法、操作者是否有责任心，就是决定性的因素了。

1）虚焊

保证焊点质量最重要的一点，就是必须避免虚焊。虚焊的外观特点是焊锡与元器件引线和铜箔之间有明显黑色界限，焊锡向界限凹陷。

一般来说，造成虚焊的主要原因是：焊锡质量差；助焊剂的还原性不良或用量不够；被焊接处表面未预先清洁好；烙铁头的温度过高或过低，表面有氧化层；焊接时间掌握不好，太长或太短；焊接中焊锡尚未凝固时，焊接元件松动。

解决虚焊缺陷的方法是添加助焊剂重焊。

2）焊料堆积

焊料堆积的外观特点是焊点呈白色、无光泽，结构松散。焊料堆积易引起机械强度不足和虚焊。

造成焊料堆积的主要原因是：焊料质量不好；焊接温度不够，焊料没有浸润开；焊接未凝固前元器件引线松动；焊丝撤离过迟。

解决焊料堆积缺陷的方法是去除焊锡，添加助焊剂重焊。

3）焊料过少

焊料过少的外观特点是焊点面积小于焊盘的80%，焊料未形成平滑的过渡面。焊料过少易引起焊点机械强度不足。

造成焊料过少的主要原因是：焊锡流动性差或焊锡撤离过早；助焊剂不足；焊接时间太短。

解决焊料过少缺陷的方法为加焊料补焊。

4）拉尖

拉尖的外观特点是焊点出现尖端。拉尖的外观不佳，容易造成桥接短路。

造成拉尖的主要原因是助焊剂过少；加热时间过长，造成助焊剂全部挥发；电烙铁撤离角度不当。

解决拉尖缺陷的方法是添加助焊剂重焊。

5）桥接

桥接的外观特点是相邻焊点连接。桥接易引起电气短路。

造成桥接的主要原因是：焊锡过多；电烙铁撤离角度不当。

解决桥接缺陷的方法是添加助焊剂重焊。

6）铜箔翘起

铜箔翘起是初学者常出现的焊接缺陷，现象是铜箔从印制电路板上剥离。铜箔翘起易引起印制电路板损坏。

造成铜箔翘起的主要原因是焊接时间太长，温度过高。

避免铜箔翘起缺陷发生的方法是多练，掌握焊接技巧。

7）不对称

不对称的外观特点是焊锡未流满焊盘。不对称易引起强度不足。

造成不对称的主要原因是：焊料流动性差；助焊剂不足或质量差；加热不足。

解决该缺陷的方法是添加助焊剂重焊。

8）松香焊

松香焊是指焊缝中夹有松香渣,松香焊易造成强度不足,导通不良,可能时通时断。

引起松香焊的原因可能是助焊剂过多或已失效;焊接时间不够,加热不足;焊件表面有氧化膜。

解决该缺陷的方法是重焊。

9）浸润不良

浸润不良是指焊料与焊件交界面接触过大,不平滑。浸润不良易造成机械强度低,电路不通或时通时断。

引起浸润不良的原因可能是焊件未清理干净;助焊剂不足或质量差;焊件未充分加热。

解决该缺陷的方法是对焊件表面搪锡,添加助焊剂重焊。

10）过热

过热是指焊点发白,表面较粗糙,无金属光泽。过热易造成焊盘强度降低,容易剥落。

造成过热的原因可能是电烙铁功率过大,加热时间过长。

解决该缺陷的方法是换电烙铁重焊。

11）冷焊

冷焊是指表面呈豆腐渣状颗粒,可能有裂纹。冷焊易造成强度低,导电性能不好。

造成冷焊的原因可能是焊料未凝固前焊件抖动。

解决该缺陷的方法是添加助焊剂重焊。

12）针孔

针孔是指目测或低倍放大镜可见焊点有孔。针孔易造成强度不足,焊点容易腐蚀。

造成针孔的原因可能是引线与焊盘孔的间隙过大。

解决该缺陷的方法是将元器件引脚或导线弯曲并与针孔一侧焊盘连接,然后添加助焊剂重焊。

13）松动

松动是指导线或元器件引脚可移动。松动易造成不导通或导通不良。

造成松动的原因可能是焊锡未凝固前引线移动造成间隙;引线或引脚未处理好（不浸润或浸润差）。

解决该缺陷的方法是对引脚搪锡,再加助焊剂重焊。

14）气泡

气泡是指引线根部有喷火式焊料隆起,内部藏有空洞。气泡易造成暂时导通,时间长容易引起导通不良。

造成气泡的原因可能是引线与焊盘孔间隙大;引线浸润性不良;双面板的通孔焊接时间长,孔内空气膨胀。

解决该缺陷的方法是将元器件引脚或导线弯曲并与针孔一侧焊盘连接,然后添加助焊剂重焊。

15）剥离

剥离是指焊点从铜箔上剥落（不是铜箔与印制电路板剥离）。剥离易造成断路。

产生剥离的原因是焊盘上金属镀层不良。

解决该缺陷的方法是对焊盘搪锡，添加助焊剂重焊。

4.7　浸焊技术

4.7.1　浸焊原理和设备

浸焊是将插装好元器件的印制电路板，浸渍在盛有熔融锡的锡锅内，一次性完成印制电路板上全部元器件焊接的方法，它可以提高生产率，消除漏焊。

浸焊的工作原理是让插好元器件的印制电路板水平接触熔融的铅锡焊料，使整块电路板上的全部元器件同时完成焊接。由于印制电路板上的印制导线被阻焊层阻隔，浸焊时不会上锡，对于那些不需要焊接的焊点和部位，要用特制的阻焊膜（或胶布）贴住，防止焊锡不必要的堆积。

能完成浸焊功能的设备称为浸焊机，浸焊机价格低廉，现在还在一些小型企业中使用。常用的浸焊机有两种，一种是带振动头的浸焊机，另一种是超声波浸焊机。

1. 带振动头的浸焊机

带振动头的浸焊机是在普通浸焊机只有锡锅的基础上增加滚动装置和温度调节装置。这种浸焊机浸锡时，振动装置使电路板在浸锡时振动，槽内焊料在持续加热的作用下不停滚动，能让焊料与焊接面更好地接触浸润，改善了焊接效果。

2. 超声波浸焊机

超声波浸焊机一般由超声波发生器、换能器、水箱、焊料槽、加温设备等几部分组成。超声波浸焊机主要通过向锡锅内辐射超声波来增强浸锡效果的。这类浸焊机有时还配有带振动头夹持印制电路板的专用装置，能有效地使焊料浸润到焊点的金属化孔里，使焊点更加牢固。

4.7.2　浸焊工艺

常见的浸焊工艺有手工浸焊和自动浸焊两种形式。

1. 手工浸焊

手工浸焊是指由装配工人用夹具夹持待焊接的印制电路板（装好元件）浸在锡锅内完成的浸焊方法，其步骤和要求如下：

（1）锡锅的准备。锡锅熔化焊锡的温度为 230～250 ℃为宜，且要随时加入松香助焊剂，并及时去除焊锡层表面的氧化层。

（2）印制电路板的准备。将装好元器件的印制电路板涂上助焊剂。通常是在松香酒精溶液中浸渍，使焊盘上涂满助焊剂。

（3）浸焊。用夹具将待焊接的印制电路板夹好，水平地浸入锡锅中，使焊锡表面与印制电路板的印制导线完全接触。浸焊深度以印制电路板厚度的 50%～70%为宜，切勿使印制电路板全部浸入锡中。浸焊时间以 3～5 s 为宜。

（4）完成浸焊。在浸焊时间到后，要立即取出印制电路板。稍冷却后，检查质量，如果大部分未焊好，可重复浸焊，并检查原因。个别焊点可用电烙铁手工补焊。

印制电路板浸焊的关键是印制电路板浸入锡锅时一定要平稳，接触良好，时间适当。手工浸焊不适用大批量的生产。

2. 自动浸焊

自动浸焊一般利用具有振动头或是超声波的浸焊机进行浸焊。将插装好元器件的印制电路板放在浸焊机的导轨上，由传动机构自动导入锡锅，浸焊时间 2~5 s。由于具有振动头或为超声波，能使焊料深入焊接点的孔中，焊接更可靠。所以自动浸焊比手工浸焊质量要好。但使用自动浸焊有两个不足：

（1）焊料表面极易氧化，要及时清理。

（2）焊料与印制电路板接触面积大，温度高，易烫伤元器件，还会使印制电路板变形。

4.7.3　导线和元器件引线的浸锡

1. 导线浸锡

导线端头浸锡的目的在于防止氧化，以提高焊接质量，通常称之为搪锡。导线搪锡前，应先剥头、捻头。将捻好头的导线蘸上助焊剂，然后将导线垂直插入锡锅中，待润湿后取出，浸锡时间为 1~3 s。浸锡时注意：

（1）时间不能太长，以免导线绝缘层受热后收缩。

（2）浸渍层与绝缘层之间必须留有 1~2 mm 间隙，否则绝缘层会过热收缩甚至破裂。

（3）应随时清除锡锅中的锡渣，以确保浸渍层光洁。

（4）如一次不成功，可稍停留一会儿再次浸渍，切不可连续浸渍。

2. 裸导线浸锡

裸导线、铜带、扁铜带等在浸锡前要先用刀具、砂纸或专用设备等清除浸锡端面的氧化层污垢，然后再蘸助焊剂浸锡。镀银线浸锡时，工人应戴手套，以保护镀银层。

3. 元器件引线浸锡

元器件引线浸锡前，应在距离器件的根部 2~5 mm 处开始去除氧化层。元器件引脚浸锡以后应立刻散热。浸锡的时间要根据引脚的粗细来掌握，一般在 2~5 s。时间太短，引脚未能充分预热，易造成浸锡不良；时间过长，大量热量传到器件内部，易造成器件变质、损坏。

4.7.4　浸焊工艺中的注意事项

（1）焊料温度控制。一开始要选择快速加热，当焊料熔化后，改用保温挡进行小功率加热，既防止由于温度过高加速焊料氧化，保证浸焊质量，也节省了电力消耗。

（2）焊接前须让电路板浸渍助焊剂，应该保证助焊剂均匀涂敷到焊接面的各处。有条件的，最好使用发泡装置，有利于助焊剂涂敷。

（3）在焊接时，要特别注意电路板面与锡液完全接触，保证板上各部分同时完成焊接，焊接的时间应该控制在 3 s 左右。电路板浸入锡液的时候，应该使板面水平地接触锡液平面，让板上的全部焊点同时进行焊接；离开锡液的时候，最好让板面与锡液平面保持向上倾斜的夹角，这样不仅有利于焊点内的助焊剂挥发，避免形成夹气焊点，还能让多余的焊锡流下来。

（4）在浸锡过程中，为保证焊接质量，要随时清理刮除漂浮在熔融锡液表面的氧化物、杂质和焊料废渣，避免其进入焊点造成夹渣焊。

（5）根据焊料使用消耗的情况，及时补充焊料。

项 目 实 施

📎 项目实施材料、工具、设备、仪器

HX108 调幅收音机元器件一套，不同类型线材若干，斜口钳、剥线钳、剪刀、镊子、电烙铁各一把，焊锡丝、松香若干，指针式万用表一台，锡锅一只，焊锡条若干，助焊剂若干。

📎 实施方法和步骤

任务一 元器件成形

1. 成形前的准备

每位学生领取收音机所需的元器件材料和工具。领取完材料后，清点元器件。

一般清点元器件前要进行静电防护，不能用手直接拿取，拿取元器件时要求拿取元器件的本体，不允许直接拿取元器件的引脚，避免引脚受到污染，如果直接拿取必须戴指套。对于 TO－220/247/263/3P 等有散热面封装的器件，要求不能直接拿取其散热面，如果直接拿取必须戴指套。

2. 成形方法

元器件手工折弯时，不能直接拿取元器件本体进行引脚折弯，必须拿取元器件引脚部分进行折弯成形。图 4－46 为元器件成形的方式示意图。

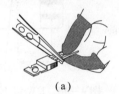 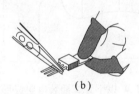

(a) (b)

图 4－46 元器件成形方式

(a) 正确的成形方式；(b) 错误的成形方式

3. 引脚弯折参数选择

1) 弯折处与封装保护距离

元器件成形时，弯折处不能非常靠近元器件封装本体，要与封装本体保持一定距离，表 4－2 是常见元器件的封装保护距离表。

表 4－2 常见元器件的封装保护距离   mm

引线直径或厚度	封装保护距离				
	电阻	玻璃二极管、塑封二极管、电容、电感	电解电容	功率电晶体	
				TO－220 及以下	TO－247 及以上
$D < 0.8$	1.0	2.0	3.0	3.0	3.0
$0.8 \leqslant D < 1.2$	2.0	3.0	4.0		
$D \geqslant 1.2$	3.0	4.0			

2）弯折半径

元器件成形时，弯折处不能是直角，要保持一定弧度，主要目的是防止元器件引脚断裂。表4-3是常见元器件的弯折半径表。

表4-3　常见元器件的弯折半径表　　　　　　　　　　　　　　　　mm

引线直径或厚度	引线内侧的弯折半径
$D < 0.8$	1.0
$0.8 \leqslant D \leqslant 1.2$	2.0
$D > 1.2$	$2D$

4. 元器件的成形

1）电阻

①对功率为1W以下卧式插装的非功率电阻，采用贴板安装的，要求贴板成形，成形尺寸如图4-47所示。尺寸要求：B不小于1 mm，A、B应满足表4-2的要求；R应满足表4-3的要求；L等于PCB的焊盘孔距；H为电阻的半径。

②对1W以下立式插装的非功率电阻，要求立式插装，成形尺寸如图4-48所示。尺寸要求：A应满足表4-2的要求；R应满足表4-3的要求；L等于PCB的焊盘孔距。

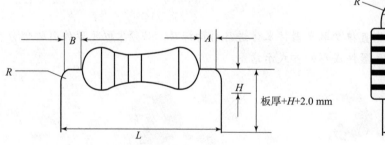

图4-47　1W以下卧式插装电阻成形图　　　　图4-48　1W以下立式插装电阻成形图

③对1W及1W以上卧式和立式插装的功率电阻，一般应由供应商来料成形，有打K和扁脚两种抬高方式，如图4-49所示。

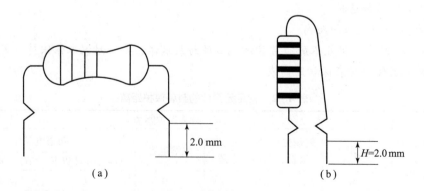

图4-49　功率电阻成形方式

（a）卧式插装成形方式；（b）立式插装成形方式

2）二极管

①对非功率二极管（267 - 04 以下封装且正常工作温度小于 80 ℃），如 DO - 35、DO - 41，一般要求贴板成形插装，如图 4 - 50 所示。尺寸要求：A 和 B 不小于 1 mm，A、B 应满足表 4 - 2 的要求；R 应满足表 4 - 3 的要求；L 等于 PCB 的焊盘孔距。

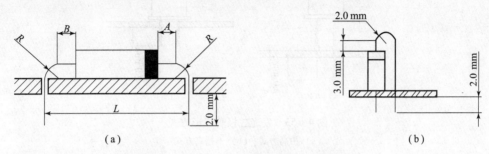

图 4 - 50 非功率二极管贴板插装成形方式
（a）卧式插装成形方式；（b）立式插装成形方式

②对卧式成形的功率二极管（267 - 04 及以上封装且正常工作温度大于 80 ℃），要求抬高 PCB 板 5 ~ 7 mm 插装，如图 4 - 51 所示。尺寸要求：A 和 B 不小于 1 mm，A、B 应满足表 4 - 2 的要求；R 应满足表 4 - 3 的要求；L 等于 PCB 的焊盘孔距。

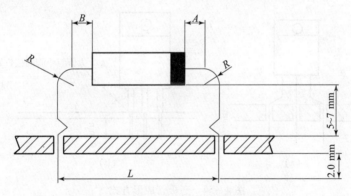

图 4 - 51 功率二极管贴板插装成形方式

③对立式成形的功率二极管（267 - 04 以下封装且正常工作温度大于 80 ℃），要求抬高板面插装，成形方式如图 4 - 52 所示。

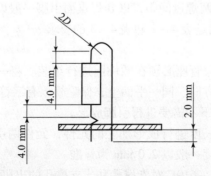

图 4 - 52 功率二极管贴板插装成形方式

④发光二极管来料均为扁脚抬高，根据实际需要，分为不抬高和抬高两种成形方式，如图 4 – 53 所示。

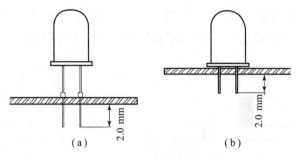

图 4 – 53　发光二极管成形方式
（a）抬高方式；（b）不抬高方式

3）三极管

①对于 TO – 92 封装的三极管，一般均要求供应商来料时进行整形，前加工只需按图 4 – 54（a）尺寸进行切脚。

②对于 TO – 220/247/264/3P 封装的功率三极管，如果是不需要装配到机壳或散热器的直接插件操作，按本体大脚与 PCB 接触为成形基点，如图 4 – 54（b）所示。

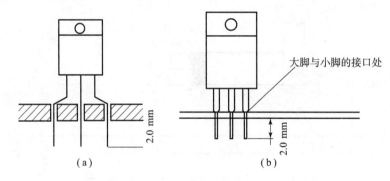

图 4 – 54　三极管成形方式
（a）TO – 92 封装的三极管成形方式；（b）TO – 220/247/264/3P 封装的功率三极管成形方式

4）电容

独石电容、瓷片电容、金属膜电容、铝电解质电容均要求插装到底，平贴 PCB 板，元件两引脚间距对应于 PCB 板两焊盘间距，PCB 焊点面引脚一般以 2.0 mm 为标准（特殊情况要求除外）。成形尺寸要求满足表 4 – 2 和表 4 – 3 的要求。

5）其他

①插件式的保险管、保险管座必须在插件前进行组装。将一保险管套在两保险管座中，两保险管座尽量保持在同一方向、同一平面上，保险管上有字符的一面朝上。

②DIP 封装 IC 一般情况下不需要进行引脚成形。

③对于其他需要对引脚长度进行成形加工的元件，元件两引脚间距对应于 PCB 板间两焊盘间距，元件焊点出脚长度一般以 2.0 mm 为标准。

以上成形尺寸按 IPC – A – 610C 对支撑孔和非支撑孔的出脚尺寸要求设计，对单面板非支撑孔，要求出脚长度在 0.5 ~ 2.5 mm；对双面板支撑孔，要求出脚长度在 0 ~ 2.5 mm。按此要求，同时考虑到模具公差和波峰焊时的焊锡堆积和拉尖，将成形元件的出脚长度统一规定为 2.0 mm。

任务二 导线准备

1. 选线

根据工艺要求或者装配说明选择导线；注意其颜色、截面积、材质；同批次合同选用的线色要一致，导线的载流量以 40 ℃ 为准（有特殊要求的，严格遵照协议）；选择铜芯导线首先要确定电线的型号，其次确认电线的规格，最后确认电线的颜色，确认时先确认电线的标签，然后确认电线上的印字。

2. 截线

截线之前要选择合适的工具，以提高生产效率，降低劳动强度和工具磨损；严格按照图纸中的标注长度截线。应先剪长导线，后剪短导线，这样可不浪费线材。手工剪切绝缘导线时要先拉直再剪，细裸铜导线可用人工拉直再剪。剪线要按工艺文件（导线加工表）所规定的要求进行，长度要符合公差要求，而且不允许损坏绝缘层。如无特殊公差要求，则可按表 4-4 选择长度公差。

表 4-4　截线长度与长度公差对照表

长度/mm	50	50～100	100～200	200～500	500～1 000	1 000 以上
公差/mm	3	5	+5～+10	+10～+15	+15～+20	30

3. 剥头

剥头是把绝缘线两端各去掉一段绝缘层，而露出芯线的过程。剥头一般使用剥线钳，使用剥线钳时要对准所要的剥头距离，同时要选择与芯线粗细相配的钳口。蜡克线、塑胶线可用电剥头器剥头。剥头长度应符合工艺文件（导线加工表）的要求。无特殊要求时，可按照表 4-5 选择剥头长度。

表 4-5　剥头长度表

芯线截面积/mm	1 及以下	1.1～2.5
剥头长度/mm	8～10	10～14

4. 捻头

多股芯线经过剥头以后，芯线有松散现象，必须再一次捻紧，以便浸锡及焊接。捻线时用力不宜过猛以免细线捻断。捻线角度一般在 30°～45° 之间，如图 4-55 所示。捻线可采用捻头机，或用手工捻头。

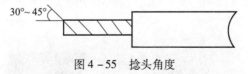

图 4-55　捻头角度

5. 搪锡

1）锡锅搪锡

①准备。领取导线、锡条、助焊剂和锡锅，导线必须是经过检验并符合要求的待搪锡品。将助焊剂放入塑料容器中，容量以浸没需搪锡的导线头为准；将锡条放入锡锅内，按锡

锅操作要求加热使锡块完全熔化，温度达到296 ℃左右。

②把需要搪锡的导线浸入助焊剂溶液中，时间为2 s左右。取出后放于清洁的地方，待助焊剂溶液自然干或吹干，并应在10 min之内进行下道工序处理。

③取导线一至二根，二根导线接线端部一起搪锡时搪锡深度与剥线长度应一致，搪锡前需齐平，一字排列开，不要相互接触，搪锡时间为2~3 s。

④冷却。将搪锡完毕的导线搪锡部分浸入清水中冷却，或自然冷却。

2）电烙铁搪锡

①领取导线、焊锡丝、松香助焊剂和电烙铁，导线必须是经过检验并符合要求的待搪锡品。接通电烙铁电源，让其加热。

②左手拿一根导线，导线需要搪锡的一端靠近松香，右手手握电烙铁，烙铁头沾上一些焊锡。

③用烙铁头碰一下松香，让松香熔化，左手的导线迅速插入熔化的松香中，同时电烙铁头靠近搪锡的导线头，上下移动一下，然后迅速撤离左右手，放好导线让其冷却。

任务三 手工焊接

本收音机采用按顺序分批安装方式，不仅能保护元器件还能便于插装，还可以避免因一次插入过多的元器件使焊接的引脚数量太多，造成电烙铁焊接不方便。

1. 安装定值电阻

如果电阻两安装孔间距能让电阻卧式安装时就卧式安装，不能则立式安装，立式安装时电阻圆柱体插在易与其他元件相碰造成短路的那个孔内，并尽可能插到底。

2. 安装定值电容

电容一般立式安装，尽量插到底，要注意电解电容有极性。

3. 安装晶体管

三极管都立式安装，型号与位置要对应，注意引脚极性，不要插错，三极管插下去些，但三极管引脚不能过于弯曲，检查无误后再焊接，焊接时时间不要长，因为PN结怕高温。

4. 安装中周和本振线圈

首先要学会区分哪个器件是本振线圈，哪个是中周的方法，然后再焊接。焊接要先焊对角线上的引脚，方便进行定位，再焊其他引脚。注意焊接时间不能长，否则塑胶骨架会熔化。

5. 安装变压器

用学过的知识区分输入和输出变压器，并插装到位后焊接。

6. 安装电位器、双联可变电容

电位器要插到底再焊，否则机后盖卡不紧或音量调节不灵活；装双联可变电容时记住先把磁芯支架压到里面，焊接时间要短。电位器、双联可变电容的安装效果如图4-56所示。

图4-56 电位器、双联可变电容的安装效果图

7. 安装磁性天线

首先要辨别清磁性天线（见图4-57）两个线圈的端子，注意把磁性天线线头匝数多的两个端子焊到双联可变电容上，线头已经上了锡，只要直接焊上即可。切忌以为线太长而剪掉一段。

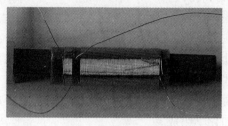

图4-57　磁性天线

项 目 评 价

本项目共有三个任务，每位学生都要完成，其中元器件成形占20分，导线准备占10分，手工焊接占40分，共计70分，平时作业和纪律等20分，任务完成后，学生需撰写项目总结报告，项目总结报告占10分，合计100分。每个任务考核时重点考查学生的参与度、操作的规范性和正确性。具体考核方式见表4-6。

表4-6　材料准备和手工焊接评分标准

任务	考核内容	评分标准
元器件成形（20分）	（1）基本尺寸是否准确。 （2）元器件引线上是否有损伤、变形或刻痕超过引脚直径或者厚度的10%。 （3）元器件的本体外壳涂层或玻璃封装是否有任何损伤或破裂。 （4）元器件是否缺少	（1）尺寸不符合要求，每个扣0.5~1分。 （2）元器件损伤、变形或刻痕长，每个扣0.5~1分。 （3）元器件的本体外壳涂层或玻璃封装损伤或破裂，每个扣0.5~1分。 （4）元器件缺少一个扣2分
导线准备（10分）	（1）导线长度是否符合要求。 （2）导线剥头留头是否符合要求。 （3）导线表层是否烫伤。 （4）剥头、搪锡操作是否规范。 （5）导线头的搪锡是否均搪好，镀锡层是否连续并且均匀。 （6）搪锡部分是否有光泽，接触面有没有锡流堆积，表面是否平整光滑	（1）导线长度不符合要求，每根扣1分。 （2）导线剥头留头不符合要求，每个扣1分。 （3）导线表层烫伤，每根扣1分。 （4）剥头、搪锡操作不规范，每次扣1分。 （5）导线头的搪锡不均匀、无光泽，每根扣1分
手工焊接（40分）	（1）元器件插装是否到位。 （2）手工焊接方法是否掌握。 （3）是否遵守安全操作规程。 （4）焊点是否有重大缺陷	（1）元器件插装不到位，每个元器件扣0.5~1分。 （2）手工焊接方法不符合要求，扣3~5分。 （3）不遵守安全操作规程，扣5~10分。 （4）焊点有重大缺陷，每个元器件扣1分

练习与提高

1. 电子产品装配常用工具有哪些？
2. 电烙铁的种类有哪些？
3. 简述电烙铁的使用注意事项。
4. 无铅焊料的特点是什么？
5. 黏合剂的种类有哪些？
6. 对无铅焊料的技术要求是什么？目前使用的无铅焊料有哪些类型？
7. 简述助焊剂的作用和化学组成。
8. 清洗剂主要有哪几类？对清洗剂主要有哪些要求？
9. 简述焊接的分类及应用场合。
10. 对焊点质量有何要求？
11. 手工焊接技巧有哪几项？
12. 简述常见焊点缺陷及原因分析。

项目 5

印制电路板表面贴装和自动焊接

项 目 概 述

项目描述

本项目以剩余电流断路器主控板装配为依托，根据工艺文件要求，组织学生对印刷、贴片、焊接、在线测试等内容进行学习，掌握印刷机、贴片机、焊接设备、在线测试仪的操作、参数设定、编程的技能。

项目知识目标

（1）熟悉电子产品自动生产线的组成、环境条件、运行过程故障原因及排除方法。

（2）熟悉印刷机、贴片机、波峰焊炉、再流焊炉、在线测试仪和自动光学检测仪等电子设备与典型装置的结构组成、工作原理及动作过程。

（3）熟悉印刷机、贴片机、波峰焊炉、再流焊炉、在线测试仪和自动光学检测仪等电子设备编程知识。

项目能力要求

（1）能够掌握印刷机、贴片机、波峰焊炉、再流焊炉、在线测试仪和自动光学检测仪等主流品牌电子设备结构特征，能熟练操作、编程、撰写设备综合效率持续改善报告。

（2）能够依据不同产品电路板组装要求，熟练编制印刷机、贴片机、波峰焊炉、再流焊炉、在线测试仪和自动光学检测仪等设备生产程序。

（3）能正确诊断印刷机、贴片机、波峰焊炉、再流焊炉、在线测试仪和自动光学检测仪等电子设备运行故障，正确使用工具、仪器仪表，选用合适的部品元件对设备中不良部品元件的拆换和调整。

（4）能根据客户主要PCB组装需求，配置电子产品自动生产线，现场判断和排除生产线运行故障。

项 目 资 讯

5.1 印制电路板SMT工艺流程

贴装是指将片式元器件直接贴到印制电路板相应位置上的组装技术。由于片式元器件小，引脚间距小，不需要成形，这就要求有较高的贴装精度。贴装也分手工贴装和自动化贴装，手工贴装主要应用于样机试制阶段或小批量生产，自动化贴装因可靠性高、缺陷率低，广泛应用于数码电子产品的生产中。

5.1.1 单面组装工艺

单面组装是指只在印制电路板的一面进行元器件贴装和焊接的组装方式。工艺流程为：来料检测→丝印焊膏（点贴片胶）→贴片→烘干（固化）→回流焊接→清洗→检测→返修。单面组装工艺流程简单，适合SMT单面板贴装加工生产。

5.1.2 单面混装工艺

单面混装是指在印制电路板的一面既要贴装器件，又要插装通孔器件的组装方式。工艺流程为：来料检测→PCB的A面丝印焊膏（点贴片胶）→贴片→烘干（固化）→回流焊接→清洗→插件→波峰焊→清洗→检测→返修。

5.1.3 双面组装工艺

双面组装是指在印制电路板的A、B两面都要贴装器件和焊接的组装方式。根据焊接方式不同又可以分为波峰焊焊接和回流焊焊接，焊接次数还可以分为一次焊接和两次焊接，故工艺流程有三种：

①双面贴片，一次回流焊方式。

来料检测→PCB的A面丝印焊膏（点贴片胶）→贴片→PCB的B面丝印焊膏（点贴片胶）→贴片→烘干→回流焊接。

②双面贴片，两次回流焊方式。

来料检测→PCB的A面丝印焊膏（点贴片胶）→贴片→烘干（固化）→A面回流焊接→A面清洗→翻板→PCB的B面丝印焊膏（点贴片胶）→贴片→烘干→B面回流焊接→B面清洗→检测→返修。

③双面贴片，一次回流焊，一次波峰焊方式。

来料检测→PCB 的 *A* 面丝印焊膏（点贴片胶）→贴片→烘干（固化）→*A* 面回流焊接→*A* 面清洗→翻板→PCB 的 *B* 面丝印焊膏（点贴片胶）→贴片→固化→*B* 面波峰焊→*B* 面清洗→检测→返修。

5.1.4　双面混装工艺

双面混装是指在印制电路板的 *A*、*B* 两面既要贴装器件，又要插装通孔器件的组装方式。工艺流程有五种：

①先贴后插方式。

这种方式适用于 SMD 元件多于分离元件的情况。流程为：来料检测→PCB 的 *B* 面点贴片胶→贴片→固化→翻板→PCB 的 *A* 面插件→波峰焊→清洗→检测→返修。

②先插后贴方式。

适用于分离元件多于 SMD 元件的情况。流程为：来料检测→PCB 的 *A* 面插件（引脚折弯）→翻板→PCB 的 *B* 面点贴片胶→贴片→固化→翻板→波峰焊→清洗→检测→返修。

③*A* 面混装，*B* 面贴装方式。

流程为：来料检测→PCB 的 *A* 面丝印焊膏→贴片→烘干→回流焊接→插件引脚折弯→翻板→PCB 的 *B* 面点贴片胶→贴片→固化→翻板→波峰焊→清洗→检测→返修。

④*A* 面混装，*B* 面贴装，先贴两面 SMD，回流焊接，后插装，波峰焊方式。

流程为：来料检测→PCB 的 *B* 面点贴片胶→贴片→固化→翻板→PCB 的 *A* 面丝印焊膏→贴片→*A* 面回流焊接→插件→*B* 面波峰焊→清洗→检测→返修。

⑤*A* 面贴装、*B* 面混装方式。

流程为：来料检测→PCB 的 *B* 面丝印焊膏（点贴片胶）→贴片→烘干（固化）→回流焊接→翻板→PCB 的 *A* 面丝印焊膏→贴片→烘干→回流焊接（可采用局部焊接）→插件→波峰焊（如插装元件少，可使用手工焊接）→清洗→检测→返修。

5.2　焊锡膏印刷

5.2.1　焊锡膏

焊锡膏也叫锡膏，是一种灰色膏体。焊锡膏是促使 SMT 广泛应用的一种新型焊接材料，它由焊锡粉、助焊剂以及其他的表面活性剂、触变剂等混合而成的膏状混合物，如图 5-1 所示。

焊锡膏主要用于 SMT 行业 PCB 表面电阻、电容、IC 等电子元器件的焊接。焊锡膏一般通过丝网、模板涂布的方法涂于表面组装焊盘上，印刷焊锡膏是 SMT 再流焊工艺流程中的第一道工序，是 SMT 质量优劣的关键因素之一，60% 的 SMT 质量问题来源于焊膏印刷。

常温下，焊锡膏具有一定的黏性，可将电子元器件粘贴在 PCB 的焊盘上，在倾斜角度不是太大，也没有外力碰撞的情况下，元件一般是不会移动的。当焊锡膏加热到一定温度时，焊锡膏中的合金粉末熔融再流

图 5-1　焊锡膏

动，液体焊料润湿元器件的焊端与 PCB 焊盘，在焊接温度下，随着溶剂和部分添加剂挥发，冷却后元器件的焊端与焊盘被焊料互连在一起，形成电气与机械相连接的焊点。

1. 焊锡膏的化学组成

焊锡膏主要由合金焊料粉末和助焊剂组成，其中合金焊料粉末占总重量的 85% ~ 90%，助焊剂占 15% ~ 10%。合金焊料粉末的形状、粒度和表面氧化程度对焊锡膏性能的影响很大。合金焊料粉末按形状分成无定形和球形两种。球形合金粉末的表面积小、氧化程度低，制成的焊锡膏具有良好的印刷性能。合金焊料粉末的粒度一般在 200 ~ 400 目，粒度愈小，黏度愈大。粒度过大，会使焊锡膏粘接性能变差；粒度太细，由于表面积增大，会使表面含氧量增高，也不宜采用。

2. 对焊锡膏的技术要求

在表面组装的不同工艺或工序中，要求焊锡膏具有与之相应的性能，SMT 工艺对焊锡膏特性和相关因素的具体要求如下：

（1）焊锡膏应具有良好的保存稳定性，焊锡膏制备后、印刷前应能在常温或冷藏条件下保存 3 ~ 6 个月而性能不变。

（2）印刷时应具有优良的脱模性，应具有一定的黏度，印刷时和印刷后焊锡膏不易坍塌。

（3）再流焊加热时应具有良好的润湿性能，不形成或形成最少量的焊料球（锡珠），焊料飞溅要少。

（4）焊剂中固体含量越低越好，焊后易清洗干净，焊接强度高。

3. 焊锡膏的选用原则

根据焊锡膏的性能和使用要求，可参考以下几点选用。

（1）焊锡膏的活性可根据印制电路板表面清洁程度来决定，一般采用 RMA 级，必要时采用 RA 级。

（2）根据不同的印刷方法选用不同黏度的焊锡膏，一般液体分配器用黏度为 100 ~ 200 Pa·s 的焊锡膏，丝网印刷用黏度为 100 ~ 300 Pa·s 的焊锡膏，漏模板印刷用黏度为 200 ~ 600 Pa·s 的焊锡膏。

（3）精细间距印刷时选用球形、细粒度焊锡膏。

（4）双面焊接时，第一面采用高熔点焊锡膏，第二面采用低熔点焊锡膏，保证两者相差 30 ~ 40 ℃，以防止第一面已焊元器件脱落。

（5）当焊接热敏元件时，应采用含铋的低熔点焊锡膏。

（6）采用免洗工艺时，要用不含氯离子或其他强腐蚀性化合物的焊锡膏。

4. 焊锡膏的使用注意事项

（1）焊锡膏通常要求保存在 5 ~ 10 ℃ 的低温环境下，所以一般储存在电冰箱的冷藏室内。即使如此，超过使用期限的焊锡膏也不得再用于正式产品的生产。

（2）使用前，应至少提前 2 h 从冰箱中取出焊锡膏，待焊锡膏达到室温后，才能打开焊锡膏容器的盖子，以免焊锡膏在升温过程中凝结水汽。假如使用焊锡膏搅拌机，只需搅拌 15 min，焊锡膏即可投入使用。

（3）观察焊锡膏，如果表面变硬或有助焊剂析出，必须进行特殊处理，否则不能使用；如果焊锡膏的表面完好，要用不锈钢棒搅拌均匀后才能投入使用。如果焊锡膏的黏度大，可以加入适量所使用焊锡膏的专用稀释剂稀释，充分搅拌以后投入使用。

（4）使用时取出焊锡膏后，应及时盖好容器盖，避免助焊剂挥发。涂敷焊锡膏和贴装元器件时，操作者应该戴手套，避免污染电路板。

5.2.2 焊锡膏印刷设备

焊锡膏印刷机和模板是用来印刷焊膏的主要设备，其功能是将焊膏正确地漏印到 PCB 相应的位置上。

1. 焊锡膏印刷机

1）焊锡膏印刷机的分类

焊锡膏印刷机大致分为三类：手动、半自动和全自动。图 5-2 和图 5-3 分别是半自动焊锡膏印刷机和自动焊锡膏印刷机实物。

图 5-2 半自动焊锡膏印刷机　　　　图 5-3 全自动焊锡膏印刷机

手动焊锡膏印刷机的各种参数与动作均需人工调节与控制，通常在小批量生产或难度不高的场合使用。半自动印刷机通过人工对第一块 PCB 与模板的窗口位置对中，从第二块 PCB 开始，工人只要放置 PCB 板，其余动作由机器自动连续完成。PCB 板的定位对中通常通过印刷机台面上的定位销来实现，因此 PCB 板面上应设有高精度的工艺孔，以供装夹用。全自动印刷机可以实现 PCB 板自动装载，配备有光学对中系统，通过光学对中系统可以对 PCB 和模板上的对中标志识别，自动实现 PCB 焊盘与模板窗口的自动对中，印刷机重复精度达 ±0.01 mm。工人可以对刮刀速度、刮刀压力、丝网或模板与 PCB 之间的间隙等参数设定。

2）焊锡膏印刷机的结构

无论是哪一种印刷机，都由以下几部分组成：

①夹持 PCB 基板的工作台，包括工作台面、真空夹持或板边夹持机构、工作台传输控制机构。

②印刷头系统，包括刮刀、刮刀固定机构、印刷头的传输控制系统等。

③丝网或模板及其固定机构。

④其他选配件，包括视觉对中系统，干、湿和真空吸擦板系统以及二维、三维测量系统等。

2. 模板

模板是一种用薄不锈钢或铜板制成的薄板，它主要用于转移锡膏，模板所开的孔与需要印刷锡膏的焊盘一一对应。在模板的一面放置锡膏，并用刮刀刮锡膏，锡膏就会从模板的另一面渗出，以便达到转移锡膏的作用。模板孔壁的精度和表面粗糙度是印刷质量的重要参数。模板纵横比一般为1.5，模板可分为金属模板和柔性金属模板，常见的制作模板工艺有化学腐蚀、激光切割和电镀成形三种。

5.2.3 印刷机参数含义

印刷机印刷参数含义如表5-1所示。

表5-1 印刷机印刷参数含义

项目	参数	功 能	
基板参数设定	X（长）	基板流向方向尺寸（X轴方向尺寸）	
	Y（宽）	与基板流向成90°方向尺寸（Y轴方向尺寸）	
	T（厚）	基板厚度	
	Mark3（X，Y）	标记3的X轴、Y轴位置（从基板左下角起）	标记3和标记4对应于基板，标记1和标记2对应于钢网
	Mark4（X，Y）	标记4的X轴、Y轴位置（从基板左下角起）	
	标记辨认有无	辨认定位有无	
刮刀行程数据	开始位置A、B	刮刀A和B开始所处位置	
	结束位置A、B	刮刀A和B结束所处位置	
	印刷压力A、B	刮刀A和B印刷压力	
	速度A、B	刮刀A和B印刷速度	
	角度	刮刀倾斜角度	
	上升延迟时间	刮刀移动后至上升的等待时间	
离网参数	下降延迟时间	工作台从开始下降到最低点所使用的时间	
	离网速度	离网时的平均速度	
	离网距离	离网时的运动距离	
真空装夹装置	有/无真空吸附	真空夹紧装置有/无	
钢网清洁	清洁间隔时间	钢网清洁间隔时间由印刷基板数量而定	
	循环模式1、2	清洁反复次数。循环模式的一种模式重复数量结束后转到另一种模式进行清洁	
	近边位置	清洁区近边位置	
	远边位置	清洁区远边位置	
	移动速度	清洁速度	

项目	参数	功 能	
焊锡膏添加	间隔时间	焊锡膏添加间隔时间由印刷数量决定（印刷机没有焊锡膏添加装置）	
	模式（自动/手动转换）	自动：焊锡膏自动添加时，蜂鸣器鸣响 手动：需要手动添加焊锡膏时，蜂鸣器鸣响	印刷机有焊锡膏添加装置
	间隔时间	焊锡膏添加间隔时间由印刷基板个数而定	
	添加位置	焊锡膏添加位置	
	焊锡膏添加器移动开始的延迟时间	焊锡膏添加开始后，至焊锡膏添加器开始移动时的等待时间	
	焊锡膏添加器回原点的延迟时间	焊锡膏添加停止后，至焊锡膏添加器回原点的等待时间	

5.2.4 焊锡膏印刷

1. 焊锡膏印刷方法

1）丝网印刷法

将乳剂涂敷到丝网上，只留出印刷图形的开口网目，就制成了丝网印刷涂敷法所用的丝网。丝网印刷法是传统的方法，制作丝网的费用低廉，但印刷焊锡膏的图形精度不高，适用于一般 SMT 电路板的大批量生产。丝网印刷涂敷法的基本原理如图 5-4 所示。

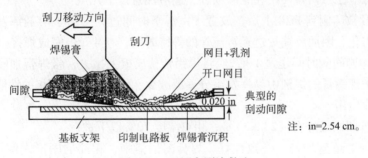

图 5-4 丝网印刷涂敷法

操作时，在工作支架上固定 PCB 板，将印刷图形的漏印丝网绷紧在框架上并与 PCB 对准，将焊锡膏放在漏印丝网上，刮刀从丝网上刮过去，刮压焊锡膏，同时压迫丝网与 PCB 表面接触，这样焊锡膏通过丝网上的图形印刷到 PCB 的焊盘上。

2）模板漏印法

使用模板漏印法的印刷机精度高，一般模板是用薄不锈钢或铜板制成，但模板加工制作费用比制作丝网高。用不锈钢薄板制作成的漏印模板，适合于大批量生产高精度 SMT 电子产品；用薄铜板制作成的漏印模板，费用低廉，适合于小批量生产电子产品，但模板长期使用容易变形，影响印刷精度。模板漏印印刷法的基本原理如图 5-5 所示。

操作时，将 PCB 板放在基板支架上，真空泵或机械方式固定 PCB 板，将已加工有印刷

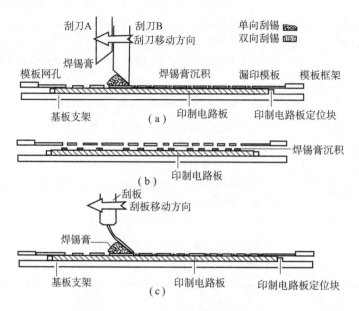

图 5-5 模板漏印印刷法的基本原理

图形的漏印模板平整固定在模板框架上,镂空图形网孔与 PCB 上的焊盘对准,把焊锡膏放在漏印模板上,用刮刀从模板的一端刮向另一端,焊锡膏就通过模板上的镂空图形网孔印刷到 PCB 的焊盘上。一般刮刀单向刮一次沉积在焊盘上的焊锡膏可能会不够饱满,需要刮两次。

2. 印刷焊锡膏的注意事项

印刷锡膏除应注意锡膏使用注意事项外,还应注意以下几点:

(1) 焊锡膏被印刷到 PCB 上后,放置于室温下时间过久会由于溶剂挥发、吸收水分等原因造成性能劣化,因而要缩短进入再流焊的等待时间,在 4 h 内完成焊接。

(2) 如果印刷间隔时间超过 1 h,应将焊锡膏从模板上拭去,将焊膏加收到当天使用的容器中,以防止焊锡膏的焊剂中易挥发组分逐渐减少,使黏度增大,相关性能改变。免清洗焊锡膏不能回收使用。

(3) 焊锡膏印刷最好在 (23 ± 3)℃、相对湿度 70% 以下进行。

(4) 涂的焊膏适量均匀,一致性好。焊膏图形清晰,相邻的图形之间尽量不要粘连。焊膏图形与焊盘图形要一致,尽量不要错位。

(5) 焊锡膏的初次使用量不宜过多,一般按 PCB 尺寸来估计,参考量如下:A5 幅面约 200 g;B5 幅面约 300 g;A4 幅面约 350 g;在一般情况下,焊盘上单位面积的焊锡膏量应为 0.8 mg/mm^2 左右。对窄间距元器件,就为 0.5 mg/mm^2 左右。

(6) 涂敷在 PCB 焊盘上的焊锡膏量与期望重量值相比,可以允许有一定的偏差,但焊锡膏覆盖每个焊盘的面积,应在 75% 以上。

(7) 焊锡膏涂敷后,应无严重塌落,边缘整齐,错位不大于 0.2 mm,对窄间距元器件焊盘,错位不大于 0.1 mm,PCB 板不允许被焊锡膏污染。

3. 操作要点

印刷焊锡膏的工艺流程如图 5-6 所示。

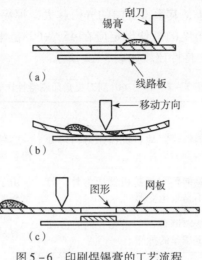

图 5 – 6　印刷焊锡膏的工艺流程

（a）开始；（b）印刷中；（c）完成

1）印刷前准备

①熟悉产品的工艺要求。

②检查印刷机的工作状态，比如工作电压与气压等。

③检查焊锡膏是否符合质量要求，新启用的焊锡膏应在罐盖上记下开启日期和使用者姓名。

④检查模板是否与当前生产的 PCB 一致，窗口是否堵塞，外观是否良好。

2）开机

印刷机开机操作以日立 NP – 04LP 印刷机开机为例说明，具体开机流程如图 5 – 7 所示。

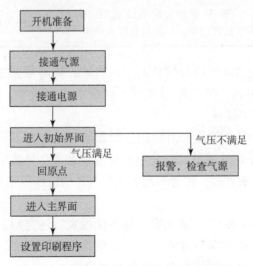

图 5 – 7　NP – 04LP 印刷机开机流程图

3）印刷机工艺参数的设定

焊锡膏是否能顺利注入网孔或漏孔，与刮刀速度、刮刀压力、刮刀与网板的角度以及焊锡膏的黏度有着密切关系，因此只有正确设置这些参数，才能保证焊锡膏的印刷质量。

（1）刮刀夹角。刮刀夹角是指刮刀与模板或丝网之间的夹角，它影响到刮刀对焊锡膏垂直方向力的大小，夹角越小，其垂直方向的分力越大，焊锡膏更容易压入印刷模板窗口，印刷到印制电路板上。刮刀角度的最佳设定应在 45°～60° 范围内，此时焊锡膏有良好的滚动性。45°、60° 刮刀夹角印刷特性比较如表 5-2 所示。

表 5-2　45°、60° 刮刀夹角印刷特性比较

刮刀角度	项　　目	优　　点	缺　　点
45°	1. 结构复杂	能够较好地将机器压力均匀分布给刮刀刀片	容易构成锡膏残留死角，不易清洁且浪费锡膏
	2. 刮刀刀片较短	除能均匀承担机器压力外，刀片不易发生变形	由于不易发生变形，很难克服刮刀和钢板的局部不平整，造成难刮干净
	3. 刮刀外表面 W 形	能够降低刮刀重量，同时方便固定螺丝的拆卸	容易构成死角，残留过多异物
	4. 刀片形成 45° 斜面	有较大的下锡压力和较长的下锡时间，利于下锡	刀片挡片较 60° 的低，容易有锡膏残余
60°	1. 结构简单	有利于清洁维护，构成死角不多	承担机器压力时可能局部受力不均
	2. 刮刀刀片较长	能较好地与钢板贴合，克服局部不平整	易发生刀片变形
	3. 外表面平正	有利于清洁维护，构成死角不多	较重，拆卸固定螺丝不方便
	4. 刀片形成 60° 斜面	较 45° 有较大的滚动面积，利于锡膏滚动，且不易有死角产生	下锡压力较 45° 小，下锡时间也较短

（2）刮刀速度。刮刀速度影响焊锡膏的压入时间，提高刮刀速度，焊锡膏压入的时间将变短，焊锡膏量可能不够；降低刮刀速度，将影响生产效率。通常当刮刀速度控制在 20～40 mm/s 时，印刷效果较好。

（3）刮刀压力。刮刀压力的改变对印刷质量影响重大，刮刀压力不足会引起焊锡膏刮不干净且导致 PCB 上焊锡膏量不足，如果刮刀压力过大又会导致模板背后的渗漏，同时也会引起丝网或模板不必要的磨损。理想的刮刀速度与压力应该以正好把焊锡膏从钢板表面刮干净为准。

（4）刮刀宽度。刮刀不能比 PCB 板窄，但不能过宽，过宽刮刀压力就要增大，并需要更多的焊锡膏参与工作，造成焊锡膏的浪费。一般，刮刀的宽度为 PCB 长度（印刷方向）加上 50 mm 左右为最佳，并要保证刮刀头落在金属模板上。

（5）印刷间隙。通常要求 PCB 板与模板处于同一平面，部分印刷机器要求 PCB 平面稍高于模板的平面，即要求 PCB 板微微向上撑起模板，但撑起的高度不应过大，否则会引起模板损坏。从刮刀运行动作上看，刮刀在模板上应运行自如，既要求刮刀所到之处焊锡膏全部刮走，不留多余的焊锡膏，同时刮刀不应在模板上留下划痕。

（6）刮刀形状的选择。刮刀按制作形状可分为菱形和拖尾刮刀两种。菱形刮刀可双向

刮印焊锡膏，但刮刀头焊锡膏量难以控制，并易弄脏刮刀头，给清洗增加工作量。使用时为了防止刮刀将模板边缘压坏，应将 PCB 边缘垫平整。拖尾刮刀是常用的一种，由微型气缸控制上下，特点是刮刀接触焊锡膏部位相对较少。

（7）刮刀材料的选择。刮刀的制作材料可分为聚氨酯和金属两类。

采用聚氨酯制作刮刀时，有不同硬度可供选择。丝网印刷模板的硬度通常选用 75 邵氏硬度单位（shore），而金属模板的常用硬度为 85 邵氏硬度单位。聚氨酯制作的刮刀，当刮刀头压力太大或焊锡膏材料较软时易嵌入金属模板的孔中，将孔中的焊锡膏挤出，造成印刷图形凹陷，印刷效果不良。

金属刮刀是指金属刀片嵌在橡胶支架前沿并凸出支架 40 mm 左右的刮刀。金属刮刀的优点为：从较大、较深的窗口到超细间距的窗口印刷均具有优异的一致性；刮刀寿命长，无须修正，模板不易损坏；印刷时没有焊料的凹陷和高低起伏现象，可以大大减少甚至完全消除焊料的桥接和渗漏。

（8）刮刀离网速度设定。刮刀离网速度是指 PCB 板和模板印刷后的脱离速度，是一个可调的速率，通过设定来控制。当某一印刷行程结束时，PCB 板和模板则以离网速度定义的控制速度开始分离。离网速度的设定有助于锡膏从开口中脱模成形。离网速度可用毫米单位表示，或者以轴速的百分数表示。离网速度越慢，锡膏成形的就越好，可重复性也越好。离网速度过快，会产生拉尖/堵塞网孔以及锡膏覆盖效果差等现象。对于细间距 IC 和 BGA 来说，离网速度设定值最好是每秒 0.254 ~ 0.508 mm，而对于非关键印刷，离网速度设定值最好是每秒 0.762 ~ 1.27 mm。在进行细间距 IC 和 BGA 印刷时，把离网速度设定为最小值。焊锡膏印刷离网后状态案例如图 5 - 8 所示。

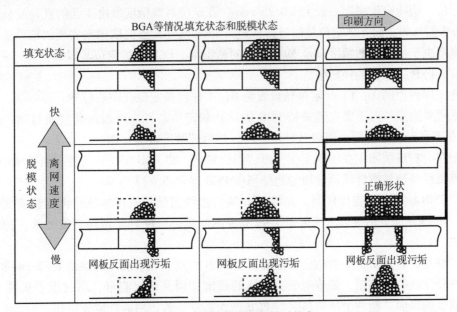

图 5 - 8　焊锡膏印刷离网后状态

（9）模板清洗。模板清洗频率主要取决于钢板开口的质量、印刷机对中精度和可重复性、PCB 板表面粗糙度、刮刀压力、刮刀类型、焊锡膏黏度，以及环境条件等因素。应定期清洁模板，彻底除去底部残留物，否则这些残留物会变干并结块，不利于清洗。有些模板在每块 PCB 板印刷后都需要清洗，而有些却每个班次清洗一次即可，有的甚至不需清洗。到底多长时间清洗一次，只要将模板拆下，目测一下底部的状况即可知道是否需要清洗。

模板清洗一般设置为"一湿一干"或"二湿一干"，如果印刷机配有真空吸附装置，还可设置真空吸附。窄间距时模板清洗频率最多可设置为每印 1 块 PCB 板清洁一次，无窄间距时可设置为20、50 等，也可以不清洗，以保证印刷质量为准。

使用清洗剂自动清理时，最好先用干抹布清理。如果干抹布洗不干净，再适当地使用清洗剂清理。有些清洗剂易于洗去模板底部残留物而不会破坏与之接触的焊膏成分，还有的清洗溶液能除去干裂的锡膏，易于锡膏从模板的开孔中脱离，从而强化锡膏性能。

手工清洗模板时，先将清洗剂喷涂在不起毛的抹布上，不能将清洗剂直接喷涂到模板表面，防止清洗液溅到模板中的锡膏上。清洗液用量要适度，多余的清洗液要擦掉，防止剩余的清洗液残留，在印刷过程中会阻碍锡膏的滚动。

设置模板底部清洗基线，首先确认印刷机设置，然后从一个干净的模板开始印刷，记下印刷的 PCB 板数量，同时检查锡膏精确度。通常在模板里的锡膏快要满时，成形的锡膏四周开始变得有点"模糊"。记下印刷过 PCB 板的数量，清洗模板后继续印刷，这时可缩减清洗的间隔数量，每间隔 2~5 个 PCB 板清洗一次。到记数结束时，检查最后一块 PCB 板，如果印刷质量仍然良好，则把这个记数作为清洗模板的起始点。

尽管异丙醇是很好的模板清洗剂，但它与大多数焊剂的化学成分相排斥，容易造成锡膏干裂，从而严重降低焊锡膏的使用寿命。少量使用还可，切勿滥用。

4）PCB 定位

PCB 定位方式主要有 PCB 机械定位和光学定位两种。其中机械定位又可以分为边缘定位和孔定位。边缘定位精度一般为 ±0.25 mm，孔定位对准精度取决于孔的直径及公差，一般约为 ±0.17 mm。而光学定位是通过摄像机对 PCB MARK 点的取像来实现的精确定位，其定位精度取决于摄像机的精度以及 MARK 点的精细度。PCB 机械定位步骤为：

①首先松开工作台的锁定装置。

②将工作台上的 X、Y、O 定位器设置为 0，工作台被定位在中心位置。

③采用夹边点位时需要安装夹持 PCB 的导轨和定位装置。可通过卷尺及目测，大致确定 PCB 在工作台上的位置，使前后导轨平行，然后拧紧导轨固定钮。

④把左、右顶块固定在印刷工作台面适当位置上，将 PCB 定位在支撑导轨的中心。

⑤将磁性平顶柱或针状顶柱均匀地排列在 PCB 底部以支撑 PCB。

⑥把 PCB 放在磁性支撑柱上，先将 PCB 的后边缘紧贴后支撑导轨，再调整前支撑导轨的位置，使 PCB 前、后导轨之间保留 1~2 mm 的间隙，应使导轨两端刻度一致，拧紧两端的固定钮。

⑦调整左、右顶块上的滑动块的位置，使 PCB 与左、右顶块之间保留 1~2 mm 的间隙。

⑧松开导轨的锁定钮，调节两个支撑轨的高度，用高度尺测量，同时用手抚摸 PCB 与导轨接触处的顶面，使两个导轨顶面与 PCB 顶面高度一致，然后拧紧锁定钮。

⑨用同样的方法调整左、右顶块的高度。

注意：前、后导轨和左、右顶块的顶面绝对不能高于 PCB 顶面，以防止印刷时损坏模板和刮刀。

5）模板安装

打开机盖，将模板放入安装框抬起一点轻轻向前滑动，然后锁紧。在这个过程中，首先要确保模板能两侧平行地进入安装框，否则印刷机运行找寻 MARK 点时，可能会出现只找到一个 MARK 点，而找不到另外一个；其次要保证模板安装后有基准点立刻显示在屏幕上。

6）刮刀安装

首先将刮刀头移到前边，根据工艺文件要求确定是否需要更换刮刀固定支架。如不需要，将刮刀安装到刮刀支架上，拧紧安装旋钮。在这个过程中，需注意的是在取、放刮刀及生产使用时必须轻拿轻放，防止因剧烈的碰撞造成刮刀的变形而无法使用。生产结束后，刮刀必须在 10 min 内进行人工清洗，使用溶剂为专用清洗剂，使用工具为清洁刷、清洁纸、棉布气枪。清洗之后的刮刀表面应干净、整洁，无任何焊锡膏（红胶）残渣和其他杂质，尤其是刮刀与钢网的接触面，需在放大镜下检查合格后，方可安装、放置。

7）模板、PCB MARK 视角图像制作

为了使模板与 PCB 的定位精确，还需要对它们的 MARK 点制作视角图像。制作视角图像时，一般选择 PCB 对角线上的一对 MARK 作为基准。制作的 MARK 视角图像要图像清晰、边缘光滑、黑白分明。模板、PCB MARK 的视角图像的制作是不分先后的，但是必须都选两个 MARK 点进行图像制作。

注意：PCB 与模板图形精确对中后到制作视角图像前 PCB 定位不能松开，否则会改变 MARK 的坐标位置。做完四个 MARK 点的图像后才可进行下面的流程操作。

8）印刷条件设定和调整

印刷编程结束后，通过试印刷确认印刷效果，如有偏差，可以通过调整印刷条件修正。印刷条件调整流程如图 5-9 所示，图 5-10 为调整案例。

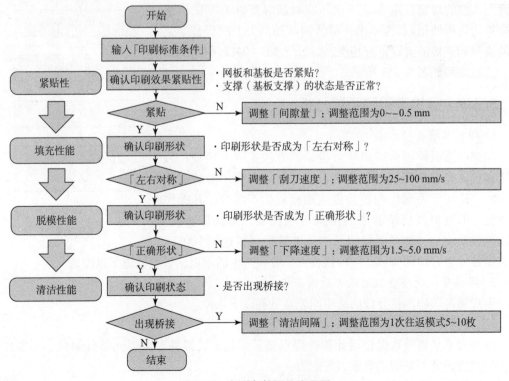

图 5-9　印刷条件调整流程图

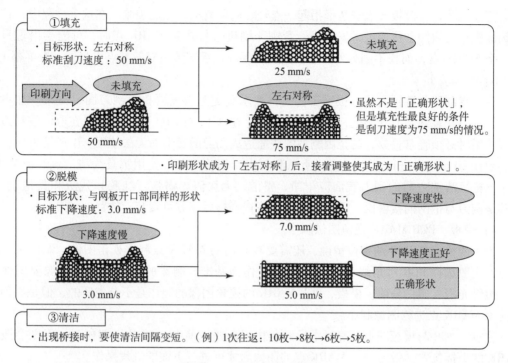

图 5 – 10　印刷条件调整案例

9）印刷机关机

印刷结束要进行剩余焊锡膏处理，首先用刮刀将剩余焊锡膏刮入空的焊锡膏瓶中（下次印刷取新焊锡膏以 1∶1 比例混合搅拌均匀再使用），再退出并清洁钢网和刮刀上的焊膏。关机的流程和开机的流程正好相反，以日立 NP – 04LP 印刷机为例，关机流程如图 5 – 11 所示。

5.2.5　焊锡膏印刷质量分析

1. 印刷质量检验方法

印制电路板焊锡膏印刷质量检验的方法主要有两种：目测法和自动光学检测法。目测法是指利用放大镜用眼睛观测的方法，适用于不含细间距器件或小批量生产场合，其操作成本低，但效率及反馈回来的数据可靠性低，而且易遗漏。自动光学检测是一种视觉检测系统，可靠性可以达到 100%。检测中如发现有印刷质量，应停机检查，分析产生的原因，采取措施加以改进。

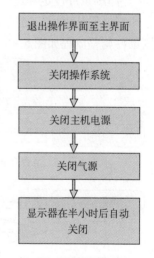

图 5 – 11　NP – 04LP 印刷机关机流程图

2. 焊锡膏印刷质量缺陷及其原因分析

由焊锡膏印刷不良导致的品质问题常见有以下几种。

1）焊锡膏不足

焊锡膏不足将导致焊接后元器件焊点锡量不足、元器件开路、元器件偏位、元器件竖立。导致焊锡膏不足的主要原因可能为：

①印刷机工作时，没有及时补充添加焊锡膏。

②焊锡膏品质有问题，可能混有硬块等异物、焊锡膏已经过期或未用完的焊锡膏被二次使用。

③电路板质量问题，焊盘上或电路板上有污染物。

④电路板在印刷机内的固定夹持松动。

⑤焊锡膏漏印模板薄厚不均匀、损坏或有污染物。

⑥焊锡膏刮刀损坏，压力、角度、速度以及脱模速度等设备参数设置不合适。

⑦焊锡膏印刷完成后，因为人为因素不慎被碰掉。

2）焊锡膏粘连

焊锡膏粘连将导致焊接后电路短接、元器件偏位。导致焊锡膏粘连的主要因素可能为：

①电路板的设计缺陷，焊盘间距过小。

②网板镂孔位置不正、未擦拭洁净。

③焊锡膏脱模不良、黏度不合格。

④印刷机内的固定夹持松动。

⑤焊锡膏刮刀的压力、角度、速度以及脱模速度等设备参数设置不合适。

⑥焊锡膏印刷完成后，因为人为因素被挤压粘连。

3）焊锡膏印刷整体偏位

焊锡膏印刷整体偏位将导致整板元器件焊接不良，如少锡、开路、偏位、竖件等。导致焊锡膏印刷整体偏位的主要因素可能为：

①电路板上的定位基准点不清晰。

②电路板上的定位基准点与网板的基准点没有对正。

③印刷机内的固定夹持松动，定位顶针不到位。

④印刷机的光学定位系统故障。

⑤焊锡膏漏印模板开孔与电路板的设计文件不符合。

4）焊锡膏拉尖

焊锡膏拉尖易引起焊接后短路。导致印刷焊锡膏拉尖的主要因素可能为：

①焊锡膏黏度等性能参数有问题。

②脱模参数设定有问题。

③漏印网板镂孔的孔壁有毛刺。

5.3　贴片胶涂布

贴片胶，也称为 SMT 接着剂、SMT 红胶，是一种红色的膏状黏结剂，用来将元器件固定在印制电路板上。一般用点胶或钢网印刷的方法来分配，贴上元器件后放入烘箱或再流焊机加热硬化固定。贴片胶的热硬化过程是不可逆的，一经加热硬化后，再加热也不会再熔化。SMT 贴片胶的使用效果会因热固化条件、被连接物、所使用的设备、操作环境的不同而有差异。使用时要根据生产工艺来选择贴片胶。

5.3.1 贴片胶

1. 贴片胶的主要成分和类型

贴片胶主要由硬化剂、颜料、溶剂等组成，如图5-12所示。贴片胶按使用方式可分为点胶型和刮胶型，点胶型是通过点胶设备在印制电路板上施胶的，刮胶型是通过钢网或铜网印刷涂刮方式进行施胶的。

2. 贴片胶的特性

（1）连接强度高。根据贴片胶使用要求，贴片胶必须具备较强的连接强度，在被硬化后，即使在焊料熔化的温度下也不剥离。能适应各种贴装工艺，易于设定对每种元器件的供给量，更换元器件方便，点涂量稳定。

图5-12 贴片胶

（2）适应高速机。现在使用的贴片胶必须满足点涂和高速贴片机的高速化，且高速贴装时，印制电路板在传送过程中，贴片胶的黏性要保证元器件不移动。

（3）无拉丝、不塌落。贴片胶一旦沾在焊盘上，元器件就无法实现与印制电路板的电气性连接，因此涂布时，贴片胶必须是无拉丝、涂布后不塌落，以免污染焊盘。

（4）低温固化性。固化时，先用波峰焊焊好的不耐热插装元器件也要通过再流焊炉，所以要求硬化条件必须满足低温、短时间。

3. 贴片胶的使用场合

（1）波峰焊工艺中。在使用波峰焊时，为防止印制电路板通过焊料槽时元器件掉落，可用贴片胶将元器件固定在印制电路板上。

（2）双面再流焊工艺中。为防止已焊好的那一面上大型器件因焊料受热熔化而脱落，要使用SMT贴片胶。

（3）用于再流焊工艺和预涂敷工艺中。防止贴装时的元器件位移和立片。

（4）此外，印制电路板和元器件批量改变时，可用贴片胶作标记。

5.3.2 贴片胶的涂布和固化方法

1. 贴片胶的涂布方式

把贴片胶涂敷到电路板上常用的方法有点滴法、注射法和印刷法。

1）点滴法

在金属板上安装若干个针头，每个针头对准要放贴片胶的位置，涂布前将针床浸入一个盛贴片胶的槽中，将针床移到PCB上，轻轻用力下按，当针床再次被提起时，胶液就会因毛细管作用和表面张力效应转移到PCB上，如图5-13（a）所示。

2）注射法

注射法既能用设备自动完成，又可以手工操作，如图5-13（b）所示。手工注射贴片胶，是把贴片胶装入注射器，靠手的推力把一定量的贴片胶从针管中挤出来。自动完成注射时，贴片胶装在针管（分配器）中，针管头部装接胶嘴，将针管装在点胶机上，点涂时，自动点胶机用压缩空气对针管容腔施压，胶液就自动分配到PCB指定位置。

注射法的优点是适应性强，易于控制，可方便地改变贴片胶量以适应大小不同元器件的

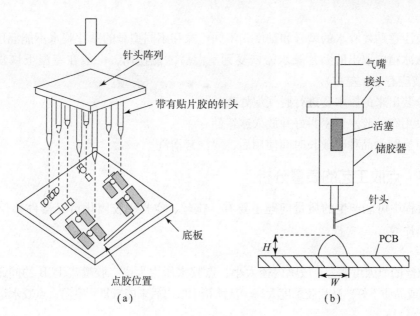

图 5 – 13　涂布方法
（a）点滴法；（b）注射法

要求，贴片胶处于密封状态，性能和涂敷工艺比较稳定。

3）印刷法

把贴片胶印刷到电路基板上，这是一种成本低、效率高的方法，适用于元器件密度不太高、生产批量比较大的场合，其方法和印刷焊锡膏相同，有模板漏印和丝网印刷两种。

印刷质量上要求印刷必须准确定位，要尽量避免胶水污染焊接面，以防影响焊接效果。

2. 贴片胶的固化

在涂敷贴片胶的位置贴装元器件以后，需要固化贴片胶，把元器件固定在电路板上。固化贴片胶的方法很多，常用电热烘箱加热固化、红外线辐射固化、紫外线辐射固化，也可以在胶水中添加一种硬化剂，在室温中固化或加温固化。

5.3.3　贴片胶的涂布工艺要求和注意事项

1. 工艺要求

（1）根据固化方法不同，确定胶水的涂敷位置。若采用红外线或紫外线辐射固化，贴片胶至少应该从元器件的下面露出一半，以便被照射而实现固化，若采用加热固化，贴片胶可以完全被元器件覆盖。

（2）贴片胶滴的大小和胶量。为了保证足够的黏结强度，可根据元器件的尺寸和重量来确定胶滴的大小和胶量。小型元件下面一般只点涂一滴贴片胶，体积大的元器件下面可以点涂多个胶滴或一个比较大的胶滴。

（3）胶滴的高度。高度不能太低，应该保证贴装元器件以后，胶水能接触到元器件的底部，但也不能太高，防止贴装元器件后把胶挤压到元器件的焊端和印制电路板的焊盘上造成污染。

2. 贴片胶水的使用注意事项

（1）贴片胶水应放于冰箱低温环境中储存，并做好登记工作，注意生产日期和使用寿命。

（2）应注意贴片胶水的型号和黏度，不同厂家和不同型号的贴片胶水不能混用。

（3）从冰箱中取出的贴片胶水需恢复到室温后才能使用，一般在室温下恢复需要 2 ~ 3 h（大包装应有 4 h 左右）。

（4）分装出来的胶水要进行脱气泡处理。

（5）没用完的胶水要密封好并放入冰箱储存。

（6）更换胶水品种时或长时间使用后，要注意清洗。

5.3.4 点胶工艺的质量分析

点胶过程中可能产生的质量问题主要有：拉丝、空打、胶固化后元器件移位或引脚上浮、焊后掉片等。

1. 拉丝

产生拉丝的原因可能为：胶嘴内径太小、点胶水压力太高、胶嘴离 PCB 的间距太大、贴片胶水过期或品质不好、贴片胶黏度太高、从冰箱中取出后未能恢复到室温、点胶水量太大等。

2. 空打

空打是指胶嘴出胶量偏少或没有胶水点出来，产生原因一般是针孔内未完全清洗干净、贴片胶中混入杂质，有堵孔现象、贴片胶水混入气泡、不相溶的胶水相混合，等等。

3. 元器件移位或引脚上浮

产生固化后元器件移位或元件引脚浮起来的原因是贴片胶水不均匀、贴片胶水量过多或贴片时元器件偏移。

4. 掉片

固化后元器件黏结强度不够，低于规定值，有时用手触摸会出现掉片。产生原因是固化工艺参数不到位，特别是温度不够，元件尺寸过大，吸热量大；或者是固化灯老化、胶水量不够、元件/PCB 有污染，等等。

5.3.5 点胶设备

自动点胶机广泛应用于工业生产中，如集成电路、印制电路板、电子元器件、汽车部件、手袋、包装盒等。自动点胶机的应用在很大程度上提高了生产效率，提高了产品的品质，能够实现一些手动点胶无法完成的工艺。自动点胶机在自动化程度上，能够实现三轴联动，智能化工作。自动点胶机主要有两种类型：阿基米德式和无接触式，如图 5 - 14 所示。

图 5 - 14　自动点胶机

1. 阿基米德式自动点胶机

阿基米德式自动点胶机的主要机构是旋转螺杆，旋转螺杆可以按设定的速度旋转，旋转时螺杆可以从胶瓶中带走部分胶剂（压缩空气不断送入胶瓶），胶剂就沿螺纹流下，从滴胶针嘴流出。其特点是可以通过旋转速度调整胶点大小，小点径旋转速度快，大点径旋转速度慢，滴大胶点时，螺杆旋转速度慢，时间就长，会降低整台机器的产量。

2. 无接触式自动点胶机

无接触式自动点胶机使用一个活塞结构，压缩空气送入胶瓶，将胶压进和活塞室相连的进给管中（胶剂在管中加热，以达到最佳的始终如一的黏性），活塞在开关和气压作用下运动，胶剂从滴胶针嘴喷射出，同时活塞返回运动还断开胶剂流，从而在印制电路板上形成胶点。其特点是消除了胶点的拉尾现象，不产生滴胶针的磨损和基板弯曲，不影响印制电路板上的器件。

5.4　自　动　贴　片

在 PCB 板上印好焊锡膏或胶水以后，贴片是贴装过程中的关键环节，用贴片机或手工的方式，将表面贴装元器件准确地贴放到 PCB 板表面相应位置上的过程，称为贴片。目前在维修或小批量的试制生产中，采用手工方式贴片，大规模批量生产，主要采用贴片机进行自动贴片。

5.4.1　贴片机种类和性能指标

常见的贴片机以日本和欧美的品牌为主，主要有 FUJI、SIEMENS、PANASONIC、YAMAHA、CASIO、SONY 等，图 5-15 为 JUKI 贴片机的外形图。贴片机可分为：

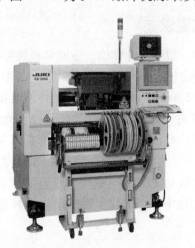

图 5-15　JUKI 贴片机外形图

①高速贴片机，也称 CP 机，用于贴装小型的 SMC 和较小的 SMD 器件，如电阻、电容、二极管、三极管等。

②中速贴片机，也称 IP 机，用于贴装 IC 芯片。

③多功能贴片机，既能贴装大尺寸（最大为 60 mm×60 mm）的 SMD 器件，又能贴装一些异形元器件 SMD，但速度不高。

贴片机性能指标包括贴片可靠性、精度、速度、服务界面、柔性及模块化。贴片机工作过程包括四个环节：元件拾取、元件检查、元件传送、元件放置。

5.4.2　贴片机的贴片前检查

1. 检查操作系统

包括各种指示灯显示是否正常、按键和操作手柄操作是否正常、计算机系统工作是否正常、输入输出系统工作是否正常。

2. 检查机械部分

包括各传送皮带、链条、连接销杆应完整，无老化损坏现象；各传动导轨、丝杠运转平稳协调，无异常杂音，无漏油现象。

3. 检查空压控制部分

驱动气缸、电磁阀以及配管、连接头应无异物堵塞、无松动漏气。驱动气缸及电磁阀工作正常，无杂音，压缩空气的干燥过滤装置齐全完好；贴片头真空度不小于 500 mmHg（1 mmHg = 0.133 kPa）汞柱。

4. 试贴精度

正式贴片前，要进行试贴，查看元件中心与对应焊盘中心线的最大偏移量，不超过元件焊脚宽度的 1/3（目测）；或异常偏移发生率不大于 3‰。

5. 其他

仪器、仪表外观是否完好，指示是否准确，读数是否醒目，设备内外是否定期保养，是否在合格使用期限内；设备是否保持清洁、无油污、无锈蚀，周围附件备件等排列是否有序，设备润滑是否良好。

5.4.3　对贴片质量的要求

（1）被贴装的元器件类型、型号、标称值、方向和极性等都应该符合要求。

（2）元器件的焊端或引脚应该尽量和焊盘图形对齐、居中；至少要有厚度的 1/2 浸入焊锡膏，焊锡膏挤出量应小于 0.2 mm（窄间距元器件的焊锡膏挤出量应小于 0.1 mm）。

（3）允许元器件贴装位置有一定的偏差：矩形元器件允许横向移位、纵向移位和旋转偏移；小外形晶体管（SOT）允许旋转偏差，但引脚必须全部在焊盘上；小外形集成电路（SOIC）允许有平移或旋转偏差，但必须保证引脚宽度的 3/4 在焊盘上；四边扁平封装器件和超小型器件（QFP，包括 PLCC 器件）允许有旋转偏差，但必须保证引脚长度和宽度的 3/4 在焊盘上；BGA 焊球中心与焊盘中心的最大偏移量小于焊球半径。如图 5 - 16、图 5 - 17 和 5 - 18 所示。

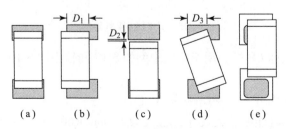

（a）　　（b）　　（c）　　（d）　　（e）

图 5 - 16　片式元件贴装偏差

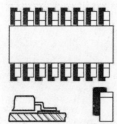
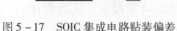
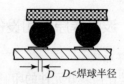

图 5 - 17　SOIC 集成电路贴装偏差　　　　图 5 - 18　BGA 集成电路贴装偏差

（4）元器件贴片压力要合适，如果压力过小，元器件焊端或引脚就会浮放在焊锡膏表面，焊锡膏就不能粘住元器件，在电路板传送和焊接过程中，未粘住的元器件可能移动位置。如果元器件贴装压力过大，焊锡膏挤出量过大，容易造成焊锡膏外溢，使焊接时产生桥接，同时也会造成器件的滑动偏移，严重时会损坏器件。

5.4.4　贴片质量分析

SMT 贴片常见的质量问题有漏件、侧件、翻件、偏位、损件等。

（1）导致贴片漏件的主要因素：

①元器件供料架（Feeder）送料不到位。

②元件吸嘴的气路堵塞、吸嘴损坏、吸嘴高度不正确。

③设备的真空气路故障，发生堵塞。

④电路板进货不良，产生变形。

⑤电路板的焊盘上没有焊锡膏或焊锡膏过少。

⑥元器件质量问题，同一品种的厚度不一致。

⑦贴片机调用程序有错漏，或者编程时对元器件厚度参数的选择有误。

⑧人为因素不慎碰掉。

（2）导致 SMC 器件贴片时翻件、侧件的主要因素：

①元器件供料架（Feeder）送料异常。

②贴装头的吸嘴高度不对。

③贴装头抓料的高度不对。

④元件编带的装料孔尺寸过大，元件因振动翻转。

⑤散料放入编带时的方向弄反。

（3）导致元器件贴片偏位的主要因素：

①贴片机编程时，元器件的 $X - Y$ 轴坐标不正确。

②贴片吸嘴故障，使吸料不稳。

（4）导致元器件贴片时损坏的主要因素：

①定位顶针过高，使电路板的位置过高，元器件在贴装时被挤压。

②贴片机编程时，元器件的 Z 轴坐标不正确。

③贴装头的吸嘴弹簧被卡死。

5.5 波 峰 焊

5.5.1 波峰焊原理和设备

1. 波峰焊原理

波峰焊是让插装好元件的印制电路板与熔融焊料的波峰相接触，实现焊接的一种方法。波峰焊适合于大批量焊接印制电路板。波峰焊的特点是质量好、速度快、操作方便，如与自动插件器配合，即可实现半自动化生产。

实现波峰焊的设备称为波峰焊机。波峰焊机是在浸焊机的基础上发展起来的自动焊接设备，两者最主要的区别在于设备的焊锡槽。波峰焊是利用焊锡槽内的机械式或电磁式离心泵，将熔融焊料压向喷嘴，从喷嘴中形成一股向上平稳喷涌的焊料波峰，并源源不断地溢出，如图5-19所示。装有元器件的印制电路板以平面直线匀速运动的方式通过焊料波峰，在焊接面上形成润湿焊点而完成焊接。与浸焊机相比，波峰焊设备具有如下优点：

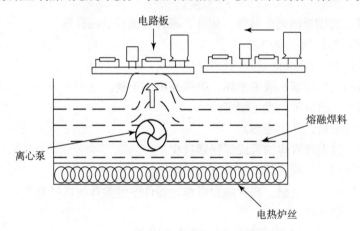

图5-19 波峰焊机的焊锡槽示意图

（1）熔融焊料的表面漂浮一层抗氧化剂隔离空气，只有焊料波峰暴露在空气中，减少了氧化的机会，可以减少焊料氧化带来的浪费。

（2）电路板接触高温焊料时间短，可以减轻电路板的变形。

（3）浸焊机内的焊料相对静止，焊料中不同密度的金属会产生分层现象。波峰焊机在离心泵的作用下，整槽熔融焊料循环流动，使焊料成分均匀一致。

（4）波峰焊机的焊料充分流动，有利于提高焊点质量。

现在，波峰焊设备已经国产化，波峰焊已成为一种普遍应用的焊接工艺方法。这种方法适宜成批量焊接一面装有分立元件和集成电路的印制电路板。

2. 常见波峰焊机

早期的波峰焊在焊接过程中，助焊剂或元器件的粘贴剂受热分解所产生的气泡不易排出，遮蔽在焊点上，可能造成焊料无法接触焊接面而形成漏焊，即产生气泡遮蔽效应；另外，印制电路板在焊料熔液的波峰上通过时，较高的SMT元器件对它后面或相邻的较矮的SMT元器件周围的死角产生阻挡，形成阴影区，使焊料无法在焊接面上漫流而导致漏焊或焊接不良，即产生阴影效应。

为了改变老式波峰焊机在焊接时容易造成焊料堆积、焊点短路等现象，解决在利用波峰焊机焊接 SMT 电路板时，易产生气泡遮蔽效应和阴影效应，已经研制出许多新型或改进型的波峰焊设备。波峰焊机外形图如图 5 - 20 所示。下面介绍几种新型的波峰焊机。

图 5 - 20　波峰焊机外形图

1）斜坡式波峰焊机

斜坡式波峰焊机是一种单峰波峰焊机，它与一般波峰焊机的区别在于传送导轨是以一定角度的斜坡方式安装的，如图 5 - 21（a）所示。这种波峰焊机的优点是：假如电路板以与一般波峰焊机同样速度通过波峰，等效增加了焊点浸润的时间，增加了电路板焊接面与焊锡波峰接触的长度，从而提高了传送导轨的运行速度和焊接效率，不仅有利于焊点内的助焊剂挥发，避免形成夹气焊点，还能让多余的焊锡流下来。

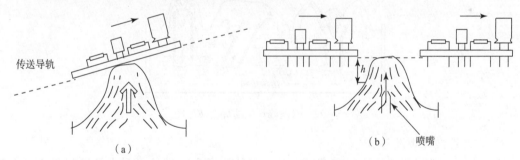

（a）　　　　　　　　　　　　　　　（b）　喷嘴

图 5 - 21　斜坡式波峰焊机和高波峰焊机波峰图
（a）斜坡式波峰焊机波峰；（b）高波峰焊机波峰

2）高波峰焊机

高波峰焊机也是一种单峰波峰焊机，它的焊锡槽及其锡波喷嘴如图 5 - 21（b）所示，适用于 THT 元器件"长脚插焊"工艺，其特点是，焊料离心泵的功率比较大，从喷嘴中喷出的锡波高度比较高，并且其高度 h 可以调节，保证元器件的引脚从锡波里顺利通过。一般，在高波峰焊机的后面配置剪腿机，用来剪短元器件的引脚。

3）双波峰焊机

为了适应 SMT 技术发展，特别是为了适应焊接那些 THT 和 SMT 混合元器件的电路板，在单峰波峰焊机基础上改进形成了双波峰焊机，即有两个焊料波峰，双波峰焊机的焊料波型有三种：空心波、紊乱波、宽平波。两个焊料波峰的形式是不同的，最常见的波型组合是"紊乱波＋宽平波""空心波＋宽平波"。

空心波的特点是在熔融铅锡焊料的喷嘴出口设置了指针形调节杆，让焊料熔液从喷嘴两边对称的窄缝中均匀地喷流出来，使两个波峰的中部形成一个空心的区域，并且两边焊料熔液喷流的方向相反。空心波的波型结构可以从不同方向消除元器件的阴影效应，有极强的填充死角、消除桥接的效果。它能够焊接 SMT 元器件和引线元器件混合装配的印制电路板，特别适合焊接极小的元器件，空心波焊料熔液喷流形成的波柱薄、截面积小，使 PCB 基板与焊料熔液的接触面减小，不仅有利于助焊剂热分解气体的排放，克服了气体遮蔽效应，还减少了印制电路板吸收的热量，降低了元器件损坏的概率。

形成紊乱波的方法是：在双波峰焊接机中，用一块多孔的平板去替换空心波喷口的指针形调节杆，就可以获得由若干个小子波，看起来像平面涌泉似的紊乱波，也能很好地克服一般波峰焊的遮蔽效应和阴影效应。

形成宽平波的方法是：在焊料的喷嘴出口处安装扩展器，熔融的焊料熔液从倾斜的喷嘴喷流出来，便形成偏向宽平波（也叫片波），逆着印制电路板前进方向的宽平波流速较大，对电路板有很好的擦洗作用；在设置扩展器的一侧，熔液的波面宽而平，流速较小，使焊接对象可以获得较好的后热效应，起到修整焊接面、消除桥接和拉尖、丰满焊点轮廓的效果。

如图 5 - 22 所示是双波峰焊机的焊料波型，使用这种设备焊接印制电路板时，THT 元器件要采用"短脚插焊"工艺。双波峰焊机的焊料溶液的温度、波峰的高度和形状、电路板通过波峰的时间和速度工艺参数，都可以通过控制系统进行调整。

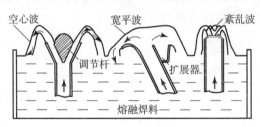

图 5 - 22　双波峰焊机的焊料波型图

4）选择性波峰焊设备

近年来，SMT 元器件的使用率不断上升，在某些混合装配的电子产品里甚至已经占到 95% 左右，按照以往的思路，对电路板 A 面进行再流焊、B 面进行波峰焊的方案已经面临挑战。在以集成电路为主的产品中，很难保证在 B 面上只贴装耐受温度的 SMC 元件、不贴装 SMD，集成电路承受高温的能力较差，可能因波峰焊导致损坏；为此，国外厂商推出了选择性波峰焊设备。这种设备的工作原理是：在由电路板设计文件转换的程序控制下，小型波峰焊锡槽和喷嘴移动到电路板需要补焊的位置，顺序、定量喷涂助焊剂并喷涌焊料波峰，进行局部焊接。

5.5.2　波峰焊机主要工作过程

图 5 - 23 是一般波峰焊机的内部结构示意图。它的基本构造都是由喷涂助焊料装置、预

热装置、焊料槽、冷却风扇和传动机构等组成。

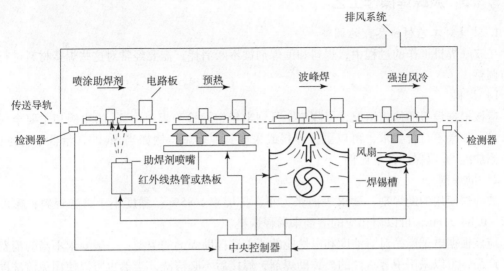

图 5-23 波峰焊机的内部结构示意图

一般波峰焊的流水工艺为：印制电路板（插好元件的）上夹具→喷涂助焊剂→预热→波峰焊接→冷却→质检→出线。

1）喷涂助焊剂

为了去除被焊件表面的氧化物和污物，阻止焊接时被焊件表面发生氧化，需要对印制电路板涂敷助焊剂。助焊剂喷涂方式有两种，既可以是连续喷涂，也可以设置成检测到有电路板通过时才进行喷涂的经济模式。常用的涂敷方法有波峰式、发泡式、喷射式、刷涂式和浸涂式等，其中又以发泡式优点较多而被广泛应用。

2）预热

预热装置由热管和其他装置组成。电路板在焊接前被预热，可以减小温差、避免热冲击，预防印制电路板在焊接时产生变形。预热温度在 90~120 ℃之间，预热时间必须控制得当，预热可使助焊剂干燥（蒸发掉其中的水分），提高助焊剂的活性，防止元件突受高热冲击而损坏。预热的方法通常有：辐射式和热风式。

3）焊接

这是波峰焊的重要过程。熔融的焊锡在一个较大的料槽中，被装在料槽底部的锡泵向上泵送，形成波峰，并使喷涌在波峰表面的焊料无氧化层，传导机构控制印制电路板，把印制电路板传送到料槽焊锡波峰处，焊接面就与波峰相接触，形成焊点，由于印制电路板与波峰处于相对运动状态，助焊剂在高温下挥发并活化，焊点内不出现气泡，保证了焊接质量。

4）冷却

印制电路板被送出焊接区后要进行冷却。冷却方式大都为强迫风冷，正确的冷却温度与时间，有利于改进焊点的外观与可靠性。

值得注意的是：为了获得良好的焊接质量，焊接前应做好充分的准备工作，如保证产品的可焊性处理（预镀锡）等，焊接后的清洗、检验、返修等步骤也应按规定进行操作。

5.5.3 波峰焊操作工艺

1. 波峰焊工艺材料参数的调整

在波峰焊机工作的过程中，焊料和助焊剂被不断消耗，需要经常对这些焊接材料进行监测与调整。

1）焊料

应该根据设备的使用情况，每隔三个月到半年定期检测焊料中 Sn 的比例和主要金属杂质含量。如果不符合要求，可以更换焊料或采取其他措施。例如当 Sn 的含量低于标准时，可以添加纯 Sn 以保证含量比例。

2）助焊剂

波峰焊使用的助焊剂，要求表面张力小，扩展率 >85%；黏度小于熔融焊料；密度在 0.82 ~ 0.84 g/mL，可以用相应的溶剂来稀释调整。

应该根据电子产品对清洁度和电性能的要求选择助焊剂的类型：一般要求不高的消费类电子产品，可以采用中等活性的松香助焊剂，焊接后不必清洗，当然也可以使用免清洗助焊剂。通信类产品可以采用免清洗助焊剂，或者用清洗型助焊剂，焊接后进行清洗。

3）焊料添加剂

在波峰焊的焊料中，还要根据需要添加或补充一些辅料，比如防氧化剂和锡渣减除剂。防氧化剂由油类与还原剂组成。防氧化剂可以减少高温焊接时焊料的氧化，不仅可以节约焊料，还能提高焊接质量。锡渣减除剂能让熔融的焊料与锡渣分离，起到防止锡渣混入焊点、节省焊料的作用。

2. 波峰焊温度参数的控制

整个焊接过程被分为三个温度区域：预热区、焊接区、冷却区。理想的双波峰焊的焊接温度曲线如图 5-24 所示，实际的焊接温度曲线可以通过对设备的控制系统编程进行调整。

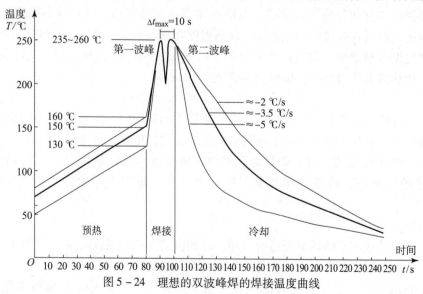

图 5-24 理想的双波峰焊的焊接温度曲线

1）预热区温度的设置

在预热区内，喷涂在电路板上的助焊剂中的溶剂被挥发，可以减少焊接时产生的气体。

同时，松香和活化剂开始分解活化，去除焊接面上的氧化层和其他污染物，并且防止金属表面在高温下再次氧化。印制电路板和元器件被充分预热，可以有效地避免焊接时急剧升温产生的热应力损坏。印制电路板的预热温度及时间，要根据印制电路板的大小、厚度、元器件的尺寸和数量，以及贴装元器件的多少而确定。在 PCB 表面测量的预热温度应该在 90～130 ℃，多层板或贴片元器件较多时，预热温度取上限。预热时间由传送带的速度来控制。如果预热温度偏低或预热时间过短，助焊剂中的溶剂挥发不充分，焊接时就会产生气体引起气孔、锡珠等焊接缺陷；如预热温度偏高或预热时间过长，焊剂被提前分解，使焊剂失去活性，同样会引起毛刺、桥接等焊接缺陷。为恰当控制预热温度和时间，达到最佳的预热温度，可以参考表 5 - 3 内的数据，也可以从波峰焊前涂敷在 PCB 底面的助焊剂是否有黏性来进行判断。

表 5 - 3　不同印制电路板在波峰焊时的预热温度

PCB 类型	元器件种类	预热温度/℃
单面板	THC + SMD	90～100
双面板	THC	90～110
双面板	THC + SMD	100～110
多层板	THC	110～125
多层板	THC + SMD	110～130

2）焊接区温度的设置

焊接过程是焊接金属、熔融焊料之间相互作用的复杂过程，同样必须控制好焊接温度和时间。如焊接温度偏低，液体焊料的黏性大，不能很好地在金属表面浸润和扩散，就容易产生拉尖和桥接、焊点表面粗糙等缺陷；如焊接温度过高，容易损坏元器件，还会由于焊剂被碳化失去活性、焊点氧化速度加快，产生焊点发乌、不饱满等问题。由于热量、温度是时间的函数，在一定温度下，焊点和元件的受热量随时间而增加，所以波峰焊的焊接时间可以通过调整传送系统的速度来控制。在实际操作时，传送带的速度要根据不同波峰焊机的长度、预热温度、焊接温度等因素进行调整。如果以每个焊点接触波峰的时间来表示焊接时间，焊接时间一般为 3～4 s。双波峰焊第一波峰处的速度一般调整为（235～240）℃/s，第二波峰处的速度一般设置在（240～260）℃/3 s 之间。

3）冷却区温度的设置

为了减少印制电路板的受高热时间，防止印制电路板变形，提高印制导线与基板的附着强度，增加焊接点的牢固性，焊接后应立即冷却。冷却区温度应根据产品的工艺要求、环境温度以及传送速度来确定，冷却区温度一般以一定负温度速率下降，可以设置成 - 2 ℃/s、- 3.5 ℃/s 或 - 5 ℃/s。

3. 其他工艺要求

1）元器件的可焊性

元器件的可焊性是焊接良好的一个主要方面。对可焊性的检查要定时进行，按现场所使用的元器件、助焊剂、焊料进行试焊，测定其可焊性。

2）波峰高度及波峰平稳性

波峰高度是作用波的表面高度。较好的波峰高度是以波峰达到电路板厚度的 1/2 ~ 2/3 为宜。波峰过高易拉毛、堆锡，还会使锡溢到线路板上面，烫伤元件；波峰过低，易漏焊和挂焊。

3）焊接温度

焊接温度是指被焊接处与熔化的焊料相接触时的温度。温度过低会使焊接点毛糙、不光亮，造成虚假焊及拉尖；温度过高，易使电路板变形，烫伤元件。对于不同基板材料的印制电路板，焊接温度略有不同。

4）传递速度

印制电路板的传递速度决定了焊接时间。速度过慢，则焊接时间过长且温度较高，给印制电路板及元件带来不良影响；速度过快，则焊接时间过短，容易有假焊、虚焊、桥焊等不良现象。焊接点与熔化的焊料所接触的时间以 3 ~ 4 s 为宜，即印制电路板的传递速度选用 1 m/min 左右的速度。

5）传递角度

在印制电路板的前进过程中，当印制电路板与焊料的波峰呈一个倾角时，则可减少挂锡、拉毛、气泡等不良现象，所以在波峰焊焊接时印制电路板通常与波峰呈 5° ~ 8° 的仰角。

6）氧化物的清理

锡槽中焊料长时间与空气接触容易被氧化，氧化物漂浮在焊料表面，积累到一定程度，在泵的作用下，随焊料一起喷到印制电路板上，使焊点无光泽，造成渣孔和桥连等缺陷，所以要定时清理氧化物，一般每四小时一次；也可以在焊料中加入抗氧化剂，防止焊料氧化。

5.5.4 波峰焊工艺中的检查工作

波峰焊是进行高效率、大批量焊接电路板的主要手段之一，操作中如有不慎，即可能出现焊接质量问题。所以操作工人应对波峰焊机的构造、性能、特点有全面的了解，并熟悉设备的操作方法。在操作中还要做好三检查。

1. 焊前检查

工作前应对设备的各个部分进行可靠性检查。

2. 焊中检查

在焊接过程中应不断检查焊接质量，检查焊料的成分，及时去除焊料表面的氧化层，添加防氧化剂，并及时补充焊料。

3. 焊后检查

对焊接的质量进行抽查，及时发现问题，少数漏焊可用电烙铁手工补焊，大量的焊接质量问题，要及时查找原因。

5.5.5 波峰焊接缺陷分析

1. 沾锡不良或局部沾锡不良

沾锡不良即在焊点上只有部分沾锡，是不可接受的缺点。局部沾锡不良不会露出铜箔面，只有薄薄的一层锡，无法形成饱满的焊点。产生原因及改善方式如下：

（1）在印刷阻焊剂时沾上的外界污染物，如油、脂、蜡等。去除方法通常可用溶剂清洗。

（2）氧化。常因储存状况不良或在基板制造过程中发生氧化，且助焊剂无法完全去除，会造成沾锡不良，解决方法是过两次锡。

（3）助焊剂涂敷方式不正确，或发泡气压不稳定或不足，致使泡沫高度不稳或不均匀，使基板部分没有沾到助焊剂。解决方法是调整助焊剂涂敷质量。

（4）浸锡时间不足。焊接一般需要足够的时间对焊盘湿润，总时间约 3 s。

（5）锡温不足。焊接一般需要足够的温度对焊盘湿润，焊锡温度应高于熔点温度 50 ~ 80 ℃。

2. 冷焊或焊点不亮

即焊点看似碎裂、不平。大部分原因是零件在焊锡正要冷却形成焊点时振动而造成，因此要注意锡炉输送是否有异常振动。

3. 焊点破裂

焊点破裂通常是由于焊锡、基板、导通孔及零件脚之间膨胀系数不一致造成的，应在基板材质、零件材料及设计上去改善。

4. 焊点锡量太大

通常在评定一个焊点，希望是又大又圆又胖的焊点，但事实上过大的焊点对导电性及抗拉强度未必有所帮助。产生的原因可能为：

（1）锡炉输送角度不正确，会造成焊点过大，一般角度越大，沾锡越薄；角度越小，沾锡越厚。

（2）焊接温度和时间设置不够正确，一般略微提高锡槽温度，或加长焊锡时间，可使多余的锡再回流到锡槽。

（3）预热温度设置不正确，一般提高预热温度，可减少基板沾锡所需热量，增加助焊效果。

（4）助焊剂比重有问题，通常比重越高吃锡越厚，也越易短路；比重越低吃锡越薄，但越易造成锡桥、锡尖。

5. 锡尖（冰柱）

锡尖是指在元器件引脚顶端或焊点上发现有冰尖般的锡，通常发生在通孔安装元器件的焊接过程中。产生的原因和解决方法为：

（1）基板的可焊性差，通常伴随着沾锡不良。此问题应从基板可焊性方面去考虑，可试着提升助焊剂比重来改善。

（2）基板上焊盘面积过大。可用阻焊漆线将焊盘分隔来改善，原则上用阻焊漆线将大焊盘分隔成 5 mm×10 mm 区块。

（3）锡槽温度不足或沾锡时间太短。可用提高锡槽温度、加长焊锡时间来改善。

（4）冷却风的角度不对、不可朝锡槽方向吹，会造成锡点急速冷却，多余焊锡无法受重力与内聚力拉回锡槽。

6. 白色残留物

在焊接或溶剂清洗过后发现有白色残留物在基板上，通常是松香的残留物，这类物质不会影响性能，但客户不接受。产生的原因和解决办法为：

（1）助焊剂通常是此问题的主要原因，有时改用另一种助焊剂即可改善，松香类助焊剂常在清洗时产生白斑，此时最好的方式是寻求助焊剂供货商的协助，他们较专业。

（2）基板制作过程中残留杂质或所使用的溶剂使基板材质变化，通常是某一批量单独产生，在长期储存下亦会产生白斑，可用助焊剂或溶剂清洗，建议印制电路板储存时间越短越好。

（3）使用的助焊剂与基板氧化保护层不兼容，发生在新的基板供货商，或更改助焊剂厂牌时，应请供货商协助解决。

（4）助焊剂使用过久老化，暴露在空气中因吸收水汽而劣化，建议更新助焊剂（通常发泡式助焊剂应每周更新，浸泡式助焊剂每两周更新，喷雾式助焊剂每月更新）。

（5）清洗基板的溶剂水分含量过高，从而降低清洗能力并产生白斑，应更新溶剂。

（6）若在元器件引脚及其他器件的金属上，尤其是含铅成分较多的金属上有白色腐蚀物，原因可能是氯离子易与铅形成氯化铅，再与二氧化碳形成碳酸铅（白色腐蚀物）。在清洗时，应正确选用清洗剂，因为松香不溶于水，会将含氯活性剂包着不致腐蚀，但选用清洗剂不当，只能清洗松香，无法去除含氯离子，如此一来反而加速腐蚀。

7. 深色残余物及浸蚀痕迹

通常黑色残余物均位于焊点的底部或顶端，此问题通常是不正确地使用助焊剂或清洗不当造成。产生原因可能为：

（1）松香型助焊剂焊接后未立即清洗，留下黑褐色残留物，解决方法是尽量提前清洗。

（2）有机类助焊剂在较高温度下烧焦而产生黑斑，解决方法是确认锡槽温度，改用较耐高温的助焊剂。

8. 绿色残留物

绿色残留物通常是腐蚀造成的，特别是电子产品。但是并非完全如此，因为很难分辨到底是绿锈或是其他化学产品，但通常来说发现绿色物质应为警讯，必须立刻查明原因，尤其是此种绿色物质会越来越大，应非常注意，通常可用清洗来改善。

（1）腐蚀的问题通常发生在裸铜面或含铜合金上，这种腐蚀物质内含铜离子，因此呈绿色，当发现此绿色腐蚀物，即可确认是使用非松香助焊剂后未正确清洗。

（2）若是氧化铜与松香的化合物，此物质是绿色，但绝不是腐蚀物，且具有高绝缘性，不影响品质，但应清洗。

（3）若是基板制造时形成的残留物，在焊锡后会产生绿色残余物，应要求基板制作厂在基板制作清洗后，再做清洁度测试，以确保基板清洁度的品质。

9. 针孔及气孔

针孔与气孔是有区别的，针孔是在焊点上发现的小孔，气孔则是焊点上较大孔，可看到内部，针孔内部通常是空的，气孔则是内部空气完全喷出而造成的大孔，其形成原因是焊锡在气体尚未完全排除即已凝固而形成。

（1）基板与元器件引脚有污染物，焊接时都可能产生气体而造成针孔或气孔，这些污染物一般可能来自自动插件机或储存状况不佳造成。解决此问题较为简单，只要用溶剂清洗即可。但如发现污染物不容易被溶剂清洗，可能是制造过程中一些化合物的残余物，应考虑使用其他产品替代。

（2）使用较便宜的基板材质，或使用较粗糙的钻孔方式导致在孔处容易吸收空气中的湿气，焊接过程中受到高温，湿气蒸发出来而造成针孔与气孔。解决方法是把印制电路板放在烤箱中在 120 ℃下烤 2 h。

（3）电镀溶液中的光亮剂挥发造成针孔与气孔。印制电路板制造时，会使用大量光亮剂电镀，特别是镀金时，光亮剂常与金同时沉积，遇到高温则挥发。这要与印制电路板供货商协商解决。

10. 焊点灰暗

焊点灰暗现象是指制造出来的成品焊点是灰暗的。产生原因可能为：

（1）焊锡内有杂质或锡含量过低，必须每三个月定期检验焊锡内的金属成分。

（2）某些助焊剂（如 RA 及有机酸类助焊剂）在热的焊点表面上会产生某种程度的灰暗色，在焊接后立刻清洗应可改善。

11. 焊点表面粗糙

焊点表面呈砂状突出，而焊点整体形状不改变。产生原因可能为：

（1）金属杂质的结晶。必须每三个月定期检验焊锡内的金属成分。

（2）有锡渣。锡渣被泵经锡槽内喷嘴喷流涌出，使焊点表面有砂状突出，此时应追加焊锡并应清理锡槽及泵内的氧化物。

（3）有外来物质。如毛边、绝缘材料等藏在元器件引脚处，亦会产生粗糙表面。

12. 短路

过大的焊点易造成两焊点相接。产生原因可能为：

（1）基板吃锡时间不够或预热不足，调整锡炉参数设置即可改善。

（2）助焊剂不良、助焊剂的比重不当、劣化等，调整助焊剂即可改善。

（3）基板行进方向与锡波配合不良，调整吃锡方向即可改善。

（4）线路设计不良、线路或接点间太过接近。此时应考虑更改设计。

（5）被污染的锡或积聚过多的氧化物被泵带上造成短路，此时应清理锡炉或全部更新锡槽内的焊锡。

13. 黄色焊点

可能因焊锡温度过高造成，应立即查看锡温及温控器是否存在故障。

5.6 再 流 焊

再流焊，也叫作回流焊，是为了适应电子元器件的微型化而发展起来的锡焊技术。再流焊作为一种适合自动化生产的电子产品装配技术，主要应用于各类表面安装元器件的焊接。它的操作方法简单，效率高、质量好、一致性好，节省焊料（仅在元器件的引脚下有很薄的一层焊料）。再流焊目前已经成为 SMT 电路板焊接技术的主流。

5.6.1 再流焊设备

用于再流焊的设备称为再流焊炉，图 5-25 是再流焊炉的外形图。再流焊炉主要由炉体、上下加热源、PCB 传送装置、空气循环装置、冷却装置、排风装置、温度控制装置以及计算机控制系统组成。

再流焊对焊料加热有不同的方法，就热量的传导

图 5-25　再流焊炉的外形图

来说，主要有辐射和对流两种方式；按照加热区域，可以分为对 PCB 整体加热和局部加热两大类，整体加热的方法主要有红外线加热法、气相加热法、热风加热法、热板加热法，局部加热的方法主要有激光加热法、红外线聚焦加热法、热气流加热法、光束加热法。

1. 再流焊设备的种类

根据再流焊对焊料加热方式的不同，常见的再流焊设备有以下几种。

1）红外线再流焊

红外线再流焊的加热炉使用远红外线辐射作为热源，现在国内企业已经能够制造这种焊接设备，所以红外线再流焊是目前使用最为广泛的 SMT 焊接方法。图 5－26 是红外线再流焊炉的工作过程示意图。这种方法的主要工作原理是：在设备的隧道式炉膛内，通电的陶瓷发热板（或石英发热管）辐射出远红外线，热风机使热空气对流均匀，让电路板随传动机构直线匀速进入炉膛，顺序通过预热、焊接和冷却三个温区。在预热区里，PCB 在 100～160 ℃的温度下均匀预热 2～3 min，焊膏中的低沸点溶剂和抗氧化剂挥发，化成烟气排出；同时，焊膏中的助焊剂浸润焊接对象，焊膏软化塌落，覆盖了焊盘和元器件的焊端或引脚，使它们与氧气隔离；并且，电路板和元器件得到充分预热，以免它们进入焊接区因温度突然升高而损坏。在焊接区，温度迅速上升，比焊料合金熔点高 20～50 ℃，漏印在印制电路板焊盘上的膏状焊料在热空气中再次熔融，浸润焊接面，时间为 30～90 s。当焊接对象从炉膛内的冷却区通过，使焊料冷却凝固以后，全部焊点同时完成焊接。

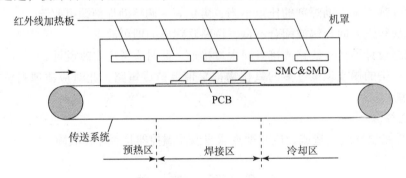

图 5－26　红外线再流焊炉的工作过程示意图

现在，随着温度控制技术的进步，高档的红外线再流焊设备的温度隧道更多地细分了不同的温度区域，例如把预热区细分为升温区、保温区和快速升温区等。在国内设备条件最好的企业里，已经能够见到 7～10 个温区的再流焊设备。

红外线再流焊炉的优点是热效率高，温度变化梯度大，温度曲线容易控制，双面焊接电路板时，PCB 的上、下温度差别明显；缺点是同一电路板上的元器件受热不够均匀，特别是当元器件的颜色和体积不同时，受热温度就会不同，为使深颜色的和体积大的元器件同时完成焊接，必须提高焊接温度。

红外线再流焊设备适用于单面、双面、多层印制电路板上 SMT 元器件的焊接，也可以用于电子器件、组件、芯片的再流焊，还可以对印制电路板进行热风整平、烘干，对电子产品进行烘烤、加热或固化黏合剂。红外线再流焊设备既能够单机操作，也可以与电子装配生产线配套使用。

2）气相再流焊

气相再流焊工作原理是：在介质的沸点温度下，把饱和蒸气转变成为相同温度的液体，释放出潜热，使膏状焊料熔融浸润，从而使电路板上的所有焊点同时完成焊接。这种焊接方法的介质液体要有较高的沸点（高于铅锡焊料的熔点），有良好的热稳定性，不自燃。常见的介质有 FC70（沸点 215 ℃）和 FC71（沸点 253 ℃）等。

气相再流焊的优点是焊接温度均匀、精度高、不会氧化。其缺点是介质液体及设备的价格高，工作时介质液体会产生少量有毒气体。图 5 - 27 是气相再流焊设备的工作原理示意图。

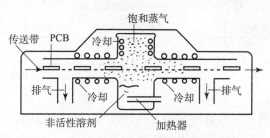

图 5 - 27　气相再流焊的工作原理示意图

3）热板传导再流焊

利用热板传导来加热的焊接方法称为热板传导再流焊。热板传导再流焊的工作原理如图 5 - 28 所示。

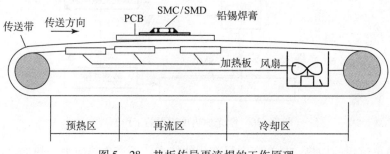

图 5 - 28　热板传导再流焊的工作原理

发热器件为型板，放置在传送带下，传送带由导热性能良好的材料制成。待焊电路板放在传送带上，热量先传送到电路板上，再传至铅锡焊膏与 SMC/SMD 元器件上，软钎料焊膏熔化以后，再通过风冷降温，完成 SMC/SMD 与电路板的焊接。这种设备的热板表面温度不能大于 300 ℃，适用于高纯度氧化铝基板、陶瓷基板等导热性好的电路板单面焊接，对普通覆铜箔电路板的焊接效果不好。

4）热风对流再流焊与红外热风再流焊

热风对流再流焊是利用加热器与风扇，使炉膛内的空气或氮气不断加热并强制循环流动，工作原理如图 5 - 29 所示。这种再流焊设备的加热温度均匀，但不够稳定，容易产生氧化，PCB 上、下的温差以及沿炉长方向的温度梯度不容易控制，一般不单独使用。

改进型的红外热风再流焊是按一定热量比例和空间分布，同时混合红外线辐射和热风循环对流来加热的方式，也叫热风对流红外线辐射再流焊。这种方法的特点是各温区独立调节热量，减小热风对流，在电路板的下面采取制冷措施，从而保证加热温度均匀稳定，电路板表面和元器件之间的温差小，温度曲线容易控制。红外热风再流焊设备的生产能力高，操作成本低，是 SMT 大批量生产中的主要焊接设备之一。

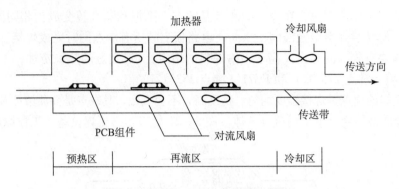

图 5 - 29 热风对流再流焊的工作原理

5）激光加热再流焊

激光加热再流焊是利用激光束良好的方向性及功率密度高的特点，通过光学系统将激光束聚集在很小的区域内，在很短的时间内使被加热处形成一个局部的加热区，常用的激光有 CO_2 和 YAG 两种。图 5 - 30 是激光加热再流焊的工作原理示意图。

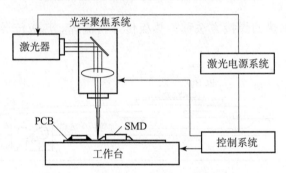

图 5 - 30 激光加热再流焊的工作原理

激光加热再流焊的加热，具有高度局部化的特点，不产生热应力，热冲击小，热敏元器件不易损坏。但是设备投资大，维护成本高。

各种再流焊工艺主要加热方法的优缺点，如表 5 - 4 所示。

表 5 - 4 再流焊主要加热方法的优缺点

加热方式	原　理	优　点	缺　点
红外	吸收红外线辐射加热	（1）连续，同时成组焊接； （2）加热效果好，温度可调范围宽； （3）减少焊料飞溅、虚焊及桥接	材料、颜色与体积不同，热吸收不同；温度控制不够均匀
气相	利用惰性溶剂的蒸气凝聚时放出的潜热加热	（1）加热均匀，热冲击小； （2）升温快，温度控制准确； （3）同时成组焊接； （4）可在无氧环境下焊接	（1）设备和介质费用高； （2）容易出现吊桥和芯吸现象
热风	高温加热的气体在炉内循环加热	（1）加热均匀； （2）温度控制容易	（1）容易产生氧化； （2）强风会使元器件产生位移

加热方式	原 理	优 点	缺 点
热板	利用热板的热传导加热	（1）减少对元器件的热冲击； （2）设备结构简单，价格低	（1）受基板热传导性能影响大； （2）不适用于大型基板、大型元器件； （3）温度分布不均匀
激光	利用激光的热能加热	（1）聚光性好，适用于高精度焊接； （2）非接触加热； （3）用光纤传送能量	（1）激光在焊接面上反射率大； （2）设备昂贵

2. 再流焊设备的主要技术指标

（1）温度控制精度（指传感器灵敏度）：应该达到 ± （0.1~0.2）℃。

（2）传输带横向温差：要求 ±5℃ 以下。

（3）温度曲线调试功能：如果设备无此装置，要外购温度曲线采集器。

（4）最高加热温度：一般为 300~350 ℃，如果考虑温度更高的无铅焊接或金属基板焊接，应该选择 350 ℃ 以上。

（5）加热区数量和长度：加热区数量越多、长度越长，越容易调整和控制温度曲线。一般中小批量生产，选择 4~5 个温区，加热长度 1.8 m 左右的设备，即能满足要求。

（6）传送带宽度：根据最大和最宽的 PCB 尺寸确定。

5.6.2 再流焊工艺的特点与要求

预先在印制电路板的焊接部位施放适量和适当形式的焊锡膏，然后贴放表面组装元器件，焊锡膏将元器件粘在 PCB 板上，利用外部热源加热，使焊料熔化而再次流动浸润，将元器件焊接到印制电路板上。再流焊的核心环节是将预敷的焊料熔融、再流、浸润。

1. 再流焊工艺的特点

与波峰焊技术相比，再流焊工艺具有以下技术特点：

（1）元件不直接浸渍在熔融的焊料中，所以元件受到的热冲击小（由于加热方式不同，有些情况下施加给元器件的热应力也会比较大）。

（2）能在前导工序里控制焊料的施加量，减少了虚焊、桥接等焊接缺陷，所以焊接质量好、可靠性高。

（3）能够自动校正偏差，假如前导工序在 PCB 上施放焊料的位置正确而贴放元器件的位置有一定偏离，在再流焊过程中，当元器件的全部焊端、引脚及其相应的焊盘同时浸润时，由于熔融焊料表面张力的作用，能产生自定位效应，把元器件拉回到近似准确的位置。

（4）再流焊的焊料能够保证正确组分的焊锡膏，一般不会混入杂质。

（5）可以采用局部加热的热源，因此能在同一基板上采用不同的焊接方法进行焊接。

（6）工艺简单，返修的工作量很小。

2. 再流焊工艺的要求

（1）要设置合理的温度曲线。再流焊是 SMT 生产中的关键工序，假如温度曲线设置不当,会引起焊接不完全、虚焊、元件翘立("竖碑"现象)、锡珠飞溅等焊接缺陷,影响产品质量。

(2)SMT 电路板在设计时就要确定焊接方向,应当按照设计方向进行焊接。

(3)在焊接过程中,要严格防止传送带振动。

(4)必须对第一块印制电路板的焊接效果进行判断,适当调整焊接温度曲线。

(5)定时检查焊接质量,对温度曲线进行修正。检查内容包括焊接是否完全、有无焊膏熔化不充分或虚焊和桥接的痕迹、焊点表面是否光亮、焊点形状是否向内凹陷、是否有锡珠飞溅和残留物等现象,还要检查 PCB 的表面颜色是否改变。

5.6.3 再流焊工艺中的温度控制

再流焊工艺中,需要对再流焊炉中的温度进行控制,温度控制是按照温度曲线进行的。温度曲线是指 SMA 通过再流焊炉时,SMA 上某一点的温度随时间变化的曲线。温度曲线提供了一种直观的方法,来控制和分析某个元件在整个再流焊过程中的温度变化情况。这对于获得最佳的可焊性,避免由于超温而对元件造成损坏,以及保证焊接质量都非常有用。

1. 温度曲线

在再流焊工艺过程中,加热过程可以分成预热区、焊接区(再流区)和冷却区等温度区域,预热区又可分为升温区、保温区和快速升温区。作用是沿着传送系统的运行方向,让电路板顺序通过隧道式炉内的四个温度区域,在控制系统的作用下,按照四个温度区域的梯度规律调节、控制温度的变化。理想的再流焊的焊接温度曲线如图 5-31 所示。

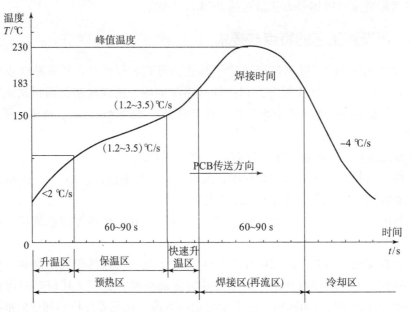

图 5-31 理想的再流焊的焊接温度曲线

1)升温区

该区域的目的是把室温的 PCB 尽快加热,以达到下一区域温度要求,但升温速率要控制在适当范围以内,如果过快,会产生热冲击,电路板和元件都可能受损;过慢,则溶剂挥发不充分,影响焊接质量。为防止热冲击对元件的损伤,一般规定最大速度为 4 ℃/s,通常上升速率设定为（1～3）℃/s，典型的升温速率为 2 ℃/s。

2）保温区

保温区是指温度从 120～150 ℃升至焊膏熔点的区域。其主要目的是使 SMA 内各元件的温度趋于稳定，尽量减少温差。在这个区域里给予足够的时间使较大元件的温度赶上较小元件，并保证焊膏中的助焊剂的溶剂得到充分挥发，活性得到加强。到保温区结束，焊盘、焊料球及元件引脚上的氧化物被助焊剂除去，整个电路板的温度达到平衡。应注意的是 SMA 上所有元件在这一段结束时应具有相同的温度，否则进入到再流区将会因为各部分温度不均产生各种不良焊接现象。

3）焊接区

在这一区域里加热器的温度设置得最高，使组件的温度快速上升至峰值温度。在焊接区，焊接峰值温度视所用焊膏的不同而不同，一般推荐为焊膏的熔点温度加 20～40 ℃。对于 95.5% Sn/4.0 Ag/0.5% Cu（熔点为 217～218 ℃）和 96.5% Sn/3.5% Ag（熔点为 221 ℃）焊膏，峰值温度一般为 230～245 ℃，再流时间不要过长，以防对 SMA 造成不良影响。理想的温度曲线是超过焊锡熔点的"尖端区"覆盖的面积最小。

4）冷却区

进入该区域前，焊膏内的铅锡粉末已经熔化并充分润湿被连接表面，应该用尽可能快的速度来进行冷却，这样将有助于得到明亮的焊点并有好的外形和低的接触角度。缓慢冷却会导致电路板的更多分解而进入锡中，从而产生灰暗毛糙的焊点。在极端的情形下，它能引起沾锡不良和减弱焊点结合力。冷却区降温速率一般为（3～10）℃/s，冷却至 75 ℃即可。

2. 温度测量

测量再流焊温度曲线时需使用温度曲线测试仪（以下简称测温仪），其主体是扁平金属盒子，一端插座接着几个带有细导线的微型热电偶探头。测量时可用焊料、胶黏剂、高温胶带固定在测试点上，打开测温仪上的开关，测温仪随同被测印制电路板一起进入炉腔，自动按设定的程序进行采样记录。测试记录完毕，将测温仪与打印机连接，便可打印出多根各种色彩的温度曲线。测温仪作为 SMT 工艺人员的眼睛与工具，在 SMT 行业中已被相当普遍地使用。

在使用测温仪时，应注意以下几点：

①测定时，必须使用已完全装配过的板。首先对印制电路板元器件进行热特性分析，由于印制电路板受热性能不同，元器件体积大小及材料差异等原因，各点实际受热升温不相同，找出最热点、最冷点，分别设置热电偶便可测量出最高温度与最低温度。

②尽可能多地设置热电偶测试点，以求全面反映印制电路板各部分真实受热状态。例如印制电路板中心、边缘、大体积元件与小型元件及热敏感元件都必须设置测试点。

③热电偶探头外形微小，必须用指定高温焊料或胶黏剂固定在测试位置，否则受热松动，偏离预定测试点，引起测试误差。

④所用电池为锂电池与可重复充电镍镉电池两种。结合具体情况合理测试及时充电，以保证测试数据准确性。

5.6.4　再流焊常见缺陷的成因及解决办法

随着电子元器件体积的不断缩小，印制电路板上组装密度越来越高，对焊接质量提出了更高的要求。现对几种常见的焊接缺陷进行分析，并提出相应的解决办法。

1. 焊料球的产生及解决办法

一般在矩形片式元件两个焊端之间的侧面或细间距引脚之间常常出现焊料球。在贴装元件过程中，焊膏是预涂在 PCB 板的焊盘上的。再流焊时焊膏熔化成液态，如果与焊盘和元器件引脚（焊端）等有良好的润湿，则液态焊料不会收缩并填满焊缝。否则，润湿很差，液态焊料会因收缩而使焊缝填充不充分，部分液态焊料会从焊缝流出，在结合点外部形成焊料球。

焊料球是再流焊接中经常碰到的焊接缺陷，焊料球的产生意味着产品出厂后存在着短路的可能性，因此必须避免。国际上对焊料球存在的认可标准是：印刷电路组件在 600 mm² 范围内焊料球不能超过 5 个。产生焊料球的原因可能为：

（1）模板的开孔过大或变形严重。过大的开孔或变形的开孔会使模板上的开孔与 PCB 上相对应的焊盘不能恰好重合或造成漏印焊膏的外形轮廓不清晰，从而使涂敷的焊膏部分置于焊盘之外，再流焊后必然会产生焊料球。

解决办法：缩小模板的开孔尺寸，严格控制模板化学腐蚀工艺，或直接改用激光切割法制作模板。

（2）非接触式印刷或印刷压力过大。非接触式印刷使模板与 PCB 板之间留有一定空隙，如果刮刀压力控制不好，容易使模板下面的焊膏挤到 PCB 表面的非焊盘区，再流焊后必然会产生焊料球。

解决办法：无特殊要求时宜采用接触式印刷或减小印刷压力。

（3）贴片时放置压力过大。过大的放置压力可以把焊膏挤压到焊盘之外，如果焊膏涂敷得较厚，过大的放置压力更容易把焊膏挤压到焊盘之外，再流焊后必然会产生焊料球。

解决办法：控制焊膏厚度，同时减小贴片头的放置压力。

（4）助焊剂未能发挥作用。助焊剂的作用是清除焊盘和焊料颗粒表面的氧化膜，从而改善液态焊料与焊盘、元器件引脚（焊端）之间的润湿性。如果在涂敷焊膏之后，放置时间过长，助焊剂容易挥发，就失去了助焊剂的去氧作用，液态焊料润湿性变差，再流焊时必然会产生焊料球。

解决办法：选用工作寿命超过 4 h 的焊膏或尽量缩短放置时间。

（5）再流温度曲线设置不当。

首先，如果预热不充分，没有达到足够的温度或时间，助焊剂不仅活性较低，而且挥发很少，不仅不能去除焊盘和焊料颗粒表面的氧化膜，而且不能从焊膏粉末中上升到焊料表面，改善液态焊料的润湿性，也易产生焊料球。解决办法：预热温度在 120 ~ 150 ℃ 保持 1.5 min 左右。

其次，再流焊预热阶段温度上升速度过快，使焊膏内部的水分、溶剂未完全挥发出来，到达再流焊温区时，引起水分、溶剂的沸腾飞溅，形成焊料球。解决措施：将预热阶段的温度上升速度控制在 1 ~ 4 ℃/s。

此外，再流焊接时温度的设置太低，液态焊料的润湿性受到影响，易产生焊料球。随着温度的不断升高，液态焊料的润湿性得到明显改善，减少了焊料球的产生。但再流焊温度太高，会损伤元器件、印制电路板和焊盘。解决办法：选择合适的焊接温度，使焊料具有必要的润湿性。

（6）焊膏中含有水分。如果从冰箱中取出焊膏，直接开盖使用，因温差较大而产生水汽凝结，在再流焊接时，极易引起水分的沸腾飞溅，形成焊料球。

解决办法：焊膏从冰箱取出后，应放置 4 h 以上，待焊膏温度达到环境温度后，再开盖使用。

（7）印刷焊膏的印制电路板清洗不干净，焊膏残留于印制电路板表面及通孔中。

印刷焊膏的印制电路板清洗不干净，通孔中焊膏残留于印制电路板表面，这也是形成焊料球的原因。

解决办法：加强操作人员在生产过程中的质量意识，严格遵照工艺要求和操作规程进行生产。

2. "立碑" 现象的产生及解决措施

在表面贴装工艺的再流焊接中，贴装的元件会因翘立而产生脱焊的缺陷，人们形象地称之为"立碑"现象，也有人称之为"曼哈顿"现象。

产生"立碑"现象主要是由于元件两端焊盘上的焊膏在再流区熔化时，不是同时熔化，导致元件两个焊端产生的表面张力不平衡，张力较大的一端拉着元件沿其底部旋转，产生"立碑"现象。造成张力不平衡的因素有以下几种。

1）预热不充分

当预热区温度设置较低、预热时间设置较短时，元件两端焊膏不能同时熔化的概率就大大增加，从而导致元件两个焊端的表面张力不平衡，产生"立碑"现象。

解决办法：正确设置预热区工艺参数，预热温度一般设为 120 ~ 150 ℃，时间为 90 s 左右。

2）焊盘尺寸设计不合理

若片式元件的一对焊盘不对称，会引起漏印的焊膏量不一致，小焊盘对温度响应快，其上的焊膏易熔化，大焊盘则相反。所以当小焊盘上的焊膏熔化后，在表面张力的作用下，将元件拉直竖起，产生"立碑"现象。

解决办法：严格按标准规范进行焊盘设计，确保焊盘图形的形状与尺寸完全一致。此外，设计焊盘时，在保证焊点强度的前提下，焊盘尺寸应尽可能小，这是因为焊盘尺寸减小后，焊膏的涂敷量相应减少，焊膏熔化时的表面张力也随之减小，"立碑"现象就会大幅度下降。

3）焊膏涂敷得较厚

焊膏较厚时，两个焊盘上的焊膏不是同时熔化的概率就大大增加，从而导致元件两个焊端表面张力不平衡，产生"立碑"现象。相反，焊膏变薄时，两个焊盘上的焊膏同时熔化的概率就大大增加，"立碑"现象就会大幅减少。

解决办法：焊膏厚度是由模板厚度决定的，因此应选用模板厚度薄的模板。

4）贴装精度不够

一般情况下，贴装时产生的元件偏移，在再流焊接时由于焊膏熔化产生表面张力，拉动元件而自动定位，我们称之为"自定位"。但如果偏移严重，拉动反而会使元件竖起，产生"立碑"现象。这是因为与元件接触较多的焊料端得到更多的热量，从而先熔化，由于表面张力的作用，产生"立碑"现象，另外元件两端与焊膏的黏度不同，也是产生"立碑"现象的原因之一。

解决办法：调整贴片机的贴片精度，避免产生较大的贴片偏差。

5）元件重量较轻

较轻的元件"立碑"现象发生率较高，这是因为元件两端不均衡的表面张力可以很容易地拉动元件。

解决办法：选取元件时，如有可能，优先选择尺寸、重量较大的元件。

6）元件排列方向设计有缺陷

如果在再流焊接时，使片式元件的一个焊端先通过再流焊区域，焊膏先熔化，而另一焊端未达到熔化温度，所以先熔化的焊端，在表面张力的作用下，将元件拉直竖起，产生"立碑"现象。

解决办法：确保片式元件两焊端同时进入再流焊区域，使两端焊盘上的焊膏同时熔化。

3. 桥接的产生及解决办法

桥接经常出现在细间距元器件引脚间或间距较小的片式元件间，桥接的产生会严重影响产品的性能。通常产生桥接的主要原因有以下几种。

（1）焊膏过量。由于模板厚度及开孔尺寸偏大，造成焊膏过量，再流焊后必然会形成桥接。解决办法：选用模板厚度较薄的模板，缩小模板的开孔尺寸。

（2）焊膏的黏度较低，印刷后容易坍塌，再流焊后必然会产生桥接。解决办法：选择黏度较高的焊膏。

（3）模板孔壁粗糙不平，不利于焊膏脱膜，印刷出的焊膏也容易坍塌，从而产生桥接。解决办法：采用激光切割的模板。

（4）过大的刮刀压力，使印刷出的焊膏发生坍塌，从而产生桥接。解决办法：降低刮刀压力。

（5）印刷错位，也会导致产生桥接。解决办法：采用光学定位，基准点设在印刷板对角线处。

（6）贴片时过大的放置压力，使印刷出的焊膏发生坍塌，从而产生桥接。解决办法：减小贴片头的放置压力。

（7）再流焊接时，如果温度上升速度过快，焊膏内部的溶剂就会挥发出来，引起溶剂的沸腾飞溅，溅出焊料颗粒，形成桥接。解决办法：设置适当的焊接温度曲线。

4. 润湿不良的产生及解决办法

润湿不良是指焊接过程中焊料和电路基板的焊区（铜箔）或 SMD 的外部电极，经浸润后不生成相互间的反应层，而造成漏焊或少焊故障。

其中原因大多是焊区表面受到污染或沾上阻焊剂，或是被焊接件表面生成金属化合物层而引起的。譬如银的表面有硫化物、锡的表面有氧化物都会产生润湿不良。另外焊料中残留的铝、锌、镉等超过 0.005% 以上时，由于焊剂的吸湿作用使活化程度降低，也可发生润湿不良。因此解决方法是：在焊接基板表面和元件表面要做好防污措施；选择合适的焊料，并设定合理的焊接温度曲线。

5.7　在线测试和自动光学检测

5.7.1　在线测试

在线测试又称 ICT（In – Circuit Test System），主要用于组装电路板（PCBA）的测试。

这里的"在线"是"In - Circuit"的直译，主要指电子元器件在线路上（或者说在电路上）。在线测试是一种不断开电路，不拆下元器件引脚的测试技术。它主要用于检查在线的单个元器件以及各电路网络的开、短路情况，具有操作简单、快捷迅速、故障定位准确等特点。

ICT测试设备供应商：全球大型ICT测试设备生产厂商主要有安捷伦、泰瑞达、捷智、德利泰、SRC星河、莹琦等品牌。

ICT在线测试分为飞针测试和针床测试两种。飞针ICT基本只进行静态的测试，优点是不需制作夹具，程序开发时间短。针床式ICT可进行模拟器件功能和数字器件逻辑功能测试，故障覆盖率高，但对每种单板需制作专用的针床夹具，夹具制作和程序开发周期长。

1. ICT的范围及特点

ICT能够定量地对电阻、电容、电感、晶振等器件进行测量，对二极管、三极管、光耦、变压器、继电器、运算放大器、电源模块等进行功能测试，对中小规模的集成电路进行功能测试，如所有74系列、Memory类、常用驱动类、交换类等IC。

（1）通过直接对在线器件电气性能的测试来发现制造工艺的缺陷和元器件的不良。

（2）元件类可检查出元件值的超差、失效或损坏，Memory类的程序错误等。

（3）对工艺类可发现如焊锡短路，元件插错、插反、漏装，引脚翘起、虚焊，PCB短路、断线等故障。

（4）测试的故障直接定位在具体的元件、器件引脚、网络点上，故障定位准确。

（5）采用程序控制的自动化测试，操作简单，测试快捷迅速，单板的测试时间一般在几秒至几十秒。

2. ICT与人工测试比较的优点

（1）缩短测试时间。ICT测试组装300个零件电路板，时间一般为3~4 s。

（2）测试结果的一致性。ICT的质量设定功能，能够通过电脑控制，可严格控制质量。

（3）容易检修出不良的产品。ICT有多种测试技术，检测不良产品可靠性高，而且准确。

（4）测试员及技术员水平需求降低。只要普通操作员，即可操作与维修。

（5）节省库存、维修压力，大大提高生产成品率。

（6）减少产品的不良率，大大提升品质，提高企业形象。

5.7.2　自动光学检测

自动光学检测英文全称是AOI（Automatic Optic Inspection），是基于光学原理来对焊接生产中遇到的常见缺陷进行检测的设备。AOI是20世纪初才兴起的一种新型测试技术，但发展迅速，目前很多厂家都推出了AOI测试设备。AOI自动检测PCB板的范围可从细间距高密度板到低密度大尺寸板，并可提供在线检测方案，以提高生产效率和焊接质量。

AOI运用高速高精度视觉处理技术自动检测PCB板上各种不同贴装错误及焊接缺陷，当自动检测时，机器通过摄像头自动扫描PCB，采集图像，将测试的焊点与数据库中的合格的参数进行比较，经过图像处理，检查出PCB上缺陷，并通过显示器或自动标志把缺陷显示/标示出来，供维修人员修整。

　　AOI 作为减少缺陷的工具，在装配工艺过程中可以尽早地查找和消除错误，避免将缺陷 PCB 或坏板送到随后的装配阶段，从而实现良好的过程控制。AOI 还可以减少修理成本，避免报废可修理的电路板。

　　1. AOI 检测设备

　　AOI 检测设备是人工智能机械的一个分支，其原理就是模仿人工检测 SMT 焊接品质的过程；通过人工光源代替自然光，用光学透镜代替人眼，通过光学镜头照相的方式获得元器件或焊点的图像，然后经过计算机的处理和分析，模仿人脑来比较、判断焊接的缺陷和故障。

　　AOI 检测的大致流程是相同的，多是通过图形识别法。即将 AOI 系统中存储的标准数字化图像与实际检测到的图像进行比较，从而获得检测结果。例如，检测某个焊点时，按照一个完好的焊点建立起标准数字化图像，与实测图像进行比较，检测结果是通过还是不通过，取决于标准图像、分辨力和所用检测程序。

　　AOI 的光线照射有白光和彩色光两类设备，白光是用 256 层次的灰度，彩色是用红光、绿光、蓝光光线照射至焊锡/元器件的表面，之后光线反射到镜头中，产生二维图像的三维显示，来反映焊点/元器件的高度和色差。人看到和认识物体是通过光线反射回来的量进行判断的，反射量多则亮，反射量少则暗。

　　AOI 从镜头数量来说有单镜头和多镜头，这只是技术方案实现的一种选择，很难说哪种方式就一定好，因为单镜头通过多个光源的不同角度照射也能得到很好的检测图像。

　　2. AOI 可检测的错误类型

　　（1）锡膏印刷后贴片前：桥接、移位、无锡、锡不足等；

　　（2）贴片后再流焊前：移位、漏料、极性错误、歪斜、脚弯、错件等；

　　（3）再流焊或波峰焊后：少锡、多锡、无锡、短接、锡球、漏料、极性错误、移位、脚弯、错件等；

　　（4）PCB 行业裸板检测。

　　3. AOI 放置位置

　　1）锡膏印刷之后、回流焊前

　　这是一个典型地放置检查机器的位置，可发现来自锡膏印刷以及机器贴放的大多数缺陷。可以为高速贴片机和密间距元件贴装设备提供校准控制信息，用来修改元件贴放或贴片机校准数据。

　　2）再流焊后

　　在 SMT 工艺过程的最后步骤进行检查，这是目前 AOI 最流行的选择，因为这个位置可发现全部的装配错误。再流焊后进行 AOI 检测具有较高的安全性，因为它能够识别由锡膏印刷、元件贴装和再流过程中引起的错误。

5.8　其他焊接技术

　　近十几年来无锡焊接在无线电整机装配中得到了推广和使用，压接与绕接这两种焊接是采用得较多的无锡焊接。它的特点是不需要焊料与焊剂即可获得可靠的连接，因而避免了因焊接而带来的诸多问题。无锡焊接在无线电整机装配中得到了一定的应用。

5.8.1　压接

压接分冷压接与热压接两种，压接是借助较高的挤压力和金属位移，使引脚或导线与连接端子实现连接的。压接使用的工具是压接钳，将导线端头放入压接触脚或端头焊片中用力压紧，即获得可靠的连接。

压接触脚是专门用来连接导线与导线的器件。通常，压接触脚有多种规格供选用。压接技术主要特点如下：

（1）操作简便。

压接操作方便简单，使用简单的工具即可完成。

（2）适宜在众多的场合下。

压接操作方法与所用工具简便，可在屋内、屋外及各种气候条件下操作。

（3）生产效率高、成本低。

与焊接相比，省去了导线端头浸焊及焊接、焊接后的清洗等工序，提高了生产效率，又节省了大量材料，降低了成本。

（4）无任何公害和污染。

压接不使用焊料与焊剂，在压接过程中无任何化学反应，不会产生有害气体。

5.8.2　绕接

绕接也是一种无锡焊接，主要用于针对导线的连接。绕接比锡焊有一定的优越性，其特点主要有以下几个方面：

（1）可靠性高、寿命长、没有虚焊。

（2）接触电阻比锡焊小。

（3）抗振能力比锡焊大。

（4）不使用焊锡和助焊剂，因而不产生有害气体。

（5）不需要加热，可避免烫坏导线绝缘层。

（6）节约焊锡、焊剂等材料，可提高劳动生产率，降低成本。

绕接技术虽有许多优点，但也存在着不足之处：如要求导线必须是单芯线，接线柱是特殊形状的，导线剥头比较长等。它在电子设备的装配中还有一定的用武之地。

用电动绕接器对单股实芯裸导线施加一定的拉力，按要求的圈数将导线紧密地绕在带有棱边的接线柱上，使导线与接线柱紧密连接，以达到可靠的电气连接目的，电动绕接器的操作部分主要是绕头，它是一个可以旋转的轴，沿轴心开有孔（称为接线柱孔），用来套在固定的接线柱上。在绕头边缘上有一个较长的小槽孔，用以容纳导线，称为导线孔。绕头外面为固定的绕套，用以约束和限制导线。当绕头在其中回转时，导线为绕套所限制，随导线孔环绕固定在接线柱上，同时从孔中将导线拉出，直到完全绕在接线柱上。

5.8.3　其他焊接方法

除了上述几种焊接方法以外，在微电子器件组装中，超声波焊、热超声金丝球焊、机械热脉冲焊都有各自的特点。例如新近发展起来的激光焊，能在几微秒的时间内将焊点加热到熔化而实现焊接，热应力影响小，可以同锡焊相媲美，是一种很有潜力的焊接方法。

随着计算机技术的发展，在电子焊接中使用微处理器控制的焊接设备已经普及。例如，微机控制电子束焊接已在我国研制成功。还有一种光焊技术，已经应用在 CMOS 集成电路的全自动生产线上，其特点是采用光敏导电胶代替焊剂，将电路芯片粘在印制电路板上用紫外线固化焊接。

随着电子工业的不断发展，传统的方法将不断改进和完善，新的、高效率的焊接方法也将不断涌现。

项 目 实 施

项目实施工具、设备、仪器

防静电手环、防静电脚带、防静电鞋、离子风机或风枪、油枪、钳子、螺丝起子（螺丝刀/改锥）、塞尺、扭力计、橡胶锤、千分表、印刷机、贴片机、再流焊炉、在线测试仪（ICT）、自动光学检测仪（AOI）。

实施方法和步骤

任务一　焊膏印刷机操作与编程

1. 印刷机开机前检查

检查 UPS、稳压器、电源（220 V ± 10%）、空气压力（0.39 MPa）是否正常，检查紧急按钮是否被切断，检查 X、Y、table 上及其周围部位有无异物放置。

2. 开机步骤

接通气源，合上电源开关，待机器启动后，进入机器初始界面，检查设备、气源是否正常，单击"原点"按钮，执行原点复位，进入编制（调用）生产程序。

3. 印刷机编程

输入 PCB 长、宽、厚以及定位识别标志（Mark）的相关参数；设置印刷行程、刮刀压力、刮刀运行速度、PCB 高度、模板分离速度、模板清洗次数与方法等相关参数。

4. 安装模板

放入模板，使模板窗口位置与 PCB 焊盘图形位置保持在机器能自动识别范围之内。

5. 安装刮刀

按要求安装刮刀，调节 PCB 与模板之间的间隙，进行试运行。正常后，即可放入适量的焊锡膏进行印刷，保存相关参数。

6. 生产

放入印制电路板，进行焊锡膏印刷生产，检查印刷好的印制电路板质量是否符合要求，把合格的成品放到规定的位置。

7. 关机

生产结束后，退出程序；将刮刀头移至前端；退出钢网，卸下刮刀；单击"系统结束"按钮，关闭主电源开关。进行机器保养清洁，清洁刮刀上焊膏，清洁钢网上焊膏。

8. 注意事项

①操作员需经考核合格后，方可上机操作，严禁两人或两人以上人员同时操作同一台机器。

②作业人员每天需清洁机身及工作区域。

③机器在正常运作生产时，所有防护门盖严禁打开。

④实施日保养后需填写保养记录表。

任务二　贴片机操作与编程

贴片流程就是将表面贴装元器件贴装到涂敷有焊膏的 PCB 焊盘的过程，其工艺流程如图 5 – 32 所示。

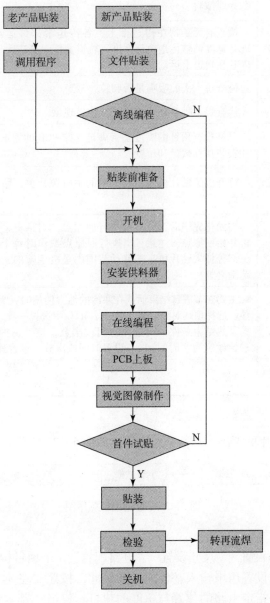

图 5 – 32　贴片作业流程

1. 贴片机开机

贴片机开机操作流程如表5-5所示。

表5-5 贴片机开机操作流程

序号	流程		操 作 内 容
1	操作前检查	电源	检查电源是否正常
		气源	检查气压是否达到贴片机规定的供气需求,通常为0.55 MPa
		安全盖	检查前后安全盖是否已盖好
		喂料器	检查每个喂料器是否安全地安装在供料台上且没有翘起,喂料器上应无杂物或散料
		传送部分	检查有无杂物在传送带上,各传送带部件运动时有无互相妨碍。根据PCB宽度调整传送轨道宽度,轨道宽度一般应大于PCB宽度1 cm,要保证PCB在轨道上运动流畅
		贴装头	检查每个头的吸嘴是否归位
		吸嘴	检查每个吸嘴是否堵塞或有缺口现象
		顶针	严格检查顶针的高度是否满足支撑PCB的需求,根据PCB厚度和外形尺寸安装顶针数量和位置
2	打开主电源开关,启动贴片机		打开位于贴片机前面右下角的主电源开关,贴片机会自动启动至初始化界面
3	执行回原点操作		初始化完毕后,会显示执行回原点的对话框,单击"确定"按钮,贴片机开始回原点。注意:当执行回原点操作时每个轴都会移动。将身体的任一部分伸入贴片机头部移动范围内是极危险的,确保身体处于贴片机移动范围之外
4	预热(可选)		主要在节假日结束后或在寒冷的地方使用时,需在接通电源后立即进行预热。选择预热对象(轴、传送、MTC中选择一项,初始设置为"轴")→选择预热结束条件(可选择时间或次数,按"时间"或"次数"按钮即可,初始设定为"时间")→设置时间或次数→设置速度
5	进入在线编程或调用程序准备生产		

2. 贴片机编程

以JUKIKE2060贴片机为例,其数据编辑顺序如图5-33所示。

图5-33 数据编辑顺序图

1)基板数据设定

基板数据由"基本设置""尺寸设置""电路配置"3个项目构成。基本设置用来输入基板的基本构成。尺寸设置用来输入基板的详细尺寸,按照"基本设置"中的指定改变显示项目。电路配置用来指定电路的位置与角度的项目。仅当"基本设置"中已设置"非矩形电路板"时,方可选择。基板数据设定页面如图5-34所示。

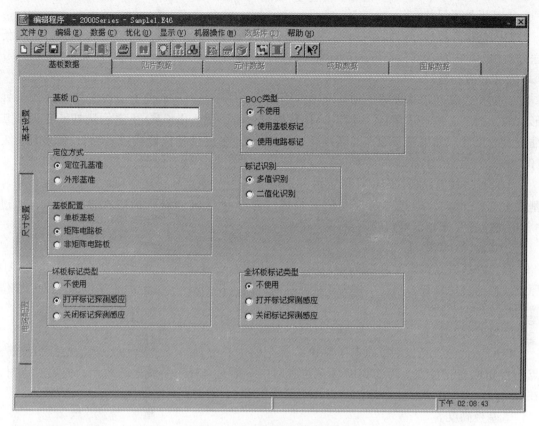

图 5 - 34　基板数据设定页面

（1）基本设置。

①基板 ID。

基板 ID 用来补充说明基板名，即基板的"注释"。"基板 ID"最多可以设置成 32 个字符的字母、数字及符号。由于基板 ID 在制作生产程序时及生产中被显示，因此设置应简单明了。

②定位方式。

定位方式包括定位孔基准定位和外形基准定位两种，定位孔基准是指在基板的定位销插入孔插入基准销来进行定位（定心）的方法。外形基准是指对基板的外围进行机械性固定，以决定基板位置的方式。

③基板配置。

可以选择单板基板、矩阵电路板或非矩阵电路板。

④BOC 种类和识别。

BOC 是指为了更准确地进行贴片而使用的贴片位置修正标记。它可以设定为使用、不使用或使用各电路自己的 BOC 标记。BOC 标记的识别有两种方法可供选择，分别是多值识别和二值化识别。多值识别是利用 BOC 摄像机所得到的全部信息进行标记识别。因使用的信息多，所以可有效防止噪声干扰。一般情况下请选择该项。二值化识别是指当多值识别发生错误时，请选择二值化识别，但当标记的边缘拍摄不清晰时，其精度要低于多值识别。

（2）尺寸设置。

①基板外形尺寸。

输入基板外形尺寸。如是带有工艺边的基板，需输入包括工艺边在内的基板尺寸。与传送方向相同的方向为 X，与传送方向成直角的方向为 Y。

②定位孔位置。

定位孔位置是指基板原点到基准销的距离 (x, y)。如基本设置中将定位方式作为外形基准，则不必设置该项目。使用 CAD 数据定位时，输入由 CAD 决定的从基板原点到基准位置的尺寸。如果基板原点与基准位置一致时，在定位孔位置的 (x, y) 坐标中输入 $(0, 0)$。

如果是拼接电路板，定位孔位置可分别设置基板的原点和拼接电路的原点（也是贴片基板原点）。此时，通过"定位孔位置"或"基板设计偏移量"指定基板的原点，通过"首电路位置"来指定电路的原点。

③基板设计偏移量。

输入以基板原点确定的基板端点的位置。使用 CAD 数据时，需要将决定的原点（CAD 原点或自己公司特有的原点）作为基板原点时，输入由 CAD 等决定的从基板原点到基准位置的尺寸。

④BOC 标记位置。

BOC 标记位置是指基板原点到各 BOC 标记的中心位置的尺寸，一般需要设置两点或三点作为 BOC 标记位置。两点 BOC 标记位置时，一般是选择对角线上的两点；使用三点时，在对角线两点时的基础上，增加一点，用于修正 X、Y 轴的直角度的倾斜。

⑤基板高度。

基板高度是指从传送基准面所看到的基板上面的高度。上方向为正，下方向为负，以基板上表面高度作为零，输入与基准面的差。

⑥基板厚度。

输入基板厚度，该值用于决定基板定心时支撑台上升的高度。

⑦背面高度。

输入基板背面贴片元件中最高元件的高度（两面贴片时，内侧元件不受支撑销干扰的值）。该值将决定生产时支撑台的待机高度。

（3）电路配置。

电路配置仅在拼接板时使用，选择"尺寸设置"画面左下的"电路配置"标签后显示"电路配置"画面。输入从基板原点到各拼接电路原点的距离和角度。在 X、Y 的尺寸处输入从基板原点到各拼接电路原点的尺寸。在贴片角度处输入各电路板的角度（逆时针旋转为正）。

2）贴片数据设定

贴片数据设定页面如图 5-35 所示。

（1）元件 ID。

元件 ID 是为参照贴片位置而设置的记号，对于贴片动作没有直接影响。"元件 ID"最多可输入 8 个文字（仅限于英文和数字）。另外，也可单击其他项目（X 坐标等）而省略输入，此时将自动输入"#"。

（2）输入贴片位置 (x, y)。

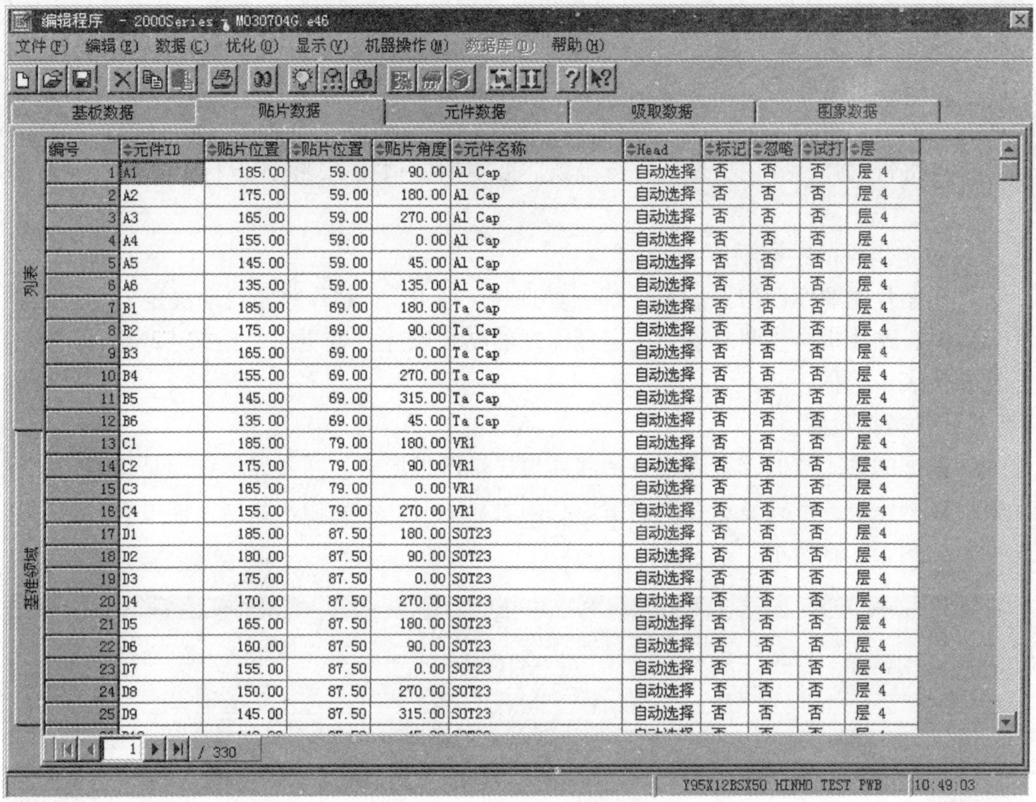

编辑程序 - 2000Series　MO30704G.e46

文件(F)　编辑(E)　数据(C)　优化(J)　显示(V)　机器操作(M)　数据库(D)　帮助(H)

| 基板数据 | 贴片数据 | 元件数据 | 吸取数据 | 图象数据 |

编号	元件ID	贴片位置	贴片位置	贴片角度	元件名称	Head	标记	忽略	试打	层
1	A1	185.00	59.00	90.00	Al Cap	自动选择	否	否	否	层4
2	A2	175.00	59.00	180.00	Al Cap	自动选择	否	否	否	层4
3	A3	165.00	59.00	270.00	Al Cap	自动选择	否	否	否	层4
4	A4	155.00	59.00	0.00	Al Cap	自动选择	否	否	否	层4
5	A5	145.00	59.00	45.00	Al Cap	自动选择	否	否	否	层4
6	A6	135.00	59.00	135.00	Al Cap	自动选择	否	否	否	层4
7	B1	185.00	69.00	180.00	Ta Cap	自动选择	否	否	否	层4
8	B2	175.00	69.00	90.00	Ta Cap	自动选择	否	否	否	层4
9	B3	165.00	69.00	0.00	Ta Cap	自动选择	否	否	否	层4
10	B4	155.00	69.00	270.00	Ta Cap	自动选择	否	否	否	层4
11	B5	145.00	69.00	315.00	Ta Cap	自动选择	否	否	否	层4
12	B6	135.00	69.00	45.00	Ta Cap	自动选择	否	否	否	层4
13	C1	185.00	79.00	180.00	VR1	自动选择	否	否	否	层4
14	C2	175.00	79.00	90.00	VR1	自动选择	否	否	否	层4
15	C3	165.00	79.00	0.00	VR1	自动选择	否	否	否	层4
16	C4	155.00	79.00	270.00	VR1	自动选择	否	否	否	层4
17	D1	185.00	87.50	180.00	SOT23	自动选择	否	否	否	层4
18	D2	180.00	87.50	90.00	SOT23	自动选择	否	否	否	层4
19	D3	175.00	87.50	0.00	SOT23	自动选择	否	否	否	层4
20	D4	170.00	87.50	270.00	SOT23	自动选择	否	否	否	层4
21	D5	165.00	87.50	180.00	SOT23	自动选择	否	否	否	层4
22	D6	160.00	87.50	90.00	SOT23	自动选择	否	否	否	层4
23	D7	155.00	87.50	0.00	SOT23	自动选择	否	否	否	层4
24	D8	150.00	87.50	270.00	SOT23	自动选择	否	否	否	层4
25	D9	145.00	87.50	315.00	SOT23	自动选择	否	否	否	层4

列表　　基准领域

| 1 | / 330

Y95X12BSX50 HINMO TEST PWB　10:49:03

图5-35　贴片数据设定页面

输入的方法有键盘数值输入和 HOD 的示教输入。尺寸大小是从"基板数据"决定的"基板原点"（多电路板时为"电路原点"）到贴片位置的（坐标中心）距离。

（3）贴片角度。

以"元件数据"的"元件供给角度"为基准，输入贴片角度，设定范围是 0°～359.95°，设定以 0.05°为单位。

（4）元件名称输入。

输入元件名称（最多 20 个字符，大写字符、小写字符将被作为相同的数据处理）。

（5）贴片头选择。

指定贴片用的贴片头。贴片的贴片头可从一览表中选择，初始值为"自动选择"。选择"自动选择"时，在制作程序后设备自动实行"优化"，选择最合适的贴片头。

（6）标记（标记 ID）。

元件贴片精度要求高时，通常根据基准领域标记，进行贴片位置的校正。一个基准领域标记可以用于校正多个贴片数据（贴片点）。基准领域标记是一组标记数据，用数式条设定或用演示取得。设定完成后，标记显示为 1TI、2TI，表示标记的识别参数已取得，可以使用，标记为一个时表示未完成。用演示取得的方法是把游标移动到演示取得位置，按 HOD 照相机键，开始进行标记的识别参数演示，演示完后显示"OK"。

（7）设置贴片是否跳越。

该功能主要是在检查时使用。初始值设置为"NO"，不跳越。如果选择"YES"，在贴片时将会跳过，该行的贴片点将不被贴片。变更时，请按 F2 键或鼠标的右键，从一览表中选择。

（8）设定是否试贴。

所谓试贴，是指在将特定元件或所有元件贴片到印制电路板后，用 OCC 摄像机确认贴片坐标的功能。缺省为"NO"，不试贴。选择"YES"，可在生产画面（试打模式）中对选中的贴片点进行贴片，并用摄像机进行确认。变更时，请按 F2 键或鼠标的右键，从一览表中选择。

（9）设定组件的贴装顺序。

可指定贴片的顺序，初始值为"4"。如选择"优化"，贴片顺序自动决定，与输入顺序无关。此时，贴片机会参照分层，决定最优先的贴片顺序。变更时，请按 F2 键或鼠标的右键，从一览表中选择。

3）元件数据设置

元件数据的输入页面，有表格显示和列表显示两种形式。列表显示页面是将多个元件数据的概要以一览表的形式显示在页面中。在列表显示时，不能输入数据，但可查看数据的完成情况，如图 5 - 36 所示。

编号	元件名称	元件类型	包装	送料器类型	定中心（吸嘴号）	贴片数	送料器	层	忽略
1	3x3	外形识别元件	带状	8mm 纸带 4mm(4*1)	V(500)	124	4	层4	不执行
2	2125	方型芯片	带状	8mm 纸带 4mm(4*1)	L(500)	27	4	层4	不执行
3	10x10	外形识别元件	盘装	MTC	V(507)	20	0	层4	不执行
4	SOT23	SOT	带状	8mm 胶带 4mm(4*1)	L(504)	12	2	层4	不执行
5	DANTOBASHI04	QFP	带状	8mm 胶带 4mm(4*1)	V(507)	12	0	层4	不执行
6	SOP28	SOP	带状	24mm 胶带 16mm(8*2)	V(507)	11	1	层4	不执行
7	1608	方型芯片	带状	8mm 纸带 4mm(4*1)	L(500)	10	3	层4	不执行
8	3216	方型芯片	带状	8mm 纸带 4mm(4*1)	L(504)	9	1	层4	不执行
9	DANTOBASHI01	QFP	盘装	MTC	V(508)	9	0	层4	不执行
10	SOT (2125)	SOT	带状	8mm 胶带 4mm(4*1)	L(500)	8	1	层4	不执行
11	SOT (1608)	SOT	带状	8mm 胶带 4mm(4*1)	L(504)	8	2	层4	不执行
12	ICC-001	通用图形元件	盘装	MTC	V(508)	8	0	层4	不执行
13	DANTOBASHI06	QFP	盘装	MTC	V(508)	8	0	层4	不执行
14	DANTOBASHI03	QFP	盘装	MTC	V(508)	8	0	层4	不执行
15	DANTOBASHI02	QFP	盘装	MTC	V(508)	8	0	层4	不执行
16	Al Cap	铝电解电容器	带状	16mm 胶带 8mm(8*1)	L(505)	6	1	层4	不执行
17	Ta Cap	方型芯片	带状	12mm 胶带 4mm(4*1)	L(505)	6	1	层4	不执行
18	DANTOBASHI05	QFP	盘装	MTC	V(508)	6	0	层4	不执行
19	SOP16	SOP	带状	16mm 胶带 8mm(8*1)	V(506)	5	1	层4	不执行
20	NR1	网络电阻	带状	24mm 胶带 8mm(8*1)	L(505)	4	1	层4	不执行
21	VR1	微调电容器	带状	8mm 胶带 4mm(4*1)	L(505)	4	1	层4	不执行
22	QFP0.5mm 304Pin	QFP	盘装	MTC	V(508)	3	0	层4	不执行
23	QFP0.5mm 208Pin	QFP	盘装	MTC	V(508)	3	0	层4	不执行
24	QFP0.3mm 160Pin	QFP	盘装	MTC	V(508)	3	0	层4	不执行

图 5 - 36　元件数据输入页面一览表显示示例

从列表中选择元件名，双击后，将显示所选择元件数据的表格显示页面，此时，可进行元件数据的制作和编辑。表格显示页面由基本部分和包装方式、定中心、附加信息、详述、检测部分构成，一个元件数据显示为一个页面。

元件数据的列表显示页面中，共有 5 个部分需要设置："包装方式""定中心""附加信息""详述""检测",如图 5-37 所示。元件数据的列表显示页面中"注释"是对仅靠元件名称难以进行区分的元件输入注释。设置时在"元件种类"下拉菜单中选择元件种类,在"包装方式"下拉菜单中选择元件包装方式。元件的"外形尺寸"可以用激光识别和图像设别,激光识别元件需输入进行激光识别的元件外形被激光照射部分的纵横尺寸,图像识别元件可以用键盘输入需进行图像识别的元件的外形尺寸,有引脚的元件通常需输入包括引脚在内的尺寸。

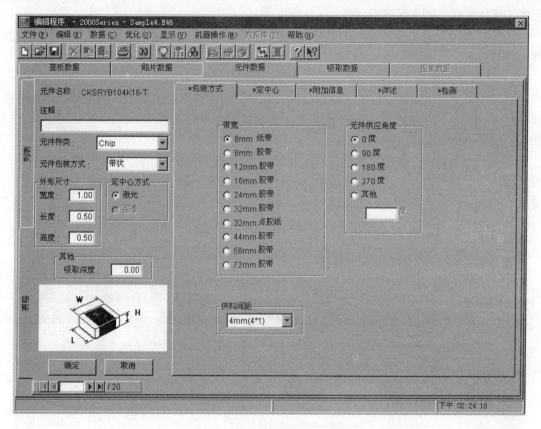

图 5-37　元件包装设置界面

"包装方式"设置中,带状包装还需要设置带宽、供料间距、元件供应角度。管状包装需要设置选择管状送料器的类型(N 型:适用于 7~13.4 mm 宽的元件;W 型:适用于 15~31.2 mm 宽的元件)、送料等待时间、元件供给角度。托盘包装需要设置首元件位置(输入从托盘外形到首元件的中心位置的距离)、间距(输入元件的间距 X、Y)、元件数(输入横向、纵向的元件数 X_n、Y_n)、托盘厚度(输入包括元件在内的托盘下底面到上底面的高度 T)、供给装置(从"托架""DTS""MTC/MTS"中选择供给装置)、元件供给角度(输入托盘上的元件包装方式相对于 JUKI 的元件供给角度 0°的角度)。散件时需要设置散件送料器的类型、送料等待时间(用百分比设置从上一个元件吸取完成后到吸取下一个元件之间的等待时间相对于实际等待时间的比例,初始值为 100%)、元件供给角度(输入管状送料器上的元件包装方式相对于 JUKI 的元件供给角度 0°的角度)。

在"定中心"中,从下拉式一览表中选择能够稳定吸取元件的吸嘴编号,并设置真空压力数据。真空压力数据一般在选择吸嘴编号后将被自动设置,如需对该值进行变更,用手工进行设置。

在“附加信息”中，设置生产中发生吸取错误时重试次数（当设置为“1”时，如果连续发生两次吸取错误，则变为“元件用完错误”）、贴片深度补偿（贴片时将元件从基板上方按入的尺寸，0402 芯片元件初始值为 0.5 mm，0603 的芯片元件初始值为 0.2 mm）、吸取高度补偿（元件吸取时的按入量，0402 芯片元件初始值为 0.2 mm，0603 芯片元件初始值为 0 mm）、*Z* 向吸取偏移、元件拒绝、试打、释放检查、吸取位置校正、MTC 自动示教、元件忽略、MTS 标记识别等。

在“检测”中对“芯片站立”“共面检测”“SOT 方向检查”“数值检查”“判断异元件”进行设置。

4）吸取数据设置

吸取数据是设定带式、柱式、托盘等形式让供给的组件通过供料器、托盘架、托盘更换器（MTC/MTS）等装置，配置到什么位置；分配各种元器件所在 FeederBank 位置，并进行优化；测定组件吸附高度。

单击“吸取数据”标签，先打开一览表画面，如图 5－38 所示。双击元件名或单击画面左侧的“表格”标签，打开图 5－38 所示的表格画面。输入元件名、包装方式、供给装置（分别显示在贴片数据及元件数据中）的数值。可在表格画面中编辑“角度”“供应”“编号”“型号”“通道”“吸取坐标”“状态”7 个项目。具体设置界面如图 5－39 所示。

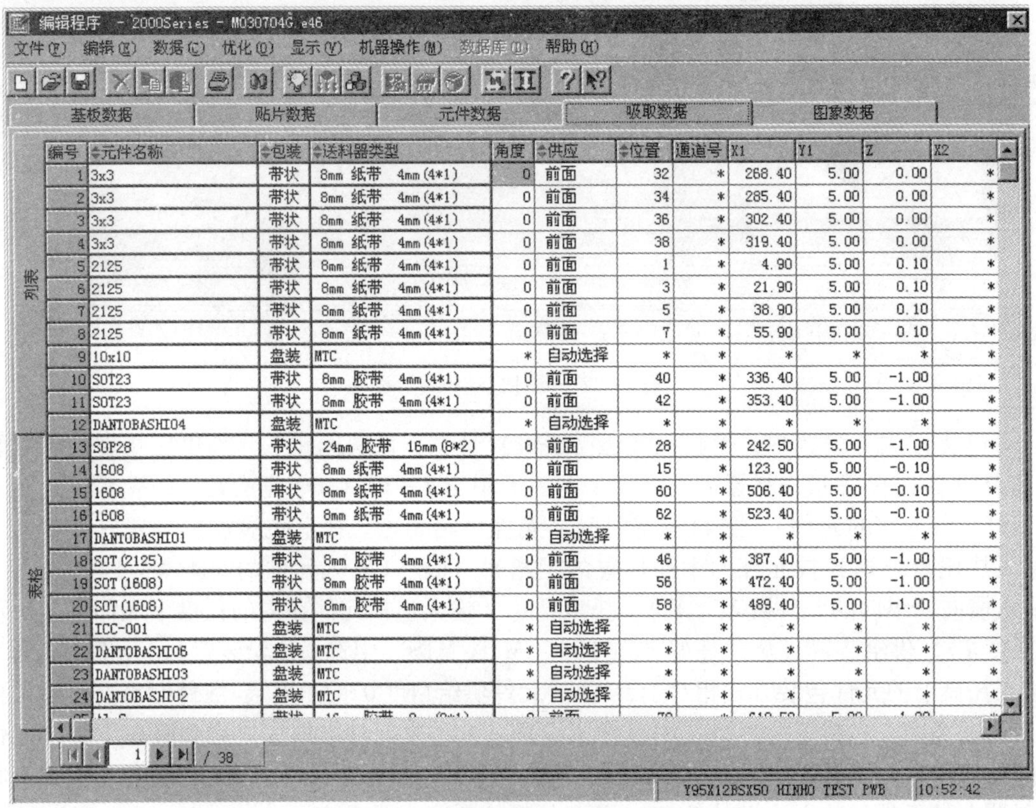

编号	元件名称	包装	送料器类型	角度	供应	位置	通道号	X1	Y1	Z	X2
1	3x3	带状	8mm 纸带 4mm(4*1)	0	前面	32	*	268.40	5.00	0.00	*
2	3x3	带状	8mm 纸带 4mm(4*1)	0	前面	34	*	285.40	5.00	0.00	*
3	3x3	带状	8mm 纸带 4mm(4*1)	0	前面	36	*	302.40	5.00	0.00	*
4	3x3	带状	8mm 纸带 4mm(4*1)	0	前面	38	*	319.40	5.00	0.00	*
5	2125	带状	8mm 纸带 4mm(4*1)	0	前面	1	*	4.90	5.00	0.10	*
6	2125	带状	8mm 纸带 4mm(4*1)	0	前面	3	*	21.90	5.00	0.10	*
7	2125	带状	8mm 纸带 4mm(4*1)	0	前面	5	*	38.90	5.00	0.10	*
8	2125	带状	8mm 纸带 4mm(4*1)	0	前面	7	*	55.90	5.00	0.10	*
9	10x10	盘装	MTC	*	自动选择	*	*	*	*	*	*
10	SOT23	带状	8mm 胶带 4mm(4*1)	0	前面	40	*	336.40	5.00	-1.00	*
11	SOT23	带状	8mm 胶带 4mm(4*1)	0	前面	42	*	353.40	5.00	-1.00	*
12	DANTOBASHI04	盘装	MTC	*	自动选择	*	*	*	*	*	*
13	SOP28	带状	24mm 胶带 16mm(8*2)	0	前面	28	*	242.50	5.00	-1.00	*
14	1608	带状	8mm 纸带 4mm(4*1)	0	前面	15	*	123.90	5.00	-0.10	*
15	1608	带状	8mm 纸带 4mm(4*1)	0	前面	60	*	506.40	5.00	-0.10	*
16	1608	带状	8mm 纸带 4mm(4*1)	0	前面	62	*	523.40	5.00	-0.10	*
17	DANTOBASHI01	盘装	MTC	*	自动选择	*	*	*	*	*	*
18	SOT(2125)	带状	8mm 胶带 4mm(4*1)	0	前面	46	*	387.40	5.00	-1.00	*
19	SOT(1608)	带状	8mm 胶带 4mm(4*1)	0	前面	56	*	472.40	5.00	-1.00	*
20	SOT(1608)	带状	8mm 胶带 4mm(4*1)	0	前面	58	*	489.40	5.00	-1.00	*
21	ICC-001	盘装	MTC	*	自动选择	*	*	*	*	*	*
22	DANTOBASHI06	盘装	MTC	*	自动选择	*	*	*	*	*	*
23	DANTOBASHI03	盘装	MTC	*	自动选择	*	*	*	*	*	*
24	DANTOBASHI02	盘装	MTC	*	自动选择	*	*	*	*	*	*

图 5－38　吸取数据一览表画面示例

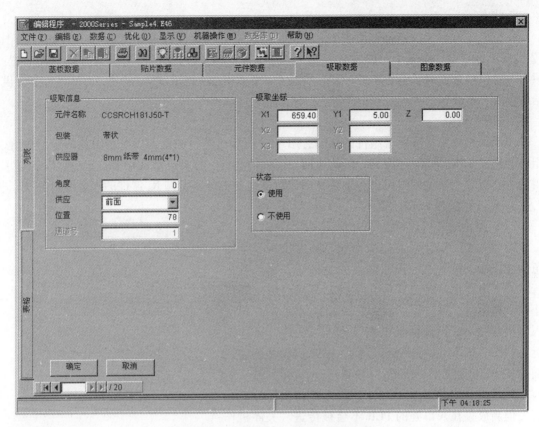

图5－39　吸取数据表格数据设置示例

①角度。

指定元件吸取角度。将用元件数据设置的角度作为初始值来设置。变更时，用键盘输入。

②供给。

可指定将送料器配置在前面或后面。在初始状态时选择"自动选择"。设置为自动选择时，进行优化送料器配置。设置为"前面"或"后面"，则可输入"角度"、"编号"、"型号"、"通道"（仅管状送料器）、"吸取坐标"、"状态"。

③编号。

如果是带状送料器、管状送料器、散件送料器送料，输入送料器前端固定销在主体送料器安装孔的插孔编号。如果是托盘支架，输入安装标记托盘支架所标示的送料器安装孔编号。如果是DTS，会自动设置为机器指定的安装孔编号。如果是MTC/MTS，需指定托盘元件的容纳层。

④类型（仅管状送料器和托盘需要设置）。

选择管状送料器和托盘的种类，显示元件数据所设置的内容。需变更时，请用"元件数据"进行变更。

⑤通道（仅管状送料器需要设置）。

选择管状送料器的通道编号，通道编号前面、后面都朝着机器，从左到右按顺序为1、2。

⑥吸取坐标。

指定吸取位置的 X、Y 和 Z 坐标。输入供给、编号项目时将被自动计算并显示。

⑦状态。

在生产进行时，指定是否使用该元件的供给装置。初始设置为"使用"。变更时，单击F2键或鼠标右键。有多个元件供给装置（送料器等）时，请指定本次生产使用的供给装置。只有一个供给装置时，若指定"NO"，则会在数据一致性检验时发生错误。另外，有多个供给装置时，被设置为"NO"的供给装置不能替代。

5）图像数据

图像识别校正头吸附着组件的状态，用VCS照相机进行确认，以求得组件的中心位置、组件的偏斜角度。同时还检测导线的弯曲、组件的不良。移动到基板贴装位置后，以调整求得的中心位置、角度偏斜再进行贴装。图像数据主要针对多引脚IC器件的参数编辑。

3. 贴片机关停机

（1）停止贴片机运行。

贴装生产结束转入关停机作业，贴片机有一个紧急停止按钮，按下这个按钮触发紧急停止，在正常运行状态下不要用这种方式停止运行贴片机。想立即停止贴片机运行，可按下"STOP"键，按下后贴片机进入待机状态，在操作面板上按"START"键，可回到运行状态。按下"Cycle Stop"键，贴片机在贴装完当前这块PCB后停止。按下"Convey – outstop"键，所有在传送带上的PCB在贴装完后且都被传出后停止运行，但新放置在入口处的PCB不会被传进。关停机作业遵循图5 – 40所示操作流程。

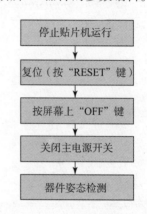

图5 – 40　贴片机关机作业流程

（2）复位。

按下操作面板上的"RESET"键，贴片机会立即停止运行，回到等待生产状态。

（3）关机。

首先按屏幕上"OFF"键，弹出是否关闭对话窗口，单击"YES"按钮，会跳出回原点对话框，询问是否回原点，单击"OK"按钮，会弹出关机对话框，然后单击"OK"按钮；而后按下屏幕上的紧急停止按钮，会弹出紧急停止对话框，单击"OK"按钮，当显示"Ready to shut down"时，单击"OK"按钮，会关闭屏幕，最后关闭右下方的主电源开关。注意如果不遵循以上步骤关机，有可能会对系统软件或数据造成损害。

任务三　再流焊炉操作

1. 开机前检查准备

（1）检查三相五线制电源供给电源是否为本机额定电源。

（2）检查设备是否良好接地。

（3）检查紧急掣（机器前电箱上面左右各有一个红色按钮）是否弹开。

（4）查看炉体是否关闭紧密。

（5）查看运输链条及网带是否有挂、碰现象。

（6）查看用户手册有关报警及注意事项的说明，确认整机调整已经完成。

2. 再流焊炉开机

再流焊炉开机流程，如图5 – 41所示。

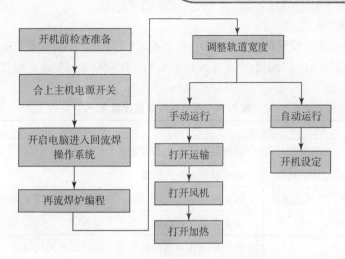

图 5 - 41 再流焊炉开机主要流程

（1）系统启动。

（2）打开电箱空气开关。

（3）按下控制面板的电源延时开关 2 s 以上，电源指示灯亮，同时听到"哗"的声音，即为开启。

（4）打开电脑主机电源开关。

电脑自动进入如图 5 - 42 所示的再流焊主操作界面。

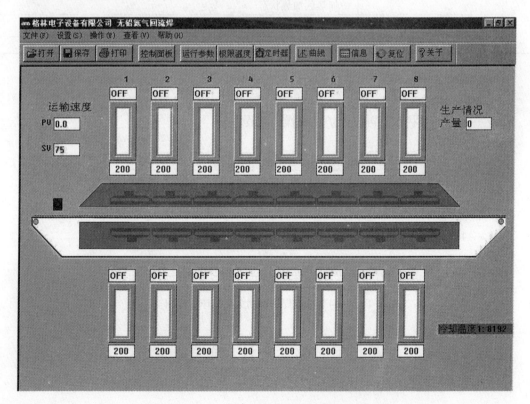

图 5 - 42 再流焊操作系统主操作界面

3. 再流焊炉编程

再流焊炉编程主要需设定的参数如表 5-6 所示。要求：①升温斜率：<3 ℃/s；②150～183 ℃时间：60～120 s；③回流时间（>183 ℃）：60～90 s；④最高温度：220～240 ℃；链速：70 cm/min。

表 5-6 再流焊接参数设置表

项目	参 数		功 能
设置	参数设定	炉温参数	设定各温区的炉温参数
		基板传送速度	设定基板过炉的速度
		上、下风机速度	设定风机速度大小，改善每个温区热量分布均匀程度
	温度报警设定		设定各温区控温偏差上、下限值
	定时设定		设定系统在一周内每天五个时间段开关机时间
	运输速度补偿值		运输速度补偿值，若运输实际速度大于显示速度，则减少运输系数；若运输实际速度少于显示速度，则增加运输系数
	机器参数设定		设定运输方向、加油周期、产量检测、自动调宽窄等机器参数
操作	宽度调节		手动或自动进行导轨宽度值调节
	面板操作		选择系统在自动或手动状态下运行：选择手动运行时，依次单击开机、加热打开、打开热风机及运输启动按钮；选择自动运行时，先在定时器按钮中设定好系统运行的开关机时间后，单击"自动"即可启动整个系统自动运行。单击加热区开关按钮，可单独控制每一加热区加热状态
	I/O 检测		可进行 I/O 检测
	产量清零		清除炉子当前生产记录

4. 再流焊炉关机

1）手动状态

图 5-43 为手动状态下再流焊炉关机操作流程图。

图 5-43 再流焊炉手动关机操作流程图

2）自动状态

图 5-44 为自动状态下再流焊炉关机操作流程图。

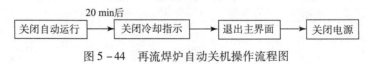

图 5-44 再流焊炉自动关机操作流程图

项 目 评 价

本项目共有三个任务，每位学生都要完成，其中焊膏印刷机操作与编程占 20 分，贴片机操作与编程占30分，再流焊接操作占20分，共计70分，平时作业和纪律等20分，任务完成后，学生需撰写项目总结报告，项目总结报告占10分，合计100分。每个任务考核时重点考查学生的参与度，操作的规范性和正确性。具体考核方式见表5-7。

表5-7　材料准备和手工焊接评分标准

任务	考核内容	评分标准
焊膏印刷机操作与编程（20分）	（1）操作与维护作业指导书编制正确。 （2）开机、关机操作正确。 （3）焊膏印刷机程序编制正确。 （4）焊膏印刷机点检维护方法正确。 （5）焊膏印刷机运行故障诊断正确，排除方法有效。 （6）焊膏印刷机原材料更换操作方法正确、规范。 （7）在规定的时间内完成工作，注重安全文明生产	（1）操作与维护作业指导书编制占4分。 （2）焊膏印刷机程序编制占6分。 （3）焊膏印刷机运行操作占4分。 （4）焊膏印刷机原材料更换占2分。 （5）在规定的时间内完成工作占2分。 （6）安全文明生产占2分
贴片机操作与编程（30分）	（1）操作与维护作业指导书编制正确。 （2）贴片机开机、关机操作正确。 （3）贴片机程序编制正确。 （4）贴片机点检维护方法正确。 （5）贴片机运行故障诊断正确，排除方法有效。 （6）贴片机上料、换料操作方法正确、规范。 （7）在规定的时间内完成工作，注重安全文明生产	（1）操作与维护作业指导书编制占4分。 （2）贴片机开机、关机操作占4分。 （3）贴片机程序编制占10分。 （4）贴片机点检维护占2分。 （5）贴片机运行故障诊断占2分。 （6）贴片机上料、换料操作占4分。 （7）在规定的时间内完成工作占2分。 （8）安全文明生产占2分
再流焊接操作（20分）	（1）操作与维护作业指导书编制正确。 （2）再流焊炉开机、关机操作正确。 （3）再流焊炉程序编制正确。 （4）再流焊炉点检维护方法正确。 （5）再流焊炉运行故障诊断正确，排除方法有效。 （6）在规定的时间内完成工作，注重安全文明生产	（1）操作与维护作业指导书编制占4分。 （2）再流焊炉程序编制占6分。 （3）再流焊炉运行操作占2分。 （4）再流焊炉开、关机占4分。 （5）在规定的时间内完成工作占2分。 （6）安全文明生产占2分

练习与提高

1. 印制电路板组装分为几种方法？适用什么场合？有何特点？简述工艺流程。
2. 在插装元器件前须预先对元器件进行哪些准备工作？
3. 元器件引线弯曲成形应注意些什么？引线的最小弯曲半径及弯曲部位有何要求？
4. 元器件插装应遵循哪些原则？
5. 元器件插装应注意哪些问题？
6. SMT焊锡膏印刷有哪些方法？

7. 简述焊锡膏印刷的操作要点和注意事项。

8. 简述焊锡膏印刷会产生哪些缺陷，并说明缺陷产生的原因。

9. 为什么要点胶？点胶应用于何种场合？有哪些方法？

10. 点胶时应注意哪些事项？涂敷贴片胶有哪些技术要求？

11. 简述点胶缺陷和产生的原因。

12. 贴片机有哪些种类，应如何选用贴片机？

13. 为了保证贴片质量，贴片时应该注意哪些问题？

14. 简述贴片时会造成哪些缺陷，它们是怎样产生的。

15. 什么叫波峰焊？波峰焊机如何分类，各有什么特点？

16. 简述波峰焊机主要流程。

17. 助焊剂的涂敷方法有哪几种？

18. 如何进行波峰焊机材料参数的调整？

19. 如何进行波峰焊机温度参数的调整？

20. 如何做好波峰焊机的检查工作？

21. 波峰焊机的传递速度和角度应如何确定？

22. 简述波峰焊焊接缺陷和产生原因。

23. 什么叫再流焊？主要用在什么元件的焊接上？

24. 再流焊温度曲线如何调整？

25. 简述再流焊常见缺陷和解决办法。

26. 请列举其他的焊接方法。

项目 6

电子产品整机装配与调试

项 目 概 述

项目描述

本项目以收音机为载体，学生根据设计文件的要求，按照工艺文件的工序安排和具体方案，进行电子产品的整机装配，把焊接好的印制电路板、零部件、面板等实现装连并紧固到壳体结构，然后调试以达到整机的技术指标。

项目知识目标

（1）了解整机装配生产过程，熟悉各阶段生产技术。

（2）了解电子产品装配的工艺原则和基本要求。

（3）掌握电子产品调试工艺。

（4）了解静电的危害，熟悉静电防护设备，掌握防静电的手段。

（5）掌握调试仪器的配置方法。

（6）掌握故障分析技术和分析手段。

（7）了解包装特点，熟悉包装的技术要求。

项目技能目标

（1）掌握防静电设备穿戴的方法、消除静电的途径。

（2）掌握压接、螺钉固定的方法。

（3）掌握电子产品调试方法和技巧。

（4）掌握电子产品检验的方法。

（5）掌握电子产品包装方法。

◆ 项目要求

学生通过本项目学习，了解整机装配生产过程，熟悉各阶段生产技术；了解电子产品装配的工艺原则和基本要求；掌握电子产品调试工艺；了解静电的危害，熟悉静电防护设备；掌握防静电的手段；掌握调试仪器的配置方法、故障分析技术和分析手段；了解包装特点，熟悉包装的技术要求。学生需根据学习和已掌握的知识和技能，按照收音机的技术文件，组装收音机整机，并进行收音机的调试和质量检验，巩固对组装技术、调试技术的掌握。如图 6－1 所示为收音机实物图。

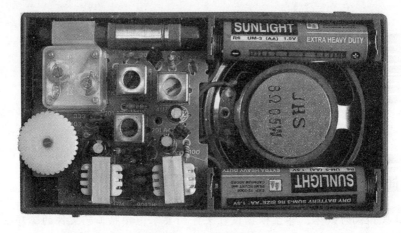

图 6－1 收音机实物图

项 目 资 讯

6.1 电子产品整机装配基础

电子产品的装配一般是以壳体为支撑主体，实现印制电路板电路与其他电路的电气连接，在结构上通过紧固或其他方法实现组成产品各部件的固定。由于装配过程需应用多项基本技术，装配质量在很多情况下难以进行定量分析，所以严格按照工艺要求进行装配、加强工人的工作责任心管理是十分必要的。

整机装配的内容包括机械和电气两大部分工作。主要是指将各零部件按照设计要求安装在不同的位置上，组合成一个整体，再用导线（线扎）将零部件之间进行电气连接，完成一个具有一定功能的完整的机器，以便进行整机调整和测试。装配的连接方式分为可拆卸的连接和不可拆连接。

6.1.1　整机装配的工艺要求

整机装配要求：牢固可靠，不损伤元件，避免碰坏机箱及元器件的涂敷层，不破坏元器件的绝缘性能，安装件的方向、位置要正确。

1. 产品外观方面的要求

电子产品外观质量关系到产品给人的第一印象，保证整机装配中有良好的外观质量，是电子产品制造企业最关心的问题，基本上每个企业都会在工艺文件中提出各种要求来确保外观良好。虽然各个企业产品不同，采取的措施也不同，但主要是从以下几个方面考虑的。

（1）存放壳体等注塑件时，要用软布罩住，防止灰尘等污染。

（2）搬运壳体或面板等要轻拿轻放，防止意外碰伤，且最好单层叠放。

（3）用工作台及流水线传送带传送时，要设有软垫或塑料泡沫垫，供摆放注塑件用。

（4）装配时，操作人员要戴手套，防止壳体等注塑件沾染油污、汗渍。操作人员使用和放置电烙铁时要小心，不能烫伤面板、外壳。

（5）用螺钉固定部件或面板时，力矩大小选择要适当，防止壳体或面板开裂。

（6）使用黏合剂时，用量要适当，防止量多溢出，若黏合剂污染了外壳要及时用清洁剂擦净。

2. 安装方法中的注意事项

装配过程是综合运用各种装连工艺的过程，安装方法有如下要求：

（1）装配工作应按照工艺指导卡进行操作。操作时需谨慎，提高装配质量。

（2）安装过程中尽可能采用标准化的零部件，使用的元器件和零部件的规格型号符合设计要求。

（3）注意适时调整每个工位的工作量，达到均衡生产，保证产品的产量和质量。若因人员状况变化及产品机型变更产生工位布局不合理，应及时调整工位人数或工作量，使流水作业畅通。

（4）应根据产品结构、采用元器件和零部件的变化情况，及时调整安装工艺。

（5）在总装配过程中，若质量反馈表明装配过程中存在质量问题，应及时调整工艺方法。

制定安装方法时还应遵循一定的原则，整机安装的基本原则是：先轻后重、先小后大、先铆后装、先装后焊、先里后外、先下后上、先平后高、易碎易损件后装，上道工序不得影响下道工序的安装。注意前后工序的衔接，使操作者感到方便，节约工时。

3. 结构工艺性方面的要求

电子产品装配的结构工艺性直接影响各项技术指标能否实现。结构是否合理，影响到整机内部的整齐美观，直接影响到生产率的提高。结构工艺通常是指用紧固件和黏合剂将产品零部件按设计要求装在规定的位置上。结构工艺性方面的主要要求如下：

（1）要合理使用紧固零件，保证装配精度，必要时应有可调节环节，保证安装方便和连接可靠。

（2）机械结构装配后不能影响设备的调整与维修。

（3）线束的固定和安装要有利于组织生产，整机装配整齐美观。

（4）根据要求提高产品结构件本身耐冲击、抗振动的能力。

（5）应保证线路连接的可靠性，操纵机构精确、灵活，操作手感好。

6.1.2　整机装配的工艺过程

整机装配的工艺过程因产品不同而有所不同，但大致顺序为：准备→机架安装→面板安装→组件装连→导线连接→传动机构安装→检验。总装工艺过程的先后程序有时可以做适当变动。

6.2　整机生产过程中的静电防护

目前，电子产品中广泛使用的电子元器件很多是静电敏感器件（如 MOS 器件等），所谓静电敏感器件是指这些器件很容易遭到静电的破坏而失效。提高静电防护意识，掌握静电防护措施是对每一个从事电子产品生产人员的最基本要求。

6.2.1　静电的产生及危害

1. 静电的产生

物体表面所带过剩或不足的相对静止电荷，称为静电。静电是一种广泛存在的自然现象。日常生活可以感觉到的静电现象如：冬天在地毯上行走及接触把手时的触电感、在冬天穿毛衣时所产生的噼啪声。易产生静电的材料称为静电材料。有些静电敏感器件的绝缘层遭到静电轻微击伤后，在装配的检验工序中并不能被发现，而是等到产品正式投入运行一段时间后，才能发现器件的某些特性变差甚至完全失效，这种留下隐患的损伤其后果将更加严重。静电材料包括塑料活页、设备外罩、磁盘、塑料文件夹、活页保护袋、N 次贴、塑料笔、泡沫包装、塑料设备遮盖物、文件图纸、塑料工作转移单、塑料喷雾瓶以及个人用品，如钱包、外套、快餐盒、梳子、洗液瓶，等等，常见的静电材料如图 6-2 所示。不要把以上这些不需要的物品带到工作区域。

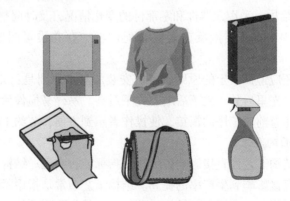

图 6-2　常见的静电材料

2. 静电敏感材料

集成电路中功能元件因体积小、电路密集，更易受到静电损害。电子零件在搬运过程中由于摩擦、振动或冲击也会受到静电损害，造成的损害主要有：PN 结软击穿，产品可靠性下降；芯片内多晶硅或金属互连击穿，废品率上升；芯片内引线击穿，废品率上升。

静电敏感元器件如图6-3所示，主要有以下几类：

（1）集成电路（DIPS、QFP、BGA、SOT等）；

（2）晶振；

（3）印制电路板。

当对某一元件不确定时，也应当作静电敏感元件来处理。

图6-3　静电敏感元器件

3. 静电的释放和破坏

静电释放是指静电电荷在不同电位物体之间的传递，缩写为ESD（Electrostatic Discharge）。具有不同静电电位的物体，由于直接接触或静电感应引起物体间的静电电荷转移，在静电场的能量达到一定程度后，击穿其间介质而进行放电。

静电释放（ESD）现象普遍产生于两种材料的接触和分离的过程中。ESD产生的一般原因包括：打开普通的塑料袋、撕开普通胶带、走路和抓门把手、传递电脑键盘，等等。在一定条件下静电释放会增强，比如：低湿度、一定的活动、快速运动，等等。

ESD引起的电子元器件损害分为即时失效和延时失效，即时失效约占10%，延时失效约占90%。即时失效也称完全性功能丧失，是指一次性造成电子元器件介质击穿或烧毁的永久性失效。即时失效在测试时或出货前可能被发现。延时失效也称间歇性功能丧失，是指产品部分地被损坏，造成器件的性能劣化或参数指标下降，仍可能通过所有检验和测试，仍能继续工作，但产品在使用中会过早出现故障和失效。

由于一般静电敏感器件能承受的静电放电电压仅几百伏，最好的也只在3 kV以下，而人体对2 kV以下的放电毫无知觉，因此静电放电对元器件的损伤是在不知不觉的状况下发生的，这更增加了其危害性。静电释放（ESD）能损坏敏感电子元器件（元件损坏电压在15～30 V就可能产生），另外，有些静电敏感器件的绝缘层遭到静电轻微击伤后，在装配的检验工序中并不能被发现，而是等到产品正式投入运行一段时间后，才能发现器件的某些特性变差甚至完全失效，导致返工、返修或报废，降低产品可靠性，严重缩短产品使用寿命，不仅提高了生产成本，还会招致客户不满意，直接影响企业的效益。

6.2.2　静电防护的材料和方法

1. 静电防护的材料

静电防护材料分为静电屏蔽材料、抗静电材料、静电消散材料。静电屏蔽材料指可防止静电释放穿透的材料。静电屏蔽材料在使用中不会产生静电，但会被静电释放穿透。静电消散材料有足够的传导性，能使静电荷通过其表面消散。

2. 静电防护的方法

在实际生产中,主要从两个方面进行静电防护,即防止静电的积聚和对已积聚的静电进行泄放。常用的方法有:

(1) 接地法。接地能消除导体上的静电,接地电阻应小于 100 Ω。绝缘体直接接地反而容易发生静电放电,应在绝缘体与大地之间保持 106 ~ 109 Ω 的电阻。

(2) 泄漏法。增加空气的湿度可以降低绝缘体的绝缘性,增加静电通过绝缘体表面的泄放。采用导电橡胶或喷涂导电塑料也可以较好地泄漏静电。

(3) 中和法。主要采用感应中和、离子风中和等方法将静电荷中和掉。

(4) 工艺控制法。从工艺流程、材料选用、设备安装和操作管理等方面采取措施,对静电加以控制。

3. 常用静电防护器材

常用静电防护器材有防静电工作台,防静电服,防静电鞋、脚筋带,防静电腕带,防静电手套、指套,防静电地板、台垫,防静电上下料架、周转箱,防静电包装袋,离子风机等。

防静电包装袋材料由基材、金属镀膜层和热封层等复合而成,具有自身不产生静电和能屏蔽外界静电的功能。

离子风机如图 6-4 所示,主要由电晕放电器、高压电源和送风系统组成,可将空气电离后输送到远处,通过中和作用消除静电。根据释放出的离子极性分为单极性离子风机和双极性离子风机。

图 6-4 离子风机

表 6-1 列举了部分静电材料消除静电的方法。

表 6-1 部分静电材料消除静电的方法

静电材料实例	消除方式/方法
多余的盒子和包装材料,泡沫、聚苯乙烯	从静电控制区域移走
胶带、文件夹、活页保护膜、塑料袋、塑料盒等	用静电安全物品替代
塑料连接件包装,塑料板子组装件	使用离子风机
外包装泡沫(用于出货产品)	与静电敏感元件分开至少 30 cm
电脑显示屏	用静电材料屏蔽
电脑键盘、监视器等	可视为典型的抗静电材料

6.2.3　静电的防护

ESD 防护大致可分为 ESD 控制区域、人体静电消除、设备静电消除和操作中的静电防护几个方面。

1. ESD 控制区域

ESD 控制区域指不受保护的静电敏感元器件可以操作的区域。静电控制区域必须用张贴信号标签和边界线明显标示。

在 ESD 控制区域应设置警告标识，常用的警告标识分两类：ESD 敏感符号和 ESD 防护符号。如图 6-5 所示。

（a）　　　　　　　　　　　　　　　（b）

图 6-5　ESD 警告标识

（a）警告标识 I —ESD 敏感符号；（b）警告标识 II —ESD 防护符号

2. 人体静电的消除

对每一个从事电子产品生产的人员，都应进行静电防护知识的普及教育和培训，增强他们的静电防护意识，这样就可以避免无处不在的静电对电子产品的破坏。在静电控制区域的每个操作人员要遵守以下规则：

（1）进入静电防护区，必须穿上防静电工作服及导电鞋，并通过静电测试。

防静电服主要由防静电布料制成，这种布料中含有一定比例的导电纤维，通过导电纤维的电晕放电和泄漏作用可以消除服装上的静电。穿防静电服时，衣袖应该与皮肤接触，里面的衣服不能露出来，扣紧领口以下第一个纽扣，袖口的纽扣也应扣紧。静电鞋必须有一个可见的带子或其他标记以示它们是静电鞋（一般公司会统一发放），进入生产区域前，必须通过测试。脚腕带可用作人员在静电地板上接地，如图 6-6（a）所示。

（2）在接触静电敏感器件之前，必须戴防静电手环。

在生产区域，所有人员前面的头发不可把眼睛遮住，过肩的头发必须扎起来，不可披头散发，接触元器件和印制电路板时，必须戴手指套或 ESD 手套。员工需坐下操作的，必须正确戴手腕带，如图 6-6（b）所示，而且每天必须通过测试并做记录，如图 6-7 所示。佩戴手腕带时需要调整皮带，步骤是打开夹子并松开→将手腕带套上手腕→收紧带子→扣上夹子。手腕带上的金属端必须紧贴皮肤。

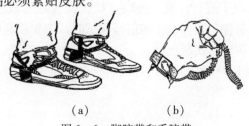

（a）　　　　　　　　　（b）

图 6-6　脚腕带和手腕带

图 6 - 7　手的静电测试

3. 设备静电的消除

设备静电一般利用设备接地来消除。主要包括以下方式：

（1）小推车和可移动的货架在静电地板上必须接地，可以使用金属拖链，接触地面部分至少有 2 英寸长。

（2）工作台及其他桌子必须是静电耗散桌面，并且通过并联方式连接到接地总线上。必须有手腕带插孔（建议 2 个），最好是香蕉夹插座，并联接到接地总线上，电源地必须通过接地，不能悬空。

（3）所有盛放元件的箱子或容器必须是静电耗散材料或抗静电材料，建议任何时候敏感元器件都必须放在原包装里直至被组装。

（4）电烙铁、吸锡枪等焊接设备必须接地，接地电阻应小于 2 Ω，热头与地之间的电位差应小于 2 mV。工作区域可采用离子风机，中和静电的能力应大于 250 V/s。

4. 操作过程中的静电防护

（1）当必须选用静电敏感器件时，拿元件前双手需触摸工作台面，且不能接触器件的引脚。

（2）若想消除元器件上的静电，可将器件引脚向下放在静电消散台面上。

（3）静电敏感器件或产品不能靠近电视荧光屏或计算机显示器等有强磁场和电场的物品。一般距离要大于 20 cm 以上。

（4）只有在静电安全工作区才能将元器件及电路板从防静电包装盒中拿出，拿出的静电敏感元器件应放在抗静电容器内或包装盒中。

（5）不要在任何表面上拖动或滑动包装箱，尽量减少搬运次数。

（6）ESD 控制区域，允许的相对湿度应该保持在 20% 以上，温度控制在 18 ~ 28 ℃ 之间。

（7）严禁在通电的情况下进行焊接、拆装及插拔带有静电敏感器件的印制电路板组装件。含有静电敏感器件的部件、整件，在加信号调试时，应先接通电源，后接通信号源；调试结束后，应先切断信号源，后切断电源。

（8）ESD 区域要根据 ESD 程序文件进行定期检查。

6.3　电子产品整机组装

整机装配工作是一个复杂的过程，它涉及技术资料、装配工具和设备的准备；相关人员的技术培训；生产组织管理；整机装配所需各种材料的预处理；各部件装连以及质量检验等环节。关键环节是将各部件装连固定到规定位置，因此本节重点讲解线缆的连接和零部件装连固定工艺方面的内容。

6.3.1　线缆的连接

1. 线缆的准备

1）普通导线的准备

普通导线是指有绝缘层的圆形或扁形铜线，一般由线芯和绝缘层组成，在结构上有硬型、欠软型、特软型之分，线芯有单芯和多芯之分。准备导线应注意以下几点：

①导线颜色的选用。

一般根据电路的性质和功能选用不同颜色的导线，以减少接线的错误。如红色表示正高压、正电路，黑色表示地线、零电平等。

②导线截面的选择。

单芯线和多芯线粗细的选择是不同的，但都与通过的工作电流 I 有关。单芯线用直径表示：$d = 0.7\sqrt{I}$（mm）；多芯线则常用截面积表示：$s \approx 0.285I$（mm²）。

③截线。

按工艺文件中导线加工表的要求，用斜口钳或下线机等工具对所需导线进行剪切。下料时应做到：长度准、切口整齐、不损伤导线及绝缘皮（漆），截线应留一定余量。将绝缘导线的两端用剥线钳等工具去掉一段绝缘层而露出芯线，剥头长度一般为 10～12 mm。剥头时应做到：绝缘层剥除整齐，芯线无损伤、断股等。对多芯线应捻头，即剥头后用镊子或捻头机把松散的芯线绞合整齐，捻头时应松紧适度、不卷曲、不断股。

④搪锡。

为了提高导线的可焊性，防止虚焊、假焊，要对导线进行搪锡处理。搪锡是把剥头导线插入锡锅中浸锡。注意经过剥头、捻线后的绝缘导线应尽快搪锡；搪锡前应先浸助焊剂，再浸锡；浸锡时间 1～3 s 为宜；浸锡后应立刻浸入酒精中散热，以防止绝缘层收缩或破裂；被搪锡的表面应光滑明亮，无拉尖和毛刺，焊料层薄厚均匀、无残渣和焊剂黏附。

2）扁电缆的加工

扁电缆又称带状电缆，是由许多根导线结合在一起、相互之间绝缘、整体对外绝缘的一种扁平带状的软电缆，它是使用范围很广的柔性连接。

预加工时，剥去扁电缆的绝缘层需用专门的工具和技术。常使用摩擦轮剥皮器，低温剥去扁电缆的绝缘层，如图 6-8 所示。也可使用刨刀片去除扁电缆的绝缘层，这种方法需把刨刀片加热到足以熔化绝缘层的温度。常用焊接法或专用固定夹具实现扁电缆与电路板的连接。

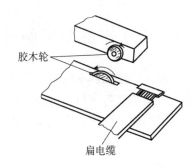

胶木轮

扁电缆

图6-8　用摩擦轮剥皮器去除扁电缆的绝缘层

2. 接线工艺要求

导线在整机电路中是作信号和电能传输用的，接线合理与否对整机性能影响极大，如果接线不符合工艺要求，轻则影响电路声像信号的传输质量，重则使整机无法正常工作。接线应满足以下要求：

（1）接线要整齐、美观、牢固。导线的两端或一端用锡焊接时，焊点应无虚假焊。导线的两端或一端用接线插头连接时，接线插头与插座要牢固，导线不松脱。接线的固定可以使用金属、塑料的固定卡或搭扣。安装电源线和高电压线时，连接点应消除应力，防止连接点发生松脱现象。整机内导线敷设应避开元器件密集区域，为其他元器件检查维修提供方便。

（2）在电气性能许可的条件下，低频、低增益的同向接线尽量平行靠拢，使分散的接线组成整齐的线束，减小布线面积。传输信号的连接线要用屏蔽线，尽量避开高频和漏磁场强度大的元器件，防止外界对信号形成干扰。交流电源的接线，应绞合布线，减小对外界的干扰。

（3）连接线要避开整机内锐利的棱角、毛边，防止损坏导线绝缘层，避免短路或漏电故障。整机电源引线孔的结构应保证当电源引线穿进或维修时，不会损伤导线绝缘层。若引线孔为导电材料，则应在引线上加绝缘套，而且此绝缘套在正常使用中应不易老化。绝缘导线要避免高温元件，以防止导线绝缘层老化或降低绝缘强度。

3. 走线布线工艺要求

整机内连接线的布置情况，直接影响着整机的美观和电性能的优劣，因此要注意连接线的走向和布设方法，具体应注意以下几点：

（1）不同用途、不同电位的连接线不要扎在一起，应相隔一定距离，或相互垂直交叉走线，以减小相互干扰。交流电源线、流过高频电流的导线，可把导线支撑在塑料支柱上架空布线，以减小对元器件的干扰。

（2）连接线要尽量缩短（特别是高频、高压的连接线），使分布电感和分布电容减至最小，尽量减小或避免产生导线间的相互干扰和寄生耦合。与高频无直接连接关系的线束要远离高频回路，防止电路工作不稳定。

（3）线束在机内分布的位置应有利于布线。水平导线敷设尽量紧贴底板，竖直方向的导线可沿框边四角敷设，以利于固定。从线束中引出接线至元器件的接点时，应避免线束在密集的元器件之间强行通过。线束弯曲时保持其自然过渡状态，并进行机械固定。

（4）接地线应短而粗，减小接地电阻引起的干扰电压。同级电路的地线尽量接在一起。输入、输出线应有各自的接地回路，避免采用公共地线。不同性质电路的电源地回路线应分别接地，回路线至公共电源地端，不让任何一个电路的电源经过其他电路的地线。

4. 接插件连接工艺要求

导线电缆常作为电子产品中各部件的连接线，用于传输信号。连接方式有两种，一种是直接焊接，另一种是通过接插件连接。焊接方式的优点是连接可靠，适用于连接线不很多的场合；接插件连接方式的优点是安装简单，适用于需要插拔的场合。导线电缆与接插件的连接，首先应根据插头、插座的引脚数目选择相应的导线电缆，导线电缆需经过剥头、捻线、搪锡的处理后，焊接或装接到接插件的引脚上。

制作此类连接导线时应注意：每股导线都应先套上绝缘套管，再将导线分别按顺序焊到插头或插座的焊片上；焊接要牢固，不能松动。若电缆线束需弯曲，弯曲半径不得小于线束直径的两倍，且在插头座根部的弯曲半径不得小于线束直径的5倍。对于扁平电缆，它大都采用穿刺卡接方式或用插头连接，接头内有与扁平电缆尺寸相对应的U形接线簧片，用专用压线工具，在压力作用下，簧片刺破电缆绝缘皮，将导线压入U形刀口，并紧紧挤压导线，获得电气接触。图6-9是压好的扁平电缆组件。

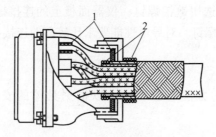

图6-9 扁平电缆组件

1—焊锡；2—棉线或亚麻线（绑扎宽度不小于4 mm）

6.3.2 零部件的装连固定

1. 螺钉固定

电子产品的安装过程中，需要将电子零部件按照要求装接到规定的位置上，大部分安装离不开螺钉固定。螺钉安装质量不仅取决于工艺设计，很大程度上也依赖于操作人员的技术水平和安装工具，一台精密的电子仪器可能由于一个螺钉的松动而无法正常工作，这样的例子在实际工作中并不少见。

1）螺钉紧固的方法

对于普通螺钉，先用手指握住手柄顺时针拧紧螺钉，再用手掌拧半圈左右即可。紧固有弹簧垫圈的螺钉时，要求把弹簧垫圈刚好压平即可。对成组的螺钉紧固，要采用对角轮流紧固方法，即先轮流将全部螺钉预紧（刚刚拧上为止），再按对角线的顺序轮流将螺钉紧固。

2）常用紧固件及选用

如图6-10所示，是电子装配常用的各种螺钉，这些螺钉在结构上有一字槽与十字槽两种。由于十字槽具有对称性好、安装时旋具不易滑出的优点，使用日益广泛。

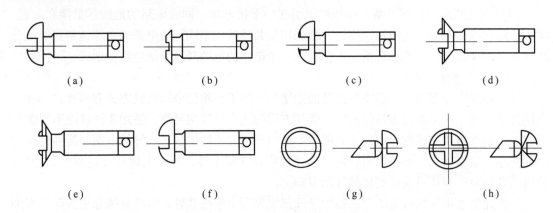

图6-10　电子装配常用的各种螺钉

(a) 羊圆头螺钉；(b) 圆柱头螺钉；(c) 球面半圆头螺钉；(e) 沉头螺钉；(e) 半沉头螺钉；

(f) 垫圈头螺钉；(g) 一字槽（以半圆头为例）；(h) 十字槽（以半圆头为例）

当连接面平整时，要选用沉头螺钉。选择的沉头大小合适时，可以使螺钉与平面保持同高。自攻螺钉适用于薄铁板与塑料件之间的连接，它的特点是不需要在连接件上攻螺纹。一般仪器上的连接螺钉，可以选用镀钢螺钉；仪器面板上的连接螺钉，为增加美观和防止生锈，可以选择镀铬或镀镍的螺钉。对导电性能要求比较高的连接和紧固，可以选用黄铜螺钉或镀银螺钉。

3）螺钉防松的方法

常用的防止螺钉松动的方法有三种，可以根据具体的安装对象选用，如图6-11所示。

①加装垫圈。

②使用双螺母。

③使用防松漆。

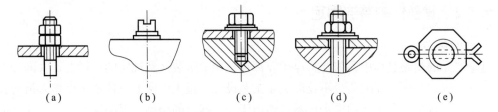

图6-11　防止螺钉松动的方法

(a) 双螺母；(b) 弹簧垫圈；(c) 蘸漆；(d) 点漆；(e) 开口销钉

2. 铆接

通过机械方法，用铆钉将两个或两个以上的零部件连接起来的操作过程叫作铆接。铆接可分为冷铆和热铆。在电子产品装配中，常用的是冷铆法，市场上的铆钉大都是用铜或铝制作而成。

1）铆接的要求

当铆接半圆头的铆钉时，铆钉头应完全平贴于被铆零件上，并应与铆窝形状一致，不允许有凹陷、缺口和明显的开裂，铆接后不应出现铆钉杆歪斜和被铆件松动的现象。沉头铆钉铆接后应与被铆平面保持平整，允许略有凹下，但不得超过 0.2 mm。空心铆钉铆紧后扩边应均匀、无裂纹、管径不应歪扭。用多个铆钉连接时，应按对称交叉顺序进行。

2）铆钉长度和铆钉孔直径

铆接时，适当的铆钉长度，才能做出符合要求的铆接头，保证足够的铆接强度。如果铆钉杆太长，在铆合时铆接头容易偏斜；铆钉杆太短，做出的铆接头就不会圆满完整，并且会降低结构的坚固性。铆钉长度应等于被铆件的总厚度与留头长度之和。半圆头铆钉的留头长度为铆钉直径的 1.25～1.5 倍，沉头铆钉的留头长度为铆钉直径的 0.8～1.2 倍。

铆接时铆钉直径大小与被连接件的厚度有关，铆钉直径应大于铆接厚度的 1/4，一般应取板厚的 1.8 倍。

铆孔直径与铆钉直径的配合必须适当。若孔径过大，铆钉杆易弯曲，孔径过小，铆钉杆不易穿入，若强行打进，又容易损坏被铆件。

3. 销接

销接是利用销钉将零件或部件连接在一起的连接方法。其优点是便于安装和拆卸，并能重复使用。销钉按用途分有紧固销和定位销两种；按结构形式不同，可分为圆柱销、圆锥销和开口销。在电子产品装配中，圆柱销和圆锥销较常使用。

销钉连接时应注意以下几方面：

（1）销钉的直径应根据强度确定，不得随意改变。

（2）销钉装配前，应将连接件的位置精确地调整好，保证性能可靠，然后再一起钻铰。

（3）销钉多是靠过盈配合装入销孔中的，但不宜过松或过紧。圆锥销通常采用 1∶50 的锥度，装配时如能用手将圆锥销塞进孔深的 80%～85%，可获得正常过盈。

（4）装配前应将销孔清洗干净，涂油后再将销钉塞入，注意用力要垂直、均匀，不能过猛，防止头部镦粗或变形。

（5）对于定位要求较高或较常装卸的连接，宜选用圆锥销连接。

4. 胶接

用胶黏剂将各种材料粘接在一起的安装方法称为胶接。在无线电整机装配中常用来对轻型元器件及不便于螺接和铆接的元器件或材料进行胶接。

胶接与铆接、焊接及螺接相比，有自身的优点。比如便宜、工艺简单，修复容易；任何金属、非金属几乎都可以用胶黏剂来连接，且不受厚度限制；胶接变形小，常用于金属薄板、轻型元器件和复杂零件的连接；胶接可以避免应力集中，具有较高的抗剪、抗拉强度和良好的密封、绝缘、耐腐蚀的特性。但胶接也有不足之处，如有机胶黏剂易老化、耐热性差（不超过 300 ℃）；无机胶黏剂虽耐热，但性能脆；胶接接头抗剥离和抗冲击能力差等。

（1）胶黏剂的选用。

选择胶黏剂时要从效果好、操作简单、成本低角度出发，根据被胶接件的形状、结构和表面状态，以及被胶接零件需要承受的负荷和形式，选择合适胶接强度的胶黏剂。

（2）胶接接头或被粘接表面的处理。

应设法去除胶接接头或被粘接件表面的油污、氧化层和水分，或使其表面比较粗糙，并尽可能扩大粘接面积，处理完后，应尽快进行粘接，否则需重新处理。

（3）严格执行操作工艺。

胶接工艺的一般工序为：粘接面加工→粘接面清洁处理→涂敷胶黏剂→叠合→固化。胶接时注意胶接环境的温度应为 15～30 ℃，相对湿度不大于 70%；胶接前必须进行严格的表面处理；涂敷胶黏剂应当厚度均匀、位置准确；叠合时接口处多余的胶液应清除干净；固定时要求夹具定位准确，压力和固化温度均匀，保温时间充分。

6.3.3 常用零部件的装配举例

1. 陶瓷零件、胶木零件和塑料件的安装

这类零件的特点是强度低，在安装时容易损坏。因此要选择合适材料作为衬垫，在安装时要特别注意紧固力的大小。瓷件和胶木件在安装时要加软垫，如橡胶垫、纸垫或软铝垫，不能使用弹簧垫圈；选用铝垫圈时要使用双螺母防松。塑料件在安装时容易变形，应在螺钉上加大外径垫圈。使用自攻螺钉紧固时，螺钉的旋入深度应不小于直径的 2 倍。

2. 仪器面板零件的安装

在仪器面板上安装电位器、波段开关和接插件等，通常都采用螺纹安装。在安装时要选用合适的防松垫圈，特别要注意保护面板，防止在紧固螺母时划伤面板。

3. 电位器的安装

电位器的安装根据其使用的要求一般应注意两点：

（1）有锁紧装置时的安装。螺钉不可压得过紧，避免破坏电位器的内部结构。

（2）有定位要求时的安装。检查定位柱是否正确装入安装位置的定位孔，并注意不能使电位器壳体变形。

4. 大功率器件的安装

大功率器件在工作时要发热，必须依靠散热器将热量散发出去，而安装的质量对传热效率影响很大。以下三点是安装的要领：

（1）器件和散热器接触面要清洁平整，保证两者之间接触良好。

（2）在器件和散热器的接触面上加涂硅酯。

（3）在有两个以上的螺钉紧固时，要采用对角线轮流紧固的方法，防止贴合不良。

如图 6－12 所示是常见功率器件的安装。

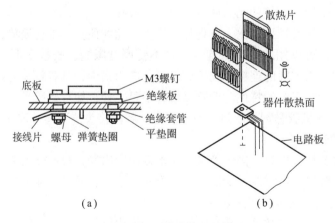

（a）　　　　　　　　　　　　　（b）

图 6－12　功率器件的安装

（a）金属大功率器件的安装；（b）塑封器件的安装

6.4 电子产品调试

由于每个元器件的特性参数都存在着微小的差异，电子产品装配焊接又是仅仅把成百上千的元器件按照设计图纸要求连接起来，这些元器件的微小差异综合起来反映到一个单元电路或整机上，就会使电路的性能出现较大的偏差，加之在装配过程中可能会有各种分布参数的不同，导致刚装配焊接好的电路和整机不能正常工作，各项技术指标达不到设计要求。解决这些问题的唯一途径是通过调试消除偏差。

调试包括调整和测试。调整是指对电路参数的调整，即对整机内可调元器件及电气指标有关的调谐系统、机械传动部分进行调整，使之达到预定的性能要求。测试是指在调整的基础上，对整机的各项技术指标进行系统的测试，使电子设备各项技术指标符合规定的要求。

6.4.1 调试工作的内容

调试的目的是使产品达到技术文件所规定的功能和技术指标。在产品试制阶段，调试可为产品定型提供技术保障，调试数据即为产品的性能参数；在小批量生产阶段，通过调试可以发现电子产品设计、工艺的缺陷和不足；大规模生产时，调试是保证并实现电子产品的功能和质量的重要环节。

调试一般在装配车间进行，对于简单的电路和小型电子产品，调试工作简便，一般在装配完成之后可直接进行整机调试。对于复杂的电子产品，通常先要对单元电路或分板进行调试，达到各自要求后，再进行总装，然后进行整机总调。调试工作的内容有以下几点：

（1）明确电子设备调试的目的和要求。

（2）正确合理地选择和使用测试仪器和仪表。

（3）按照调试工艺对电子设备进行调整和测试。调试完毕，用封蜡、点胶的方法固定元器件的调整部位。

（4）分析和排除调试中出现的故障，对调试数据进行分析、处理。

6.4.2 调试方案的制订

调试方案是指一套适合某一电子产品调试的内容及做法。一套完整的调试方案要求调试内容具体、切实、可行，测试条件仔细、清晰，测试仪器和工装选择合理，测试数据尽量表格化。调试方案的制订对于电子设备调试工作的顺利进展影响很大。它不仅影响调试质量的好坏，而且影响调试工作效率的提高。因此，事先制订一套完整的合理的调试方案是非常必要的。

1. 制订调试方案的基本原则

对于不同的电子产品其调试方案是不同的，但是制订的原则具有共性，即：

（1）深刻理解产品的工作原理及影响产品性能的关键元器件及部件的作用，根据产品的性能指标要求，确定调试的项目及内容。

（2）根据电路中关键元器件及部件的参数允许变动的范围，确定实施主要性能指标的方法和步骤，要注意各个部件的调整对其他部件的影响，要使调试方法、步骤合理可行，使操作者安全方便。

（3）调试方案要考虑到现有的设备及条件，尽量采用先进的工艺技术，以提高生产效率及产品质量。

（4）调试方案的制订要求调试内容订得越具体越好；测试条件要写得仔细清楚；调试步骤应有条理性；测试数据尽量表格化，便于观察了解及综合分析；安全操作规程的内容要具体，要求明确。

2. 调试方案的基本内容

调试内容应根据国家或企业颁布的标准及待测产品的等级规格具体拟定。

（1）测试设备（包括各种测量仪器、工具、专用测试设备等）的选用。

（2）调试方法及具体步骤。

（3）测试条件与有关注意事项。

（4）调试安全操作规程。

（5）调试所需要的数据资料及记录表格。

（6）调试所需要的工时定额。

（7）测试责任者的签署及交接手续。

以上所有的内容都应在有关的工艺文件及表格中反映出来。

6.4.3　正确选择和使用仪器

调试工作离不开仪器，测试仪器的正确选择与使用，直接影响调试质量的好坏。因此，需要正确选择和合理配置各种测试仪器。

一般通用电子测试仪器都只具有一种或几种功能，要完成某一产品的测试工作，往往就需要多台测试仪器及辅助设备、附件等组成一个测试系统。测试究竟要由哪些型号的仪器及设备组成，这要由测试方案来确定。在选择和使用仪器时需要注意以下几个方面的问题：

（1）测试仪器需有测量被测信号类型的能力，仪器的量程满足被测电量的数值和精度范围。比如测量高频信号要选用频率覆盖足够的仪器。再比如指针式仪表选择量程时，应使被测量值指在满刻度值的三分之二以上的位置，数字式仪表测量量程的选择，应使其测量值的有效数字位数尽量等于所指示的数字位数。

（2）测量仪器的工作误差应远小于被调试参数所要求的误差。在调试工作中，通常要求调试中产生的误差对于被测参数的误差来说可以忽略不计。对于测试仪器的工作误差，一般要求小于被测参数误差的十分之一。

（3）测试仪器输入阻抗的选择要求在接入被测电路后，不改变被测电路的工作状态或者接入电路后所产生的测量误差在允许范围之内。

（4）各种仪器的布置应便于观测和操作。观察波形或读取测试结果（数据），视差要小，不易疲劳（例如指针式仪器不宜放得太高或太偏），应根据仪器面板上可调旋钮的位置布置，使调节方便舒适。

（5）仪器叠放置时，应注意安全稳定，把体积小、重量轻的放在上面。对于功率大、发热量多的仪器，要注意仪器的散热和对周围仪器的影响。

（6）仪器的布置要力求接线最短。对于高增益、弱信号或高频信号的测量，应特别注意不要将被测件的输入与输出接线靠近或交叉，以免引起信号的串扰及寄生振荡。

6.4.4　调试工作对调试人员的要求

在相同的设计水平与装配工艺的前提下，调试质量取决于调试工艺是否制订得正确和操作人员对调试工艺的掌握程度。为使生产过程形成的电子产品的各项性能参数满足要求并具有良好的可靠性，要求技术人员加强对调试人员的培训。

对于调试人员而言，只有通过不断学习，掌握与调试产品相关的知识，才能提高调试水平。对调试人员的具体要求为：

（1）需要懂得被调试产品的各个部件和整机的电路工作原理，了解它的性能指标要求和使用条件。

（2）能正确、合理地选择测试仪器，熟练掌握这些仪表的性能指标和使用环境要求，深入了解有关仪器的工作特性、使用条件、选择原则、误差的概念和测量范围、灵敏度、量程、阻抗匹配、频率响应等知识。

（3）学会调试方法和数据处理方法，包括编制测试软件对数字电路产品进行智能化测试、采用图形或波形显示仪器对模拟电路产品进行直观化测试。

（4）熟悉在调试过程中对于故障的查找和消除方法。

（5）严格遵守操作和安全规程。

6.4.5　调试过程中的安全防护

在电路调试时，由于可能接触到危险的高压电，例如，在电脑显示器（彩色电视机）中，行扫描电路输出级的阳极电压高达 20 kV 以上，调试时稍有不慎，就很容易触碰到高压线路而受到电击。特别是近年来一般都采用高压开关电源，由于没有电源变压器的隔离，220 V 交流电的火线可能直接与整机底板相通，如果通电调试电路，很可能造成触电事故。在调试过程中，为保护调试人员的人身安全，避免测试仪器和元器件的损坏，必须严格遵守安全操作规程，并注意以下各项安全措施。

1. 加强测试现场安全防护

（1）测试现场内所有的电源开关、保险丝、插头座和电源线等不许有带电导体裸露部分，所用的电器材料的工作电压和工作电流不能超过额定值。

（2）测试现场除注意整洁外，要保持适当的温湿度，场地内外不应有激烈的振动和很强的电磁干扰，测试台及部分工作场地必须铺设绝缘胶垫并将场地用拉网围好，必要时可加"高压危险"警告牌并放好电棒。

（3）工作场地必须备有消防设备，灭火器应适于扑灭电气起火且不会腐蚀仪器设备（如四氯化碳灭火器）。

（4）操作台和设备必须接地，台面使用防静电垫板，操作人员必须采取防静电措施，需带防静电接地手环。

（5）仪器及附件的金属外壳都应良好接地，仪器电源线必须采用三芯的，地线必须与机壳相连。

（6）测试仪器设备的外壳易接触的部分不应带电。非带电不可时，应加以绝缘覆盖层防护。仪器外部超过安全低电压的接线柱及其他端口不应裸露，以防止使用者摸到。

2. 严格按安全操作规程操作

（1）在接通电源前，应检查电路及连线有无短路等情况。接通后，若发现冒烟、打火、异常发热等现象，应立即关掉电源，由维修人员来检查并排除故障。

（2）调试时，操作人员不允许带电操作，若必须和带电部分接触时，应使用带有绝缘保护的工具操作，应尽量学会单手操作，避免双手同时触及裸露导体，以防触电。

（3）在更换元器件或改变连接线之前，应关掉电源，待滤波电容放电完毕后再进行相应的操作。

（4）调试工作结束或离开工作场所前应将所有仪器设备关掉并拉下电源总闸，方可离去。

6.4.6 调试的工装夹具

在大批量生产电子产品时，不可能将每块电路板安装到整机上进行调试。实际生产中，一般会设计制造一种调试工装夹具（或叫测试架）来模拟整机。

最常见的调试工装夹具是测试针床。图6-13是一个电路测试针床的示意图，其中图6-13（a）、（b）、（c）是顶针的形式，图6-13（d）是顶针的内部结构。当把产品电路板装卡在一个支架上，弹性顶针把电源、地线、输入/输出信号线从板下接通到电路板上，电路板就可以正常工作了，调试人员可根据输出的信号进行调试。

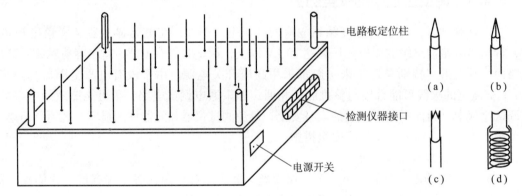

图6-13 电路测试针床示意图
(a) 圆锥式；(b) 棱锥式；(c) 戟式；(d) 顶针内部

如果检测仪器接口接到计算机上，便构成了在线测试仪（ITC）。它是一种自动测试设备，目前在一些外资企业已得到广泛应用。ITC的结构上由电脑、测试电路、测试压板及针床和显示、机械传动等部分组成。软件部分由操作系统和ICT测试软件组成。利用电脑的操作系统与测试软件可以完成测试数据的显示、打印、统计等功能。

6.4.7 调试的步骤

1. 调试前的准备工作

（1）熟悉调试的相关文件，特别是调试工艺文件。

调试人员首先应仔细阅读调试说明及调试工艺文件，熟悉整机工作原理、技术条件及有关指标，了解各参数的调试方法和步骤。

（2）清理场地，准备调试工具。

调试人员应按安全操作规程做好调试场地布置，铺设合乎规定的绝缘胶垫，放置各类标牌以示警示和区别，把调试用的图纸、文件、工具、备件等放在适当的位置上。

（3）点亮仪器仪表。

按照技术条件的规定，准备好测试所需的各类仪器，点亮调试用仪器仪表，检查是否有异常，如有，应及时通知维修人员。

（4）准备被调试产品。

调试人员在工作前应检查被调试产品的工序卡，查看是否到调试工序，是否有工序遗漏或签署不完整、无检查合格章等现象。

2. 调试的步骤

由于电子产品的单元电路种类繁多，组成方式和数量也不同，所以调试步骤也不相同。但对一般电子产品来说，调试工作的一般步骤是电路分块隔离，先直流后交流。

所谓"电路分块隔离"，是指在调试电路的时候，对各个功能电路模块分别加电，逐块调试。这样做，可以避免模块之间电信号的相互干扰；当电路工作不正常时，大大缩小了搜寻原因的范围。"先直流后交流"也叫作"先静态后动态"，当直流工作状态调试完成之后，再进行交流通路的调试。因为直流工作状态是一切电路的工作基础，直流工作点不正常，电路就无法实现其特定的电气功能。具体说来调试程序大致如下。

1）通电检查

插上电源开关插头前，先置电源开关于"关"位置，检查电源开关变换是否正常，保险丝是否装入，若均正确无误，再插上电源开关插头，打开电源开关通电。接通电源后，检查输入电压是否正确，电源指示灯是否亮，此时应注意是否有放电、打火、冒烟现象，有无异常气味，电源变压器是否迅速升温，若有这些现象，立即停电检查。

2）电源调试

电源是供电部分，首先要进行电源部分的调试，才能顺利进行其他项目的调试。电源电路的调试通常先在空载状态下进行，目的是避免因电源电路未经调试而加载，引起部分电子元器件的损坏。调试时，接通印制电路板的电源部分，测量有无稳定的直流电压输出，其值是否符合设计要求或调节取样电位器使之达到预定的设计值。测量电源各级的直流工作点和电压波形，检查工作状态是否正常，有无自激振荡等。正常以后，再加等效负载进行电源细调，再测量各项性能指标，观察是否符合设计要求。调试完毕后，用胶水固定相关调整元件。

3）按照电路的功能模块分级分板调试

电源电路调好后，根据调试工艺需要，从前往后或者从后往前地依次把各功能模块接通电源，测量和调整它们的工作状态，直到各部分电路均符合技术文件规定的各项技术指标为止。注意：应该调试完成一部分以后，再接通下一部分进行调试，不要一开始就把全部电路加到电源上。同样，参数调整确定以后，可调元件必须用胶水或粘漆固定住。

4）整机调整和测试

各功能模块电路调整好之后，把它们连接起来，测试相互之间的影响，排除影响性能的不利因素，并对整机的性能指标进行测试，包括总的消耗电流和功率，图形、图像、声音的效果，等等。

5）对产品进行老化和环境试验

大多数的电子产品在测试完成之后，应按规定进行整机通电老化试验，目的是提高电子产品工作的可靠性。有些电子产品在调试完成之后，还需进行环境试验，以考验在相应环境下正常工作的能力。环境试验内容和要求应严格按技术文件规定执行。

6）参数复查和复调

经整机通电老化试验后，整机各项技术性能指标会有一定程度的变化，通常进行参数复核复调，如达到规定要求，整批产品就可以包装入库了。

6.4.8 调试中故障查找和排除

1. 查找与排除故障的一般步骤

调试过程中，往往会遇到在调试工艺文件指定的调整元件时，调试指标达不到规定值，或者调整这些元件时根本不起作用，这时可按以下步骤进行故障查找与排除。

（1）仔细地摸清故障现象，了解故障现象及故障发生的经过，掌握第一手资料。

（2）根据产品的工作原理、整机结构以及维修经验正确分析故障，根据记录进行分析和判断，确定故障的部位和原因。

（3）查出故障原因后，修复损坏的元件和线路。对于需要拆卸修复的故障，必须做好处理前的准备工作。修复后，再对电路进行一次全面的调整和测定，并做好必要的标记或记录。

2. 查找与排除故障的方法和技巧

1）观察法

在不通电的情况下，打开产品外壳观察整机电路、单元电路板或元器件有无异常。检查内容包括：保险管、熔断电阻是否烧断；电阻器是否有烧坏变色现象、电解电容器是否有漏液和爆裂、晶体管是否有焦、裂现象；焊点是否有短路、虚焊和假焊；连接线是否有断线、脱焊、短路、接触不良现象；插头与插座接触是否良好，等等。

当采用上述方法不能发现问题时，接通电源进行表面观察，观察是否冒烟、烧断、烧焦、跳火；如遇到这些情况，必须立即切断电源分析原因，再确定检修部位。如果一时观察不清，可重复开机几次；但每次时间不要长，以免扩大故障。必要时，断开可疑的部位再行试验，看故障是否消除。

必要时还可以用手触摸电子元器件，感觉是否有发烫、松动等现象；可以用耳朵去听电子产品的箱体内是否有异常的声音出现；也可以用鼻子去嗅闻电子产品在通电工作时，是否有不正常的气味散发出来，以此来判断故障的部位和性质。

2）测量法

测量法是故障检测中使用最广泛、最有效的方法。根据检测的电参数特性又可分为电阻法、电压法、电流法、波形法和逻辑状态法。

（1）电阻法。

电阻是各种电子元器件和电路的基本特征，利用万用表测量电子元器件或电路各点之间电阻值来判断故障的方法称为电阻法。测量电阻对开路与短路性质的故障判断有很好的效果与较高的准确性。测量电阻值，有"在线"和"离线"两种方法。"在线"测量需要考虑被测元器件受其他串并联电路的影响，测量结果应对照原理图进行分析判断，"离线"测量需要将被测元器件或电路从整个印制电路板上脱焊下来，操作较麻烦，但结果准确可靠。

（2）电压法。

电子线路正常工作时，线路各点都有一个确定的工作电压，测量电压法是指用万用表的电压挡测量电路电压、元器件的工作电压并与正常值进行比较，以判断故障所在的检测方法，这种方法是维修中使用最多的一种方法。通过对电源输出直流电压的测量，可以确定整机工作电压是否正常；对集成电路各引脚直流电压的测量，可以判断集成电路本身及其外围电路是否工作正常；通过测量晶体管各级直流电压，可判断电路所提供的偏置电压是否正常，晶体管本身是否工作正常；通过测量电路关键点的直流电压，可以大致判断故障所在的范围。

（3）电流法。

电流法有直接测量和间接测量两种方法。电流检测法适用于由于电流过大而出现烧坏保险管、烧坏晶体管、使晶体管发热、电阻器过热以及变压器过热等故障。直接测量就是用电流表直接串接在欲检测的回路中测得电流值的方法，这种方法直观、准确，但往往需要断开导线、脱焊元器件引脚等才能进行测量，故检测不大方便。间接测量法实际上是用测电压的方法换算成电流值，这种方法快捷方便，但如果所选测量点的元器件有故障则不容易准确判断。

（4）波形法。

用示波器检查电路中关键点波形的形状、幅度、宽度及相位是否正常，从中发现故障所在。波形观察法是检修波形变换电路、振荡器、脉冲电路的常用方法。若同时再与信号源配合使用，就可以进行跟踪测量，即按照信号的流程逐级跟踪测量信号。这种方法对于发现寄生振荡、寄生调制或外界干扰及噪声等引起的故障，具有独到之处。

（5）逻辑状态法。

逻辑状态法是对数字电路的一种检测方法，对数字电路而言，只需判断电路各部位的逻辑状态即可确定电路工作是否正常。数字逻辑状态主要有高低两种电平状态，另外还有脉冲串及高阻状态，因而可以使用逻辑笔进行电路检测，逻辑笔具有体积小、使用方便的优点。

3）信号注入法

信号注入法是将一定频率和幅度的信号逐级输入到被检测电路的输入端，替代整机工作时该级的正常输入信号，以判断各级电路的工作情况是否正常，从而可以迅速确定产生故障的原因和所在单元。检测的次序是，从产品的输出端单元电路开始，逐步移向最前面的单元。这种方法适用于各单元电路是开环连接的情况，缺点是需要各种信号源，还必须考虑各级电路之间的阻抗匹配问题。

4）比较法

用同样的正常整机，与待修的产品进行比较，还可以把待修产品中可疑部件插换到正常的产品中进行比较。比较法是以检测法为基础的，对可能存在故障的电路部分进行工作点测定和波形观察，或者信号监测，通过比较好坏设备的差别发现问题，这种方法的缺点是需要同样的整机。

5）分割测试法

这种方法是将电路中被怀疑的元器件和部件开路处理，让其与整机电路脱离，然后观察故障是否还存在，一般需要逐级断开各级电路的隔离元件或逐块拔掉各模块，使整机分割成多个相对独立的单元电路,测试其对故障现象的影响,从而确定故障所在部位的检查方法。

6) 替代法

利用性能良好的元器件或部件来替代整机可能产生故障的部分,如果替代后整机工作正常了,说明故障就出在被替代的那个部分里。这种方法检查简便、不需要特殊的测试仪器,但用来替代的部件应该尽量是不需要焊接的可插接件。

6.5 电子产品整机质量检验

6.5.1 整机的老化

1. 老化的目的

为保证电子整机产品的生产质量,通常在装配、调试、检验完成之后,还要进行整机的通电老化。整机产品在生产过程中进行老化的原理与电子元器件的老化筛选相同,就是要通过老化发现产品在制造过程中存在的潜在缺陷,把故障(早期失效)消灭在出厂之前,提高电子设备工作可靠性及使用寿命,同时稳定整机参数,保证调试质量。

老化通常是在一般使用条件(例如室温)下进行,所以老化属于非破坏性试验,通常每一件产品在出厂以前都要经过老化,老化是企业的常规工序。

2. 老化的分类

老化分为两类:静态老化和动态老化。在老化电子整机产品的时候,如果只接通电源,没有给产品注入信号,这种状态叫作静态老化。如果同时还向产品输入工作信号,就叫作动态老化。一般而言,在静态老化时只接通电源,不运行程序,而动态老化时要持续运行测试程序。显然,与静态老化相比,动态老化是更为有效的老化方法。

3. 加电老化的技术要求

整机加电老化的技术要求有:温度、循环周期、积累时间、测试次数和测试间隔时间等几个方面。

(1)温度。整机加电老化通常在常温下进行。有时需对整机中的单板、组合件进行部分的高温加电老化试验,一般分三级:40 ℃ ±2 ℃、55 ℃ ±2 ℃和70 ℃ ±2 ℃。

(2)循环周期。每个循环连续加电时间一般为4 h,断电时间通常为0.5 h。

(3)积累时间。加电老化时间累积计算,积累时间通常为200 h,也可根据电子整机设备的特殊需要适当缩短或加长。

(4)测试次数。加电老化期间,要进行全参数或部分参数的测试,老化期间的测试次数应根据产品技术设计要求来确定。

(5)测试间隔时间。测试间隔时间通常设定为8 h、12 h和24 h几种,也可根据需要设定。

在老化时,应该密切注意产品的工作状态,如果发现个别产品出现异常情况,要立即使它退出通电老化。

6.5.2 整机产品的环境试验

电子产品的环境适应性是研究产品可靠性的主要方法之一。环境试验需要模拟产品在环境极限条件下的运行情况，环境试验只对少量产品进行试验，在新产品通过设计鉴定或生产鉴定时要对样机进行环境试验，当生产过程（工艺、设备、材料、条件）发生较大改变、需要对生产技术和管理制度进行检查评判、同类产品进行质量评比的时候，都应该对随机抽样的产品进行环境试验。环境试验一般要委托具有权威性的质量认证部门使用专门的设备才能进行，并由权威部门对试验结果出具证明文件。环境试验往往会使受试产品受到损伤。

根据国家颁布的相关标准，规定了对电子测量仪器的环境试验方法。其主要内容如下：

（1）绝缘电阻和耐压的测试。

根据产品的技术条件，一般是在仪器有绝缘要求的外部端口（电源插头或接线柱）和机壳之间、与机壳绝缘的内部电路和机壳之间、内部互相绝缘的电路之间，进行绝缘电阻和耐压的测试。

测试绝缘电阻的方法是在被测部位施加一定的测试电压（选择 500 V、1 000 V 或 2 500 V），并测量绝缘电阻，时间保持 1 min 以上。

在进行耐压试验时，试验电压要在 5 ~ 10 s 内逐渐增加到规定值（选择 1 kV、3 kV 或 10 kV），保持 1 min，不出现表面飞弧、扫掠放电、电晕和击穿现象。

（2）对供电电源适应能力的试验。

供电电源适应能力是指供电电源波动时产品的适应性。在我国，交流电网的电压在 220 V ± 10%、频率在 50 Hz ± 4 Hz 之内波动，因此要求电子产品在此范围内仍能正常工作。

（3）温度试验。

把电子产品放入温度试验箱，进行额定使用范围上限温度试验、额定使用范围下限温度试验、储存运输条件上限温度试验和储存运输条件下限温度试验。对于一般产品，这些试验的条件分别是 +40 ℃、−10 ℃、+55 ℃、−40 ℃，各 4 h。

（4）湿度试验。

把电子产品放入湿度试验箱，在规定的温度下通入水汽，进行额定使用范围和储存运输条件下的湿度试验。对于一般电子产品，这些试验的条件分别是湿度 80% 和 90%，均在 +40 ℃ 下进行 48 h。

（5）振动和冲击试验。

把电子产品紧固在专门的振动台和冲击台上进行单一频率振动试验、可变频率振动试验和冲击试验。试验有三个参数：振幅、频率和时间。对于Ⅱ类仪器，只做单一频率振动试验和冲击试验，这两项试验的条件分别是 30 Hz 和 10 ~ 50 次/min，共 1 000 次。

（6）运输试验。

把电子产品捆绑在载重汽车的拖车上行车 20 km 进行试验，也可以在 4 Hz 的振动台上进行 2 h 的模拟试验。

6.5.3　3C 强制认证

2001 年 12 月，国家质检总局发布了《强制性产品认证管理规定》，以强制性产品认证制度替代原来的进口商品安全质量许可制度和电工产品安全认证制度。

国家强制性产品认证制度于 2002 年 5 月 1 日起正式实施。国家强制性认证标志名称为

"中国强制认证",英文名称为"China Compulsory Certification",英文缩写为"CCC"。中国强制认证标志实施以后,逐步取代了原来实行的"长城"标志和"CCIB"标志。中国强制性产品认证简称"CCC认证"或"3C认证"。

3C认证是一种法定的强制性安全认证制度,也是国际上广泛采用的保护消费者权益、维护消费者人身财产安全的基本做法。列入《实施强制性产品认证的产品目录》中的产品包括家用电器、汽车、安全玻璃、医疗器械、电线电缆、玩具等20大类135种产品。

1. 3C认证流程

(1)申请人向指定认证机构提交意向申请书。

(2)准备申报资料、递交正式申请材料(5个工作日)。

(3)认证受理、下发送样通知(2个工作日)。

(4)将样品送到指定实验室,开始进行试验(20个工作日)。

(5)安排3C认证工厂现场审查(10个工作日)。

(6)3C工厂现场审核(1个工作日)。

(7)认证资料审核(5个工作日)。

(8)颁发3C证书(1个工作日)。

(9)购买3C标志,对3C认证产品加贴标志,认证结束。

2. 3C认证申请书的填写

产品的生产者、制造商、销售者和进口商都可以作为申请人,向认证机构提出认证申请。申请人可以通过网络或书面形式进行申请。填写申请书时应注意:

(1)初次申请时,由于需要进行工厂审查,填写申请书时应选择"首次申请",在备注栏中注明需要进行"初次工厂审查"、希望工厂审查时时间。再次申请时,不需要进行工厂审查,填写申请书时应选择"再次申请",在工厂编号栏中填上相应的编号。变更申请时,应填写原证书编号,获得新证书时需要退回原证书。派生产品申请时,应注意在备注栏中填写与原产品的差异,这样有助于判断出是否需要进行送样试验。

(2)3C证书是根据需要来选择中文、英文版本,因此需要用正确的简体中文、英文填写申请书;国内申请人需要英文的认证证书、境外申请人需要中文的认证证书时,要求申请人准确翻译有关内容。

(3)申请人可以同时申请CCC+CB或CQC+CB认证,申请CB时需注意填写翻译准确的英文信息。

(4)需认真阅读各类产品的划分单元原则和指南,以保证在一个申请中申请多个型号规格产品时,这些型号为同一个申请单元。

(5)在一个申请中一个型号规格产品具有多个商标或多个型号规格产品具有多个商标时,应注意确保这些商标为已注册过或经过商标持有人的授权。

(6)在申请多功能产品时,确定产品的类别时应以产品的主要功能的检测标准来确定。

(7)填写申请信息中的申请人、制造商、生产厂名称时应填写法人名称,不应填写个人名称。

申请人的申请获得受理后,会被赋予唯一的申请编号,产品认证工程师还会提供一个该申请的"产品评价活动计划",它包括:从提交申请到获证全过程的申请流程情况;申请认证所需提交的资料(申请人、生产厂、产品等相关资料);申请认证所需提供的检测样品型号和数量以及送交到的检测机构；认证机构进行资料审查及单元划分工作的时间；样品检测依据的标准、预计的检测周期；预计安排初次工厂审查的时间，根据工厂规模制订的工厂审查所需的时间；样品测试报告的合格评定及颁发证的工作时间；预计的认证费用（申请费、批准与注册费、测试费（包括整机测试、随机安全零部件测试）、工厂审查费，等等）。

3. 3C认证需提交的技术资料种类

（1）总装图、电气原理图、线路图等。

（2）关键元器件和主要原材料清单。

（3）同一申请单元内各个型号产品之间的差异说明。

（4）其他需要的文件。

（5）根据需要，提交CB证书及报告。

（6）若变更申请，应将变更申请书与原证书一同退回。

4. 提交样品的注意事项

（1）申请多个规格型号产品时，应提供各规格型号产品的差异说明，样机应是具有代表性型号，覆盖到全部的规格型号，避免送样型号重复。

（2）需要进行整机和元器件随机试验时，除整机外还需提供元器件技术资料和样品。

（3）派生产品申请应提供与原机型之间的差异说明，必要时提供原机型的试验测试数据。

（4）境外工厂需要初次工厂审查时，应填写《非常规工厂审查表》，提供产品描述，产品描述经实验室确认后，即可在试验阶段进行工厂审查。

（5）实验室验收样机，样机验收合格后，申请人应索取"合格样品收样回执"；若样机不符合要求，实验室将"样品问题报告"发给申请人，申请人整改后重新补充送样，验收合格后发给申请人"收样回执"。

认证工程师收到寄送的申请资料，经审核合格后，进行样机检测。若出现可整改的不合格项，实验室填写《产品检测整改通知》，描述不合格的事实，确定整改的时限，同时还向申请人发出"产品整改措施反馈表"，由申请人在落实整改措施后填写并返回检测机构。实验室对申请人提交的整改样品、相关文件资料和填写好的"产品整改措施反馈表"进行核查和确认，并对原不合格项目及相关项目进行复检。复检合格后检测机构继续进行检测。

获得产品认证的生产者、销售者、进口商应当保证提供实施认证工作的必要条件，保证获得认证的产品持续符合相关的国家标准和技术规则，按照规定对获得认证的产品加施认证标志；不得利用认证证书和认证标志误导消费者，不得转让、买卖认证证书和认证标志或者部分出示、部分复印认证证书，接受相关质检行政部门的监督检查或跟踪检查。

6. 6　电子产品包装

包装是生产经营系统的组成部分，是一门科学、一门艺术。产品包装一般要求科学、经济、美观、适销、环保。包装具有保护产品、激发购买力、为消费者提供便利三大功能。产品包装必须根据市场动态和客户爱好制作，良好的包装能为产品增加吸引力，过分包装和不完善的包装会影响产品的销路，但再好的包装也掩盖不了劣质产品的缺陷。经济环保包装以最低的成本为目的，实施标准化包装、绿色包装。

6.6.1 电子产品常用的包装形式和包装材料

1. 包装形式

电子产品常用的包装形式一般可分为附件包装、整机销售包装和运输包装。

（1）附件包装。

附件包装一般是指属于电子产品整机的配件、说明书等的包装，常以袋装和小盒装出现，它随整机产品一起上架与消费者见面，这类附件包装上一般只标明名称。

（2）整机销售包装。

整机销售包装是一种与消费者直接见面的包装，一般以盒、箱的形式出现。整机销售包装的作用不仅是保护产品、便于消费者使用和携带，而且还有美化商品和广告宣传的作用。整机销售包装必须标明产品名称、型号、生产厂家名称、生产日期等便于识别的信息。

（3）运输包装。

运输包装是指电子产品运输时的包装形式。它的主要作用是保护产品以承受流通过程中各种机械因素和气候因素影响，确保产品数量和质量完整无损送到消费者手中。运输包装内可能有一件整机，也可能有多件整机，有的产品销售包装就是运输包装。

2. 包装材料

包装材料的选择应以最经济并能对电子产品提供起码的保护能力为原则，根据包装要求和产品特点，选择合适的包装材料。木箱适合较重的电子产品和设备，纸箱和纸盒适用于一般性的电子产品，塑料袋适合附件包装。

6.6.2 包装的技术要求

（1）整机包装要求外包装的强度要与内装产品相匹配。

（2）包装前一般要对电子产品进行清洁处理。

（3）包装中对产品要轻拿轻放，避免敲打、捶击，不允许给产品造成伤害、损伤。

（4）包装箱内应有成套装箱文件。

（5）装入箱内的产品、附件和衬垫，不得在箱内任意移动。

（6）当采用纸包装时，用 U 形钉或胶带将包装箱下封口封合，必要时，对包装件选择合适规格的打包带进行捆扎。

（7）包装的标志必须齐全。包装标志主要包括产品型号、规格和数量；产品名称及注册商标图案；产品主体颜色；出厂编号、生产日期；箱体外形尺寸、净重、毛重；商标、生产厂名；储运标志（按照国家标准的有关标志符号图案的规定正确选用）以及条形码等。

6.6.3 电子产品整机包装工艺

电子产品整机包装工艺流程主要包括以下内容：

（1）整机出厂检验；

（2）说明书、保修卡、合格证、维修点地址、意见书等装袋；

（3）包装纸箱贴条形码标签；

（4）打开包装纸箱；

（5）放入用于缓冲的泡沫垫（一对）；

（6）整机装箱；

（7）放入附件和产品说明书；

（8）放入上缓冲垫（一对）；

（9）合上纸箱盖，贴封胶带；

（10）打上封箱钉，打塑料打包带，入库。

<h1 style="text-align:center">项 目 实 施</h1>

📌 项目实施材料、工具、设备、仪器

收音机整机套件一套，十字和一字螺丝刀各一把，剪刀、镊子、电烙铁各一把，焊锡丝、松香若干，热风枪一把，热熔胶一根，无感调试棒一根，万用表、示波器、交流毫伏表、高频信号发生器、失真度测量仪各一台。

📌 实施方法和步骤

任务一　收音机组装

1. 安装扬声器

①准备热熔胶。收音机扬声器不采用螺丝固定，而使用热熔胶固定。热熔胶的熔化是靠热熔枪完成的，如图6－14所示。操作方法是在热熔枪的物料孔内插入热熔胶，通电源加热，预热3～5 min，热熔胶便熔化。

②固定扬声器。把扬声器放入扬声器安装处，把热熔枪的枪口对准扬声器安装处圆形塑胶，按动热熔枪开关，沿圆形塑胶拖动热熔枪，等热熔胶冷却凝固后，扬声器便固定在壳体上了，如图6－15所示。要注意的是，打热熔胶时要均匀，不能打到扬声器振膜上。

图6－14　热熔枪

图6－15　扬声器的固定

2. 安装电池弹簧

将电池弹簧先固定在有开口的金属片上，然后再焊上导线。焊接时，先将金属片上施加少许焊锡，再将导线焊到金属片上。注意焊点要小，不能焊到金属片的边缘，电池负极用长导线焊接，如图6－16所示。

3. 安装调谐盘

用 M2.5×4 的螺钉将调谐盘固定在双联轴上，如图 6 – 17 所示。

图 6 – 16　电池弹簧安装

图 6 – 17　调谐盘安装

4. 印制电路板连接装配

将喇叭线、电源线焊接到印制电路板组件上，如图 6 – 18 所示，焊接好的印制电路板组件安装到壳体上。

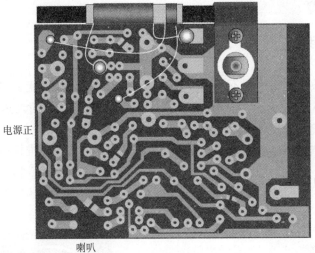

电源正

电源负

喇叭

图 6 – 18　印制电路板连接装配

5. 壳体面板安装

撕去周率板（见图 6 – 19）正面的保护膜和反面的双面胶，将周率板粘贴到壳体上。

6. 检查

机械器件安装完成总装后，仔细检查装上的音量调谐转盘，注意方位，不要错位 180°，并检查转动是否灵活以及刻度指针位置是否正确。

任务二　收音机调试

1. 调试前检查

调试前，仔细检查组装的收音机元器件安装位置是否正确，焊点

图 6 – 19　周率板

是否符合要求，导线焊接是否牢靠，旋钮调节是否灵活。

2. 工作状态检测

（1）直流通路检测（测试静态工作点）。

调试前，先要检查收音机的直流通路是否正常，也就是测量静态工作点（本机不需要调整工作点），包括整机静态电流的测量和各三极管静态直流工作点的测量。

（2）交流通路检测。

交流通路检测可以利用人体感应信号检查交流通路。手捏着小螺丝刀的金属部分，从功放级开始逐级往前点击三极管的基极，直到变频级为止。正确现象是点到每个三极管基极时都发出"咯哒"声，而且越向前声音越大（中周没有调准时，到高、中放时声音可能反而会变小），然后再点击双连的天线连接信号输入端，仍能听到"咯哒"声，甚至高频噪声，则交流通路正常。如果用此方法听不到明显的"咯哒"声，还可以用万用表做感应源，将万用表置 100 Ω 挡（或 10 Ω 挡，效果更明显），红表笔接地，黑表笔点击基极（万用表相当于脉冲信号源），用同样的方法检查，现象应和人体感应信号检查相同。

（3）本振检测。

直流通路、交流通路调试正常后，若本振没有起振，仍然收不到电台。由于变频管起振后，在发射结上产生的自偏压作用，会使 U_E 小于未起振时的静态值，利用这一特点可以判断本振是否起振。在测量变频管 U_E 时，用螺丝刀或镊子短路双连的振荡器，如果电压有明显的减小则已起振，变频级正常。

（4）低放级检测。

将音量调到最大，从电位器上输入端输入频率为 1 kHz、幅度适当的正弦波信号，喇叭应发出响亮的声音，改变信号频率音调应明显变化，调节音量电位器应能改变音量大小，并且音量能调到零。定量测试时，可以在喇叭两端接上示波器和毫伏表监测输出信号，要求输出波形不失真、输出电压（功率）达到设计要求。

3. 调试

（1）调整中频频率。

借助仪器调试时，首先调整高频信号发生器，使其输出一个频率为 465 kHz、调制度为 30%、电压为 1 V 的调幅信号。然后将被调收音机的音量旋到最大、双连动片全部旋入，调节信号输出强度，使收音机刚好收到信号。再用无感螺丝刀从后向前逐级调整中周的磁帽，直至交流毫伏表读数最大。减小输入信号，再次将输出信号调到最大。重复 2～3 次，直到输出信号再不能增大。这时各级中周已谐振于 465 kHz。

如果不借助仪器设备，可以利用本地区电台信号调整。将音量调到最大，设法收一个频率为 1 000 kHz 左右的电台，此时噪声一般较大，从后向前逐级调整中周使声音调到最大；减小音量后再调，反复几次可基本调准。

（2）调频率覆盖范围。

由于我国中波频率范围是 535～1 605 kHz，要能收到所有的电台，就必须将中波收音机的接收范围调整为 520～1 620 kHz。

借助仪器调试时，可以先将收音机双连动片全部旋入（频率指到刻度盘最低端），使信号发生器输出一个 520 kHz 的调幅信号，调节本振线圈（黑磁帽），使毫伏表的读数最大；再将双连动片全部旋出（频率指到刻度盘最高端），使信号发生器输出 1 620 kHz 的调幅信号，调节双连振荡连的微调电容 C_{1d}，直到毫伏表读数最大。反复几次，频率覆盖范围就调准了。

如果不借助仪器设备，可以先查询本地区可以收到的最低端和最高端电台的频率，让收音机的调谐指示线分别指向最低端和最高端电台对应的频率位置，调整振荡线圈和本振微调电容，使收音机接收到这两个电台广播，便表示频率覆盖范围调好。

（3）统调（调跟踪）。

统调就是要让收音机的本机振荡频率始终比输入回路接收的电台频率高 465 kHz。由于在电路设计时已考虑了 1 000 kHz 处的跟踪，所以通常只调高低端的 600 kHz 和 1 500 kHz 两点。对 1 000 kHz 处的跟踪情况只需进行校验，能达到输出幅度就可以了。

借助仪器调试时，让高频信号发生器输出一个 600 kHz 的调幅信号，收音机收到该信号后，移动天线线圈在磁棒上的位置，使交流毫伏表读数最大；使高频信号发生器输出 1 500 kHz 的调幅信号，收音机收到该信号后，调节输入回路的微调电容，使毫伏表读数最大；如此反复几次。600 kHz 和 1 500 kHz 两点调好后，再使信号发生器输出 1 000 kHz 的调幅信号，调整收音机接收此信号，观察毫伏表的指示是否为最大，若误差过大，需要重新调整。

如果不借助仪器设备，让收音机接收本地区 600 kHz 附近电台的频率，调整天线线圈在磁棒上的位置使该电台声音最大；再收听 1 500 kHz 附近电台，调节天线连补偿电容 C_1，使声音最大。600 kHz 和 1 500 kHz 两点调好后，再使信号发生器输出 1 000 kHz 的调幅信号，调整收音机接收此信号，观察毫伏表的指示是否为最大，若误差过大，需要重新调整。

4. 整机测试

（1）最大不失真功率。收音机输出端接示波器、交流毫伏表、失真度测量仪，音量电位器输入端接低频信号发生器，音量调到最大、低频信号发生器输出 1 kHz 的正弦波信号，并逐渐增大输出电压，调整失真度测量仪，观察失真度，当收音机输出失真达到 10% 时，读出毫伏表上电压，这时根据喇叭阻抗算出的功率即为最大不失真功率。

（2）中频频率。将收音机双连动片全部旋入，音量调到最大，在 465 kHz 附近调节高频信号源的输出信号频率，使收音机输出最大，这时信号发生器所指示的频率即为实际的中频频率。

（3）接收频率范围。将收音机频率调至最低端，在 520 kHz 附近调节高频信号源的输出信号的频率，当收音机输出最大时，信号发生器所指示的频率即为低端频率；再将收音机频率调到最高端，在 1 620 kHz 附近调节高频信号发生器输出信号的频率，当收音机输出最大时，信号发生器所指示的频率即为高端频率。

（4）额定输出时的电源消耗。将收音机音量开到最大，调节高频信号发生器输出信号的幅度，使输出达到额定功率，这时从开关处测出的直流电流即是额定输出时的电源消耗。

任务三　收音机检修

在检修收音机时，应本着先表面、后内部，先电源、后电路，先低频、后高频，先电压、后电流，先调试、后替代的原则，灵活运用下面的检修方法。

1. 检修前目测检查

根据调试的情况，检修前，仔细检查组装的收音机，包括元器件位置、元件参数、焊点质量、机械元器件等。

2. 检测顺序

进行检修的要领一般是从后级往前级检测，先检测低级功放，再检测中放和变频级。

3. 故障现象和检修点

（1）整机静态电流。整机静态总电流应小于25 mA。若无信号时，整机静态总电流大于25 mA，说明收音机存在短路或局部短路；无电流则表示没接通。

（2）整机工作电压。测量 D_1 正极和 D_2 负极间的电压，电压范围为 1.3 V ± 0.1 V。大于 1.4 V 或小于 1.4 V，均不正常：大于 1.4 V，二极管 4148 可能极性接反或损坏；小于 1.4 V，可能是中周初级与外壳短路。

（3）变频级无工作电流。变频级无工作电流可能是天线线圈次级未接好、中周次级不通、 V_1（9018）三极管焊错或损坏、 R_1、R_2、R_3 虚焊或错焊。

（4）一级中放无工作电流或电流大。 R_4 和 R_5 开路或损坏、 V_2 晶体管焊错或损坏都可能造成一级中放无工作电流。 R_5、R_8 和 R_9 有问题或者 C_5 短路、 V_4 焊错或损坏都可能造成一级中放电流大。

（5）二级中放无工作电流或电流过大。 R_6 和 R_7 未焊好或中周初次级开路都可能造成二级中放无工作电流。电流过大是因为 R_6 电阻过小造成的。

（6）初级放大无工作电流或电流过大。输入变压器初级开路、 R_{10} 开路、 V_5 三极管焊错或损坏都可能造成二级中放无工作电流。电流过大是因为 R_{10} 过小。

（7）功放级无电流或电流过大。 R_{11} 未焊好或开路，输入变压器次级不通，输出变压器不通， V_6、V_7 三极管焊错或损坏都可能造成二级中放无工作电流。电流过大是因为 R_{11} 装错。

（8）整机无声。整机无声检测方法是把万用表打到 1 Ω 挡，黑表笔接地，红表笔从后级往前级寻找，对照原理图，从喇叭开始，顺着信号传输方向逐级往前碰触，喇叭应发出"喀喀"声，当碰触到哪级无声时，则故障就在该级，这样可以测量工作点是否正常，并检查有无接错、焊错、搭焊、虚焊等现象。若整机上无法查出元器件好坏，可以拆下检查。

项 目 评 价

本项目共有三个任务，每位学生都要完成任务一和任务二，其中收音机组装占30分，收音机调试占40分，共计70分，平时作业和纪律等20分，七个任务完成后，学生需撰写项目总结报告，项目总结报告占10分，合计100分。每个任务考核时重点考查学生的参与度、操作的规范性和正确性。具体考核方式如表6-2所示。

表6-2　考核评价表

任务过程	考核内容、要求	评分标准
组装	（1）按要求安装； （2）安装工具操作熟练、正确； （3）线路连接及连线过程正确； （4）组装结果符合要求； （5）符合安全操作的要求	（1）工具使用不规范一次扣1分； （2）线路连接错误一处扣1分； （3）安装不到位一处扣1分； （4）不整洁一处扣0.5～1分

续表

任务过程	考核内容、要求	评分标准
调试	(1) 懂得调试原理； (2) 调试仪器操作熟练、正确； (3) 调试线路连接及连线过程正确； (4) 调试方法及过程正确； (5) 调试结果符合设计要求	(1) 仪器操作不正确一次扣0.5~1分； (2) 调试线路连接错误一处扣0.5~1分； (3) 调试方法错误一次扣1分； (4) 调试结果不准一个扣0.5~1分
检修	(1) 懂得电路原理； (2) 掌握常用的检修方法； (3) 会根据故障现象分析故障部位； (4) 能测试故障部位电参数； (5) 能熟练更换损坏元器件； (6) 懂得元器件替换的基本原则	(1) 检修测量方法不对一次扣0.5~1分； (2) 有问题没检查出来扣2分； (3) 元器件更换操作不熟练扣1分； (4) 检修不当出现新故障扣2~4分

 练习与提高

1. 整机装配应如何做好外观保护？

2. 整机装配中的基本原则是哪些？应注意哪些事项？

3. 整机装配时对结构工艺有哪些要求？

4. 简述整机装配的工艺流程，关键环节是哪些？

5. 线缆连接中如何做好准备工作？

6. 整机布线有哪些原则和注意事项？

7. 零部件固定有哪些方法，各应注意些什么问题？

8. 静电产生的原因是什么？

9. 如何做好静电防护工作？

10. 整机质量检验的主要内容有哪些？

11. 调试工作包含哪些内容？

12. 调试人员应如何遵循调试原则？

13. 如何正确选择和使用调试仪器？

14. 调试过程中应如何做好安全防护工作？

15. 调试方案如何制订，包含哪些内容？

16. 调试人员调试前应做哪些准备工作？

17. 简述调试工作的步骤。

18. 简述查找和排除故障的方法和技巧。

19. 简述整机老化的目的和要求。

20. 电子产品环境试验包含哪些内容？

21. 简述3C认证的含义和实施时间。

22. 简述3C认证的流程。

23. 3C认证申请书填写应注意哪些问题？提交哪些技术资料？提交样品应注意哪些事项？

电子工艺文件的识读与编制

项 目 概 述

项目描述

本项目以收音机为例，讲解了技术文件的特点和分类，以及设计文件的组成、编号、格式和成套性，工艺文件的基本概念、组成、编写方法。通过编写技术文件，使学生掌握设计文件的格式和填写方法、工艺文件的基本概念、内容和编写方法。

项目知识目标

(1) 了解技术文件的分类和特点。
(2) 掌握设计文件的格式和填写方法。
(3) 熟悉常用设计文件的组成和要求。
(4) 掌握工艺文件的基本概念、内容和编写方法。
(5) 了解常用工艺文件图表的作用。

项目技能要求

(1) 掌握设计编写方法。
(2) 掌握工艺文件编写方法。

项 目 资 讯

7.1 工艺文件基础

7.1.1 技术文件的特点

技术文件是产品生产、试验、使用和维修的基本依据，是企业组织生产和实验管理的法规。因而对它有严格的要求。

1. 标准严格

技术文件必须全面、严格地符合国家有关标准，不能有丝毫的"灵活性"，不允许生产者有个人的随意性。所有企业标准，只能是国家标准的补充或延伸，而不能与国标相左。

2. 格式严谨

按照国家标准，技术文件的工程技术图样必须满足格式要求。包括图样编号、图幅、图栏、图幅分区等，其中图幅、图栏等采用与机械图兼容的格式，便于技术文件存档和成册。

3. 管理规范

产品技术文件具有生产法规的效力，并由技术管理部门进行管理，企业从规章制度方面约束和规范技术文件的审核、签署、更改、保密等工作，在从事电子产品规模生产的制造业，一张图卡一旦审核签署，便不能随意更改，如果需要更改，也必须经过严格的更改手续。

7.1.2 技术文件的分类

技术文件作为产品生产过程中的基本依据，分为设计文件和工艺文件两大类。

1. 设计文件

设计文件是产品在研究、设计、试制和生产过程中积累形成的图样及技术资料，它规定了产品的组成形式、结构尺寸、原理以及在制造、验收、使用、维护和修理时所必须有的技术数据和说明，是组织生产的基本依据。

设计文件由设计部门编制。在编制时，其内容和组成应根据产品的复杂程度、继承性、生产批量以及生产的组织方式等特点区别对待，在满足组织生产和使用要求的前提下，编制所需的设计文件。

2. 工艺文件

工艺文件是根据设计文件、图纸及生产定型样机，结合工厂实际，如工艺流程、工艺装备、工人技术水平和产品的复杂程度而制定出来的文件，是指导工人操作和生产产品、工艺管理等的各种文件的总称。它规定了实现设计要求的具体加工方法，是企业组织生产、产品经济核算、质量控制和工人加工产品的技术依据。

工艺文件与设计文件同是指导生产的文件，两者是从不同角度提出要求的。设计文件是原始文件，是生产的依据，而工艺文件是根据设计文件提出的加工方法，为实现设计要求，以工艺规程和整机工艺文件图纸形式指导生产，以保证生产任务的顺利完成。

7.1.3 技术文件的管理

技术文件的管理工作是一个企业管理的重要组成部分，作为技术文件管理部门和相关人员，管理过程中需注意以下几点：

（1）经生产定型或大批量生产的产品技术文件底图必须归档。

（2）对归档文件的更改应填写更改通知单，执行更改审核、会签和批准手续后交技术档案部门，由专人负责更改。技术档案部门应将更改通知单和已更改的文件蓝图及时通知有关部门，并更换下发的蓝图。更改通知单应包括涉及更改的内容。临时性的更改也应办理临时更改通知单，并注明更改所适用的批次或期限。

（3）发现图纸和工艺文件中存在问题时，要及时反映，不要自作主张随意改动，更不能在图纸上乱写乱画。

（4）必须遵守各项规章制度，确保文件的正确实施。

7.2 设 计 文 件

7.2.1 设计文件的分类

设计文件的种类根据分类方法的不同有所不同，分类方法大致有以下三种。

1. 按表达内容分类

（1）图样。用于说明产品加工和装配要求的设计文件，如装配图、外形图、零件图等。

（2）简图。用于说明产品的装配连接、有关原理和其他示意性内容的设计文件，如电路原理图、接线图等。

（3）文字与表格。以文字和表格的方式说明产品的组成和技术要求的设计文件，如说明书、明细表、汇总表等。

2. 按形成的过程分类

（1）试制文件。指设计定型过程中所编制的各种设计文件。

（2）生产文件。指在设计定型完成后，经整理修改，作为组织、指导正式生产用的设计文件。

3. 按绘制过程和使用特点分类

（1）草图。设计产品时一种临时性的图样，大多用徒手方式绘制。

（2）原图。供绘制底图用的设计图样。

（3）底图。作为确定产品的基本凭证图样，是用来复制复印图的设计文件。底图可分为基本底图和副底图。

（4）复印图。用底图晒制、照相等方法复制，供生产时使用的图纸文件，可分为晒制复印图（蓝图）、照相复印图等。

（5）载有程序的媒体。载有完整独立的功能程序的媒体。例如：载有设计程序的计算机磁盘、光盘。

7.2.2　设计文件的编号（图号）

为了便于设计文件的整理，每个设计文件都要有编号（图号）。设计文件常用十进制分类编号方法，这种编号由四部分组成，如图7－1所示，第一部分是企业代号，用大写汉语拼音字母区分企业代号，企业代号由企业上级机关决定，根据这个代号可知产品的生产厂家；第二部分是产品的特征标记，可根据设计文件按规定的技术特征分为10级（0～9），每级分为10类（0～9），每类分为10型（0～9），每型分为10种（0～9），不同级、类、型、种的代号组合代表不同产品的十进制分类编号特征标记，各位数字的意义可查阅有关标准；第三部分是登记顺序号，登记顺序号是由本企业标准化部门统一编排决定的；最后是文件简号，文件简号是对设计文件中各种组成文件的简单规定。

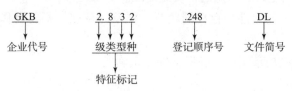

图7－1　设计文件的编号方法

7.2.3　设计文件的成套性

每个电子产品都有成套的设计文件，一套设计文件的组成部分随产品的复杂程度、生产特点的不同而不同。根据国家规定，产品及其组成部分按结构特征及用途可分成8个等级。7、8级代表零件级；5、6级代表部件级；2、3和4级代表整件级；1级代表成套设备。表7－1列出了各级产品及组成部分的成套设计文件组成。

表7－1　成套设备及整机设计文件的组成

序号	文件名称	文件简号	产品		产品的组成部分		
			成套设备	整机	整件	部件	零件
			1级	1级	2、3、4级	5、6级	7、8级
1	产品标准		●	●	—	—	—
2	零件图		—	—	—	—	●
3	装配图		—	●	●	●	—
4	外形图	WX	—	○	○	○	○
5	安装图	AZ	○	○	○	—	—
6	总布线图	BL	○	—	—	—	—
7	频率搬移图	PL	○	○	○	—	—
8	方框图	FL	○	○	○	—	—
9	信息处理流程图	XL	○	○	○	—	—

续表

序号	文件名称	文件简号	产品		产品的组成部分		
			成套设备	整机	整件	部件	零件
			1级	1级	2、3、4级	5、6级	7、8级
10	逻辑图	LJL	—	○	○	—	—
11	电路原理图	DL	○	○	○	—	—
12	接线图	JL	—	○	○	○	—
13	线缆连接图	LL	○	○	—	—	—
14	机械原理图	YL	○	○	○	○	—
15	机械传动图	CL	○	○	○	○	—
16	其他图	T	○	○	○	○	○
17	技术条件	JT	—	—	○	○	○
18	技术说明书	JS	●	●	—	—	—
19	使用说明书	SS	○	○	○	○	—
20	表格	B	○	○	○	○	—
21	明细表	MX	●	●	●	—	—
22	整体汇总表	ZH	○	○	—	—	—
23	备件及工具汇总表	BH	○	○	—	—	—
24	成套运用文件清单	YQ	○	○	—	—	—
25	其他文件	W	○	○	○	—	—

注：表格中"●"表示必须编制的文件；"○"表示这些设计文件的编制与否应根据产品的性质、生产和使用的需要而定；"—"表示不应编制的文件。

7.2.4 常用设计文件简介

1. 电路原理图

电路原理图是用于说明产品各元器件或单元电路间相互关系及电气工作原理的图，它是产品设计和性能分析的原始资料，也是编制印制电路板、装配图和接线图的依据。图7-2为一简单电源电路原理图。

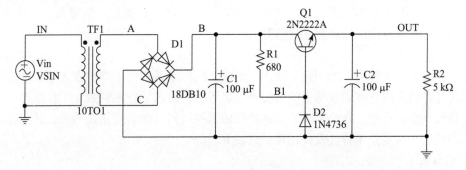

图7-2 电路原理图

　　绘制电路原理图时，图中所有元器件应以国家标准规定的图形符号和文字代号表示，文字代号一般标注在图形符号的右方或上方，元器件位置应根据电气工作原理自左向右或自上而下顺序合理排列，图面应紧凑清晰、连线短且交叉少。图上的元器件可另外列出明细表，标明各自的项目代号、名称、型号及数量。

　　2. 装配图

　　装配图是表示产品各组成部分相互连接关系的图样。在装配图上，仅按直接装入的零件、部件、整件的装配结构进行绘制，要求完整清楚地表示出产品各组成部分结构及其装配形状。装配图一般包括下列内容：表明产品装配结构的各种视图；装配时需要检查的尺寸及其极限偏差，外形尺寸、安装尺寸以及连接位置和尺寸；需要加工的说明；其他必要的技术要求和说明。

　　图7-3为电源电路的印制电路板装配图，它上面一般不画出印制导线。

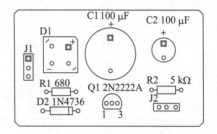

图7-3　印制板装配图

　　3. 接线图

　　接线图是表示产品各零部件相对位置关系和实际接线位置的略图，它和电路原理图或逻辑图一起用于产品的接线、检查、维修。接线图还应包括进行装接时必要的资料，例如接线表、明细表等。对于复杂的产品，若一个接线面不能清楚地表达全部接线关系时，可以从几个接线面分别给出。在某一个接线面上，如有个别零部件的接线关系不能表达清楚时，可采用辅助视图（剖视图、局部视图、向视图等）来说明，并在视图旁注明是何种辅助视图。看接线图时同样应先看标题栏、明细表，并参照电路原理图。复杂产品的接线图走线复杂，用的导线较多，为了便于接线，使走线整齐美观，可将导线绘制成线扎装配图。

　　4. 技术条件

　　技术条件是指对产品质量、规格及其检验方法等所做的技术规定。技术条件是产品生产和使用时应当遵循的技术依据。技术条件的内容一般应包括：概述、外形尺寸、主要参数、试验方法、包装和标志以及储存和运输等。

　　5. 技术说明书

　　技术说明书用于说明产品用途、性能、组成、工作原理和使用维护方法等技术特性，供使用和研究产品之用。技术说明书的内容一般应包括：概述、技术参数、工作原理、结构特征、安装及调整要求等。在必要时，根据使用的需要可同时编制使用说明书，其内容主要包括产品的用途、简要技术特性及使用维护方法等。

　　6. 明细表

　　明细表是表格形式的设计文件，可分为成套设备明细表、整件明细表、成套件明细表

（包括成套安装件、成套备件、成套工具和附件、成套装放器材、成套包装器件）。

7. 方框图

方框图又称系统图，是用一些方框表示某个产品电信号的流程和电路各部分功能关系的简图。

<h1 style="text-align:center">7.3 工 艺 文 件</h1>

工艺文件作为指导生产的文件，它的组成和内容应根据产品的生产性质、生产类型、生产阶段、产品的复杂程度及生产组织方式等情况而定。成套的工艺文件必须做到正确、完整、统一和清晰。

7.3.1 工艺文件的组成

工艺文件大体可分为工艺管理文件和工艺规程两类。

1. 工艺管理文件

工艺管理文件是供企业科学地组织生产、控制工艺的技术文件。工艺管理文件包括：工艺文件封面、工艺文件目录、工艺文件更改通知单、工艺路线表、材料消耗工艺定额明细表、专用及标准工艺装配明细表、配套明细表等。

2. 工艺规程

工艺规程是规定产品和零件制造工艺过程和操作方法等的工艺文件，是工艺文件的主要部分。工艺规程按使用性质和加工专业又可进行不同的分类。

（1）按使用性质分

工艺规程按使用性质可分为以下几种：

①专用工艺规程。专为某产品或组装件的某一工艺阶段编制的一种文件。

②通用工艺规程。几种结构和工艺特性相似的产品或组装件所共用的工艺文件。

③标准工艺规程。经长期生产考验已定型的并纳入标准的工序的工艺方法。

（2）按加工专业分

产品生产过程中按工序中涉及的加工专业分类编写的工艺规程，是便于生产操作和使用的工艺文件。如：机械加工工艺卡、电气装配工艺卡、扎线工艺卡等。

7.3.2 工艺文件的编号

工艺文件的编号是指工艺文件的代号，简称"文件代号"。它由三个部分组成：企业区分代号、该工艺文件的编制对象（设计文件）的十进制分类编号和工艺文件简号。必要时工艺文件简号可加区分号予以说明，示例如下：

SJA	A2314001	GZP1
第一部分	第二部分	第三部分

第一部分是企业区分代号，由大写的汉语拼音字母组成，用以区分编制文件的单位，例如其中的"SJA"即上海电子计算机厂的代号；

第二部分是设计文件十进制分类编号；

第三部分是工艺文件的简号，由大写的汉语拼音字母组成，用以区分编制同一产品的不同种类的工艺文件，其中的"GZP"即装配工艺过程卡的简号。常用的工艺文件简号见表7-2。

表7-2 工艺文件简号规定

序号	工艺文件名称	简号	字母含义	序号	工艺文件名称	简号	字母含义
1	工艺文件目录	GML	工目录	9	塑料压制件工艺卡	GSK	工塑卡
2	工艺路线表	GLB	工路表	10	电镀及化学镀工艺卡	GDK	工镀卡
3	工艺过程卡	GGK	工过卡	11	电化涂敷工艺卡	GTK	工涂卡
4	元器件工艺表	GYB	工元表	12	热处理工艺卡	GRK	工热卡
5	导线及扎线加工表	GZB	工扎表	13	包装工艺卡	GBZ	工包装
6	各类明细表	GMB	工明表	14	调试工艺卡	GTS	工调试
7	装配工艺过程卡	GZP	工装配	15	检验规范	GJG	工检规
8	工艺说明及简图	GSM	工说明	16	测试工艺卡	GCS	工测试

区分号：当同一简号的工艺文件有两种或两种以上时，可用标注脚号（数字）的方法以区分工艺文件。表7-3为各类工艺文件用的明细表。对于填有相同工艺文件名称及简号的各工艺文件，不管其使用何种格式，都应认为是属同一份独立的工艺文件，它们应在一起计算其张数。

表7-3 工艺文件各类明细表

序号	工艺文件各类明细表	简号	序号	工艺文件各类明细表	简号
1	材料消耗工艺定额汇总表	GMB1	7	热处理明细表	GMB7
2	工艺装备综合明细表	GMB2	8	涂敷明细表	GMB8
3	关键件明细表	GMB3	9	工位器具明细表	GMB9
4	外协件明细表	GMB4	10	工量器件明细表	GMB10
5	材料工艺消耗定额综合明细表	GMB5	11	仪器仪表明细表	GMB11
6	配套明细表	GMB6			

7.3.3 工艺文件的成套性

工艺文件是成套的，因此编制的工艺文件种类不是随意的，应该根据产品的具体情况，按照一定的规范和格式配套齐全。

我国电子行业标准对产品在设计定型、生产定型、样机试制和一次性生产时需要编制的工艺文件种类分别提出了明确的要求，即规定了工艺文件成套性标准。表7-4列出了电子产品各个阶段工艺文件的成套性要求。

表 7 - 4 工艺文件的成套性要求

序号	工艺文件名称	产品		产品的组成部分		
		成套设备	整机	整件	部件	零件
1	工艺文件封面	○	●	○	○	—
2	工艺文件明细表	○	●	○	—	—
3	工艺流程图	○	○	○	—	—
4	加工工艺过程卡	—	—	—	○	●
5	塑料工艺过程卡片	—	—	—	○	○
6	陶瓷、金属压铸和硬模铸造工艺过程卡片	—	—	—	○	○
7	热处理工艺卡片	—	—	—	○	○
8	电镀及化学涂敷工艺卡片	—	—	—	○	○
9	涂料涂敷工艺卡片	—	—	○	○	○
10	元器件引出端成形工艺表	—	—	○	○	○
11	绕线工艺卡	—	—	○	○	○
12	导线及线扎加工卡	—	—	○	○	—
13	贴插编带程序表	—	—	○	—	—
14	装配工艺过程卡片	—	●	●	●	—
15	工艺说明	○	○	○	○	○
16	检验卡片	○	○	○	○	○
17	外协件明细表	○	○	○	—	—
18	配套明细表	○	○	○	○	—
19	外购工艺装备汇总表	○	○	○	—	—
20	材料消耗工艺定额明细表		●	●		
21	材料消耗工艺定额汇总表	○	●	●		
22	能源消耗工艺定额明细表	○	○	○	—	—
23	工时、设备台时工艺定额明细表	○	○	○	—	—
24	工时、设备台时工艺定额汇总表	○	○	○	—	—
25	工序控制点明细表	—	○	○	—	—
26	工序质量分析表	—	○	○	○	○
27	工序控制点操作指导卡片	—	○	○	○	○
28	工序控制点检验指导卡片	—	○	○	○	○

7.3.4 工艺文件的编制方法

1. 编制工艺文件的原则

编制工艺文件应以保证产品质量、稳定生产为原则，以用最经济、最合理的工艺手段进行加工为原则。在编制前还应对该产品工艺方案的制订进行调查研究，掌握国内外制造该类产品有关的信息，以及上级或企业领导的有关文字决策和指令。具体编制时，应遵循以下原则：

（1）要根据产品批量的大小、技术指标的高低和复杂程度区别编制。对于一次性生产的产品，可根据具体情况编写临时工艺文件或参照借用同类产品的工艺文件。

（2）文件编制的深度，要考虑到车间的组织形式、工艺装备以及工人的技术水平等情况，必须保证编制的工艺文件切实可行。

（3）对于未定型的产品，可不编写工艺文件或只编写部分必要的工艺文件。

（4）工艺文件应以图为主，力求一看就懂，一看就会操作，必要时加注简要说明。

（5）凡属应知应会的基本工艺规程内容，在工艺文件中可不编入。

2. 编制工艺文件的步骤

（1）熟悉设计文件，仔细分析设计文件的技术条件、技术说明、原理图、安装图、接线图、线扎图及有关的零部件图等，弄清楚安装关系与焊接要求。

（2）首先编制准备工序的工艺文件。包括各种导线的加工处理、线把扎制、地线成形、器件引脚成形浸锡、各种组合件的装焊等准备工序的工艺文件编制。

（3）接下来编制流水线工序的工艺文件。先确定每个工序的工时，然后确定需要用几个工序。各工序的工作量要均衡，操作要顺手。无论是准备工序还是流水线各工序，所用的材料、器件、特殊工具、设备等都应编入。

（4）调试、检验、包装等工序工艺文件的编制。调试检验所用的仪表设备、技术指标、测试和检验方法都应编入工艺文件。

3. 编制工艺文件的注意事项

（1）要有统一的格式、幅面，并符合有关标准，文件应成套，并装订成册。

（2）工艺文件中所采用的名称、编号、术语、代号、符号、计量单位要符合现行国标或部标规定，应与设计文件相一致。字体要采用国家正式公布的简化汉字，字体要工整清晰。

（3）工艺附图要按比例绘制（线扎图尽量采用1:1的图样），装配接线图中的接线部位要清楚，连接线的接点要明确，并注明完成工艺过程所需要的数据（如尺寸等）和技术要求。

（4）工序间的衔接应明确，要指出准备内容、装连方法、装连过程中的注意事项。

（5）尽可能应用企业现有的技术水平、工艺条件，以及现有的工装或专用工具、测试仪器和仪表。

7.3.5 常用工艺文件简介

1. 封面

工艺文件封面是工艺文件装订成册的封面。简单产品的工艺文件可按整机装订成一册，复杂产品的工艺文件可装成若干册，见表7-5。

表7-5 封面

	×××企业
	×××产品
	工艺文件
	共　册
	第　册
	共　页
旧底图总号	产品型号：
	产品名称：
底图总号	产品图号：
	本册内容：
日期　签名	批准：
	年　月　日

　　填写方法："产品型号""产品名称""产品图号"分别填写产品的型号、名称、图号；"本册内容"填写本册主要内容的名称；"共×册"填写工艺文件的总册数；"第×册"填写本册在整个工艺文件中的序号；"共×页"填写本册的总页数；批准时填写批准日期。

　　2. 工艺文件目录

　　用于汇总所有工艺文件，装订成册以便查找，能反映产品工艺文件的齐套性，见表7-6。

表7-6 工艺文件目录

工艺文件目录			产品名称或型号		产品图号
序号	文件代号	零部件、整件图号	零部件、整件名称	页数	备注
1	2	3	4	5	6

旧底图总号	更改标记	数量	更改单号	签名	日期	签名		日期	第　页
						拟制			共　页
底图总号						审核			第　册
						标准化			第　页

填写方法："产品名称或型号""产品图号"与封面的"产品型号""产品名称""产品图号"栏保持一致；内容栏按标题填写，填写所有工艺文件的图号、名称及其页数。

3. 工艺路线表

工艺路线表简明列出了产品由准备到成品顺序流经的部门及各部门所承担的工序，并显示出零、部、组件的装入关系，它是生产计划部门进行车间分工和安排生产计划的依据，也是工艺部门编制工艺文件的依据，见表7-7。

表7-7 工艺路线表

工艺路线表			产品名称或型号		产品图号	
序号	图号	名称	装入关系	部件用量	整件用量	工艺路线表内容
1	2	3	4	5	6	7

旧底图总号	更改标记	数量	更改单号	签名	日期	签名		日期	第　页
						拟制			共　页
底图总号						审核			第　册
						标准化			第　页

填写方法："装入关系"栏以方向指示线显示产品零部件、整件的装配关系；"部件用量""整件用量"栏填写与产品明细表相对应的数量；"工艺路线表内容"栏，填写整件、部件、零件加工过程中各部门（车间）及其工序名称和代号。

4. 导线及扎线加工表

导线及扎线加工表显示整机产品、部件进行电路连接所应准备的导线及扎线等线缆用品，是企业组织生产、进行车间分工、生产技术准备工作的最基本的依据，见表7-8。

填写方法："编号"栏填写导线的编号或扎线图中导线的编号；"名称规格""颜色""数量"栏填写材料的名称规格、颜色、数量；"长度"栏中的"L""A端""B端""A剥头""B剥头"，分别填写导线的开线尺寸、扎线A、B端的甩端长度及剥头长度；"去向、焊接处"栏填写导线焊接去向。

表7-8　导线及扎线加工表

	导线及扎线加工表								产品名称或型号		产品图号		
编号	名称规格	颜色	数量	长度/mm					去向、焊接处		设备	工时定额	备注
				L 全长	A 端	B 端	A 剥头	B 剥头	A 端	B 端			
1	2	3	4	5	6	7	8	9	10	11	12	13	14

旧底图总号	更改标记	数量	更改单号	签名	日期	签名		日期	第　页
						拟制			共　页
底图总号						审核			第　册
						标准化			第　页

5. 配套明细表

配套明细表用以说明部件、整件装配时所需用的零件、部件、整件、外购件（包括元器件、协作件、标准件）等主要材料，以及生产过程中的辅助材料等，并作为配套准备时领料、发料的依据，见表7-9。

表7-9　配套明细表

	配套明细表		装配件名称		装配件图号	
序号	编号	名称	数量	来自何处	备注	
1	2	3	4	5	6	

旧底图总号	更改标记	数量	更改单号	签名	日期	签名		日期	第　页
						拟制			共　页
底图总号						审核			第　册
						标准化			第　页

填写方法："编号""名称"及"数量"栏填写相应的整件设计文件明细表的内容；"来自何处"栏填写材料来源处；辅助材料填写在顺序的末尾。

6. 装配工艺过程卡

装配工艺过程卡用来描述产品的部件、整件的机械性装配和电气连接的装配工艺全过程，有许多张，包括装配准备、装连、调试、检验、包装入库等过程，本过程卡是整机装配中的重要文件，见表7-10。

表7-10　装配工艺过程卡

装配工艺过程卡							装配件名称		图号
编号	装入件及辅助材料		车间	工序号	工种	工序（工步）内容及要求	设备及工装	工时定额	
	名称、牌号、技术要求	数量							
1	2	3	4	5	6	7	8	9	

旧底图总号	更改标记	数量	更改单号	签名	日期	签名		日期	第　页
						拟制			共　页
底图总号						审核			第　册
						标准化			第　页

填写方法："装入件及辅助材料"中的"名称、牌号、技术要求""数量"栏应按工序填写相应设计文件的内容，辅助材料填在各道工序之后；"工序（工步）内容及要求"栏填写装配工艺加工的内容和要求；空白栏处供画加工装配工序图用。

7. 工艺说明及简图

本卡用来说明在其他格式上难以表达清楚的、重要的和复杂的工艺，可作任何一种工艺过程的续卡，对某一简图、表格及文字说明用，也可以作为调试、检验及各种典型工艺文件的补充说明，见表7-11。

表7-11 工艺说明及简图

工艺说明及简图		名称		编号或图号

旧底图总号	更改标记	数量	更改单号	签名	日期	签名		日期	第 页
						拟制			共 页
底图总号						审核			第 册
						标准化			第 页

8. 工艺文件更改通知单

供进行工艺文件内容的永久性修改时使用。应填写更改原因、生效日期及处理意见。"更改标记"栏应按图样管理制度中规定的字母填写，见表7-12。

表7-12 工艺文件更改通知单

更改单号		工艺文件更改通知单		产品名称或型号	零部件、整件名称	图号	第 页	共 页
生效日期			更改原因				处理意见	
更改标记	更改前				更改标记	更改后		
拟制		日期		审核		日期		
拟制		日期		审核		日期		

项 目 实 施

项目要求

项目以收音机为载体，学生根据所学的技术文件知识，编写一套技术文件，工艺文件内容包括：首页、技术文件目录、工艺路线表、元器件工艺表、导线加工表、装配工艺过程卡、调试工艺卡等。

项目实施材料、工具、设备、仪器

计算机、办公软件。

实施方法和步骤

按实际情况补齐表 7-13 ~ 表 7-21。

表 7-13 封面示例

	×××学校×××系×××班	
	工艺文件	
		共 1 册 第 册 共 页
旧底图总号	产品型号：HX108 产品名称： 产品图号：（按文件的编号编写） 本册内容：	
底图总号		
日期　签名		批准： 年　月　日

表7-14 工艺文件目录示例

	工艺文件目录			产品名称或型号		产品图号	
	序号	文件代号	零部件、整件图号	零部件、整件名称	页数	备注	
	1	GYWJ	GYWJFM	工艺文件封面	1		
	2	GYWJ	GYWJML	工艺文件目录			

旧底图总号	更改标记	数量	更改单号	签名	日期	签名		日期	第 页
						拟制			共 页
底图总号						审核			第 册
						标准化			第 页

表7-15 工艺路线表示例

	工艺路线表				产品名称或型号		产品图号
					调幅收音机		
	序号	图号	名称	装入关系	部件用量	整件用量	工艺路线表内容
	1		元器件加工	印制电路板插件			
			导线加工	电源正极连接	1	1	

旧底图总号	更改标记	数量	更改单号	签名	日期	签名		日期	第 页
						拟制			共 页
底图总号						审核			第 册
						标准化			第 页

表 7 - 16　导线加工表示例

导线及扎线加工表									产品名称或型号		产品图号		
编号	名称规格	颜色	数量	长度/mm					去向、焊接处		设备	工时定额	备注
				L 全长	A 端	B 端	A 剥头	B 剥头	A 端	B 端			
1	塑料线 AVR1×12	红	1	50			5	5	PCB	正极焊片	12	13	14

旧底图总号	更改标记	数量	更改单号	签名	日期	签名		日期	第　页
						拟制			共　页
底图总号						审核			第　册
						标准化			第　页

表 7 - 17　元器件加工表示例

元器件加工表								产品名称或型号		产品图号		
序号	编号	名称、规格和型号	数量	长度/mm				设备	工时定额	备注		
				A 端	B 端	C 端	D 端					
1	R1	RT - 1/8 W - 100 kΩ	1	10	10	1	1					

旧底图总号	更改标记	数量	更改单号	签名	日期	签名	日期	第　页
						拟制		共　页
底图总号						审核		第　册
						标准化		第　页

表7－18　配套明细表

配套明细表			装配件名称		装配件图号
序号	编号	名称、规格和型号	数量	来自何处	备注
1	R1	RT－1/8 W－100 kΩ	1	××企业	电阻
2					
6	C6～C10	CC－63 V－0.022 μF			

旧底图总号	更改标记	数量	更改单号	签名	日期	签名		日期	第　页
						拟制			共　页
底图总号						审核			第　册
						标准化			第　页

表7－19　装配工艺过程卡

装配工艺过程卡						装配件名称		图号
编号	装入件及辅助材料		车间	工序号	工种	工序（工步）内容及要求	设备及工装	工时定额
	名称、牌号、技术要求	数量						
1	正极弹簧	1				导线焊在弹簧尾端5 mm左右 焊接后导线绝缘部分应与弹簧尾端平齐	电烙铁	

说明：1.
　　　2.

续表

编号	装入件及辅助材料		车间	工序号	工种	工序（工步）内容及要求	设备及工装	工时定额
	名称、牌号、技术要求	数量						

旧底图总号	更改标记	数量	更改单号	签名	日期	签名		日期	第　页
						拟制			共　页
底图总号						审核			第　册
						标准化			第　页

表 7－20　工艺说明及简图

印制电路板安装工艺说明及简图		名称	编号或图号

印制电路板安装说明：
1. 电源正极红线一端接印制电路板上电源正……
2.

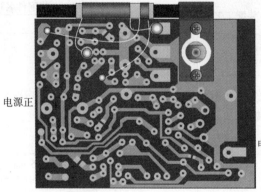

旧底图总号	更改标记	数量	更改单号	签名	日期	签名		日期	第　页
						拟制			共　页
底图总号						审核			第　册
						标准化			第　页

表 7-21　工艺说明及简图

调试工艺说明		名称	编号或图号
1. 调试前检查 　调试前，仔细检查组装的收音机，每一个元器件是否安装在相应位置，每个焊点是否都符合要求，每一根导线是否都焊接牢靠，旋钮也应该调节灵活。 2. 工作状态检测 （1）直流通路检测（测试静态工作点）……			

旧底图总号	更改标记	数量	更改单号	签名	日期	签名		日期	第　页
						拟制			共　页
底图总号						审核			第　册
						标准化			第　页

项目评价

　　本项目每位学生都需编写首页、技术文件目录、工艺路线表、元器件工艺表、导线加工表、装配工艺过程卡、印制电路板安装工艺说明及简图、调试工艺说明文件，每张文件 10 分，共计 80 分，平时作业和纪律各 10 分，合计 100 分。考核时，重点考查学生编写每张工艺文件的规范性和正确性。具体考核方式如表 7-22 所示。

表 7-22　考核评价表

任务过程	考核内容、要求	评分标准
组装	（1）格式正确； （2）填写规范； （3）填写完整； （4）说明用语能表达含义； （5）是否有缺漏	（1）缺一类文件扣 10 分； （2）格式不正确扣 10 分； （3）填写不准确、不规范每处扣 2 分； （4）文字说明不清楚每处扣 2 分

练习与提高

1. 电子产品技术文件有什么特点？它分为几类？
2. 常用的设计文件有哪些？设计文件编号方法有几种？
3. 什么是工艺文件？简述它在生产中的作用。

4. 工艺文件和设计文件有什么不同?

5. 试编制一个简单的电子产品的常用工艺文件。

6. 编制工艺文件的主要依据是什么?

7. 编制工艺文件的方法及主要要求是什么?

8. 企业生产常用哪些工艺文件? 它们有什么用途?

参 考 文 献

［1］王卫平. 电子工艺基础［M］. 北京：电子工业出版社，2004.

［2］孙惠康. 电子工艺实训教程［M］. 北京：机械工业出版社，2001.

［3］张文典. 实用表面组装技术［M］. 北京：电子工业出版社，2006.

［4］侯丽梅. SMT 表面组装技术［M］. 北京：机械工业出版社，2006.

［5］王卫平，陈粟宋. 电子产品制造工艺［M］. 北京：高等教育出版社，2005.

［6］任德齐. 电子产品结构工艺［M］. 北京：电子工业出版社，2001.

［7］阎石. 数字电子技术基础［M］. 第 4 版. 北京：高等教育出版社，1998.

［8］樊会灵. 电子产品工艺［M］. 北京：机械工业出版社，2005.

［9］魏群. 怎样选用无线电电子元器件［M］. 北京：人民邮电出版社，2000.

［10］王成安，毕秀梅. 电子产品工艺与实训［M］. 北京：机械工业出版社，2007.

［11］《无线电》编辑部. 无线电元器件精汇［M］. 北京：人民邮电出版社，2000.

［12］杨学清. 电子产品组装与设备［M］. 北京：人民邮电出版社，2007.